KB087795

교과서 달달 풀기

초등 수학

1-2

미리 풀고, 다시 풀면서
초등 수학 학습력을 키우는

초코
교과서 달달 풀기

WRITERS

미래엔콘텐츠연구회
No.1 Content를 개발하는 교육 콘텐츠 연구회

COPYRIGHT

인쇄일 2024년 8월 12일(1판1쇄)
발행일 2024년 8월 12일

펴낸이 신광수
펴낸곳 (주)미래엔
등록번호 제16-67호

융합콘텐츠개발실장 황은주
개발책임 정은주 **개발** 장혜승, 이신성, 박새연

디자인실장 손현지
디자인책임 김기욱 **디자인** 이명희

CS본부장 강윤구
제작책임 강승훈

ISBN 979-11-6841-866-0

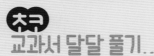

매일매일 스스로 공부해요.
미리 풀고 다시 풀면서 연습해요.
수학 자신감을 키워요.

수학 공부의 첫 걸음은 개념을 이해하고 익히는 거예요.
“초코 교과서 달달 풀기”와 함께
개념을 학습하고 교과서 문제를 풀어보면
기본을 다질 수 있고, 수학 실력도 쌓을 수 있어요.

자, 그러면 계획을 세워서 수학 공부를 꾸준히 해 볼까요?

구성과 특징

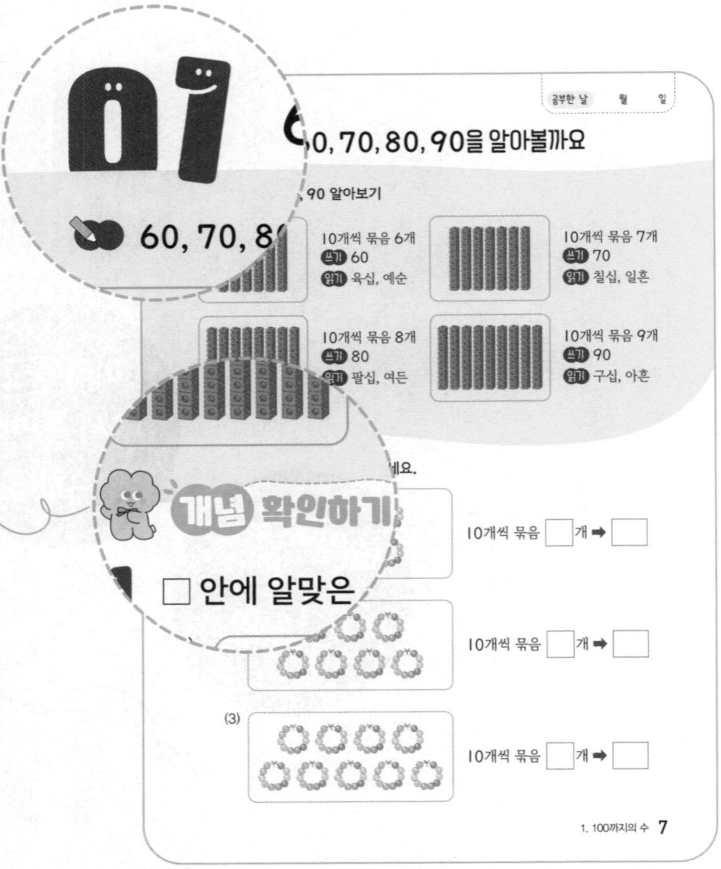

- 교과서 내용을 바탕으로 개념을 체계적으로 구성하였습니다.
- 학습 내용을 그림이나 도형, 첨삭 등을 이용해 시각적으로 표현하여 이해를 돕습니다.

- 빈칸 채우기, 단답형 등 개념을 바로 적용하고 확인할 수 있는 기본 문제로 구성하였습니다.

- 교과서와 똑 닮은 쌍둥이 문제로 구성하였습니다.
- 학습한 개념을 다양한 문제에 적용해 보면서 개념을 익히고 자신의 부족한 부분을 채울 수 있습니다.

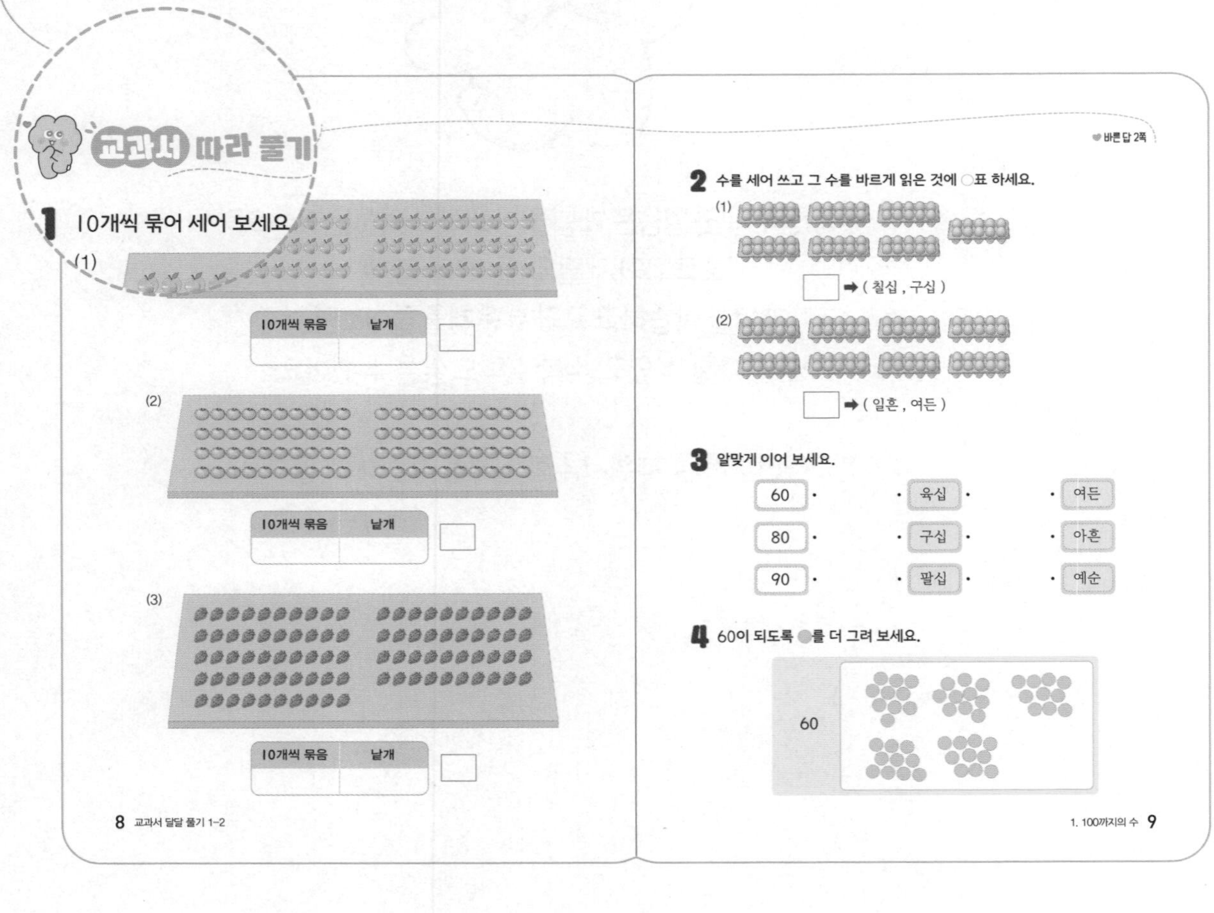

● 응용 문제를 수록하여 문제 푸는 실력을 향상 시킬 수 있도록 하였습니다.

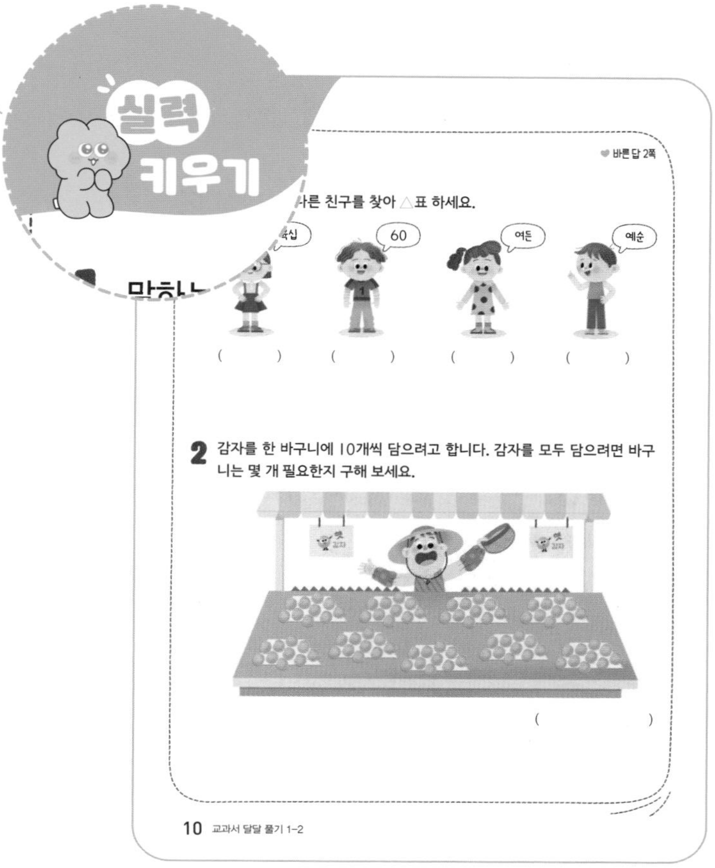

실력 키우기
빠른답 2쪽
…르게 말한 친구를 찾아 △표 하세요.
…육십
60
여든
예순
( ) ( ) ( ) ( )
2 감자를 한 바구니에 10개씩 담으려고 합니다. 감자를 모두 담으려면 바구니는 몇 개 필요한지 구해 보세요.
( )
10 교과서 달달 풀기 1-2

● 다양한 유형의 문제를 통해 학습한 내용을 점검할 수 있도록 구성하였습니다.
● 틀린 문제는 개념을 다시 확인하여 부족한 부분을 되짚어 볼 수 있도록 안내하였습니다.

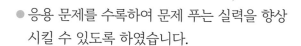

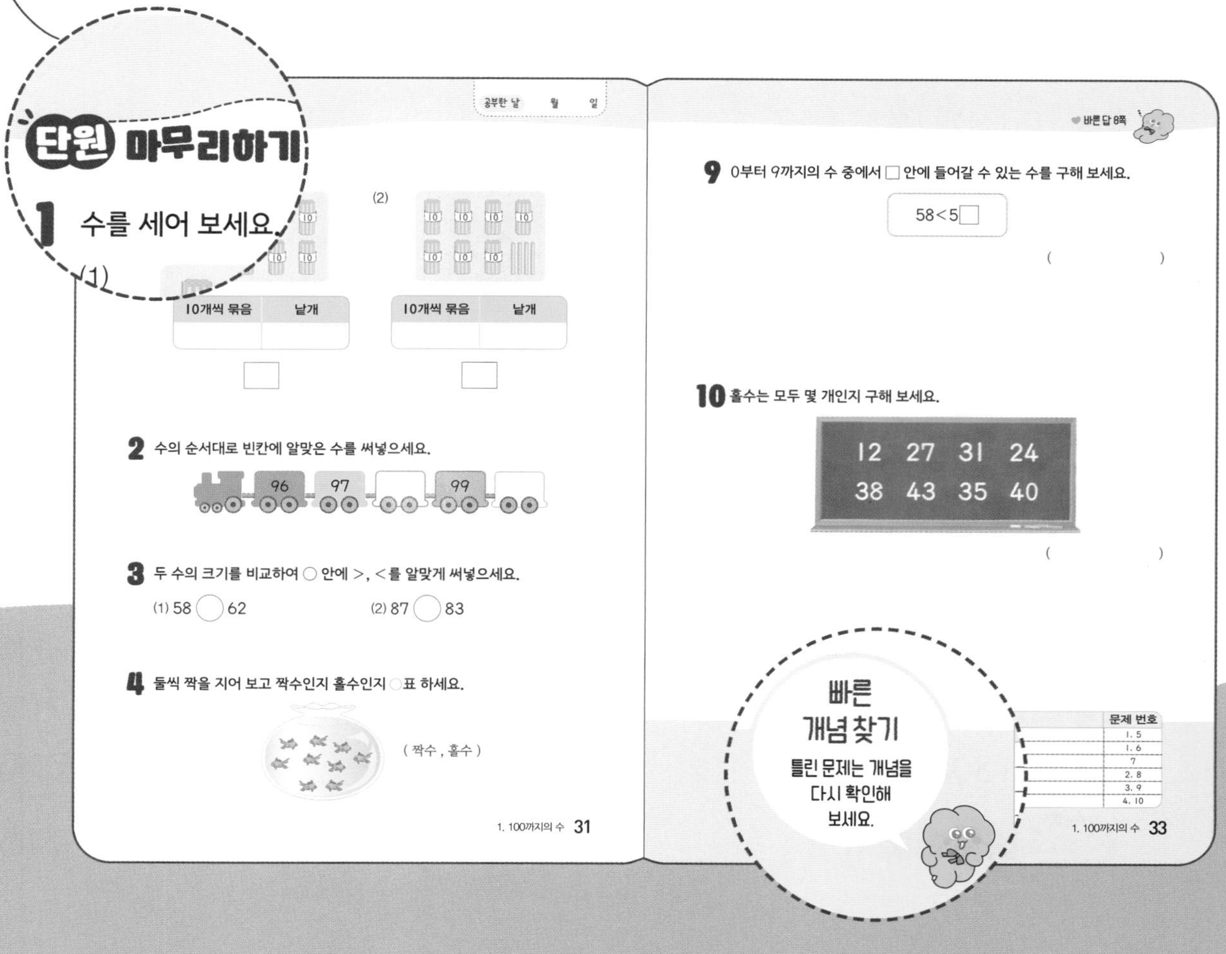

공부한 날 월 일
단원 마무리하기
1 수를 세어 보세요.
(1)
(2)
10개씩 묶음 낱개
10개씩 묶음 낱개
2 수의 순서대로 빈칸에 알맞은 수를 써넣으세요.
96 97 99
3 두 수의 크기를 비교하여 ○ 안에 >, <를 알맞게 써넣으세요.
(1) 58 ○ 62
(2) 87 ○ 83
4 둘씩 짝을 지어 보고 짝수인지 홀수인지 ○표 하세요.
(짝수 , 홀수)
1. 100까지의 수 31
빠른답 8쪽
9 0부터 9까지의 수 중에서 □ 안에 들어갈 수 있는 수를 구해 보세요.
58<5□
( )
10 홀수는 모두 몇 개인지 구해 보세요.
12 27 31 24
38 43 35 40
( )
빠른 개념 찾기
틀린 문제는 개념을 다시 확인해 보세요.
문제 번호
1, 5
1, 6
7
2, 8
3, 9
4, 10
1. 100까지의 수 33

차례

1 100까지의 수

2 덧셈과 뺄셈(1)

3 모양과 시각

4 덧셈과 뺄셈(2)

5 규칙 찾기

6 덧셈과 뺄셈(3)

1

100까지의 수

개념	공부 계획
01 60, 70, 80, 90을 알아볼까요	월 일
02 99까지의 수를 알아볼까요	월 일
03 수를 넣어 이야기를 해 볼까요	월 일
04 수의 순서를 알아볼까요	월 일
05 수의 크기를 비교해 볼까요	월 일
06 짝수와 홀수를 알아볼까요	월 일
단원 마무리하기	월 일

01 60, 70, 80, 90을 알아볼까요

60, 70, 80, 90 알아보기

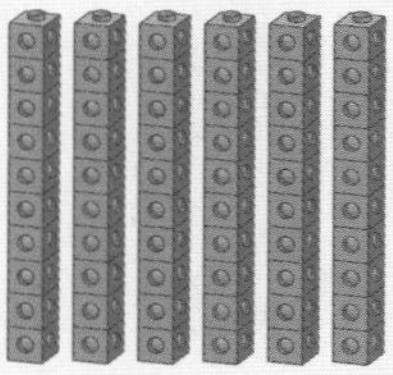

10개씩 묶음 6개
쓰기 60
읽기 육십, 예순

10개씩 묶음 7개
쓰기 70
읽기 칠십, 일흔

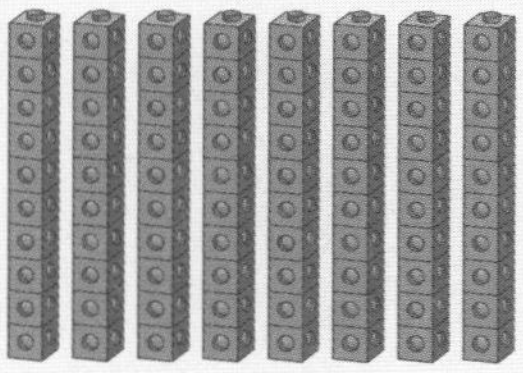

10개씩 묶음 8개
쓰기 80
읽기 팔십, 여든

10개씩 묶음 9개
쓰기 90
읽기 구십, 아흔

개념 확인하기

1 □ 안에 알맞은 수를 써넣으세요.

(1)

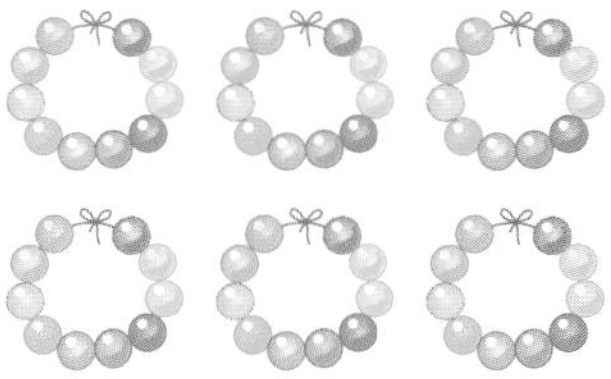

10개씩 묶음 □개 ➡ □

(2)

10개씩 묶음 □개 ➡ □

(3)

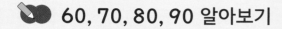

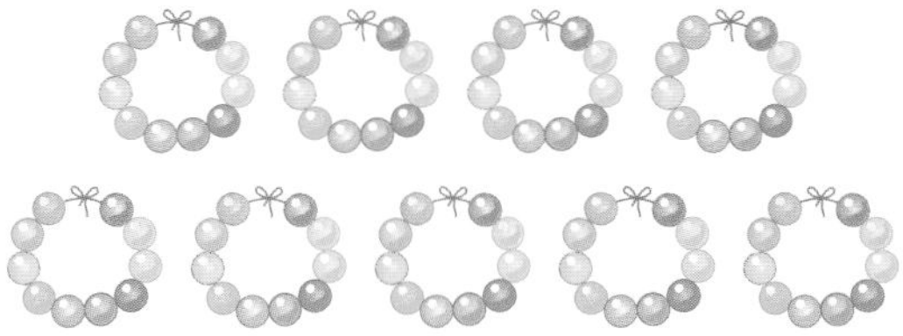

10개씩 묶음 □개 ➡ □

교과서 따라 풀기

1 10개씩 묶어 세어 보세요.

(1)

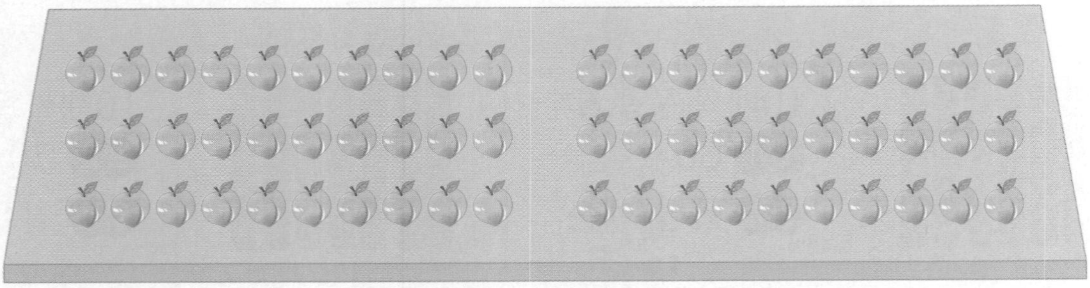

10개씩 묶음	낱개

(2)

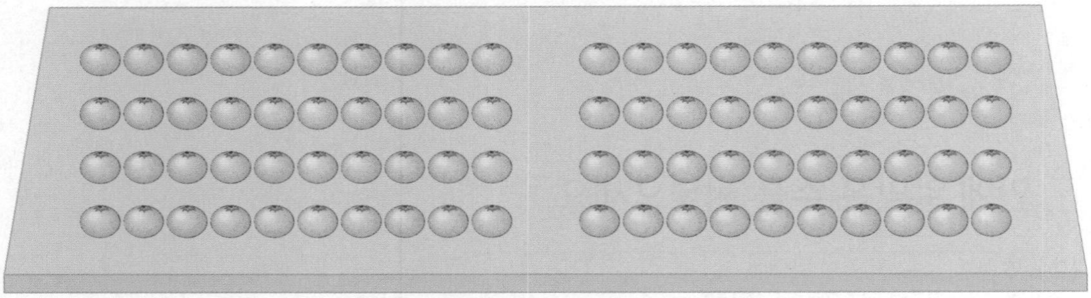

10개씩 묶음	낱개

(3)

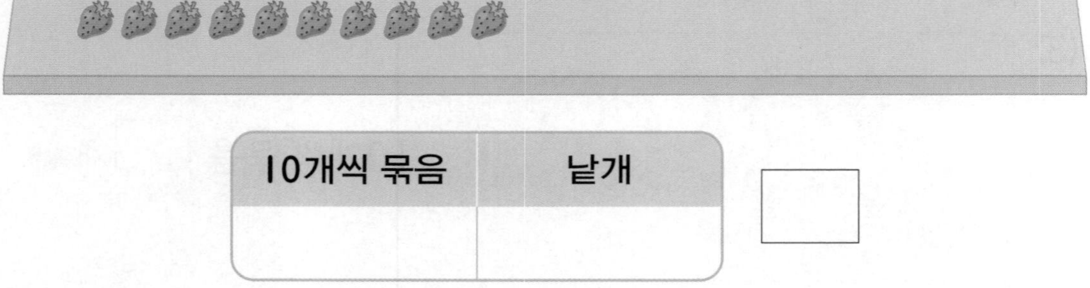

10개씩 묶음	낱개

2 수를 세어 쓰고 그 수를 바르게 읽은 것에 ○표 하세요.

(1)

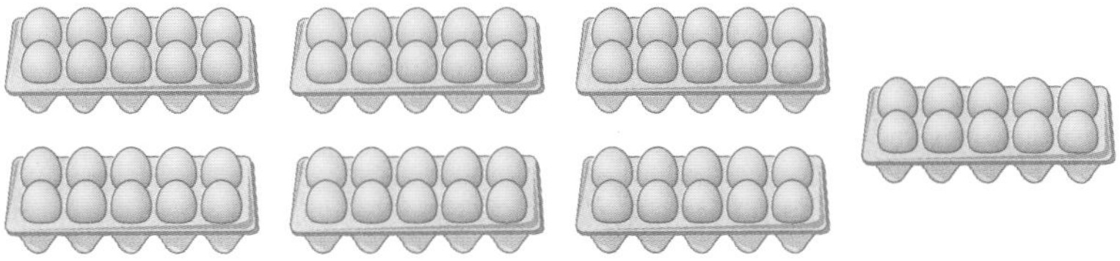

☐ ➡ (칠십 , 구십)

(2)

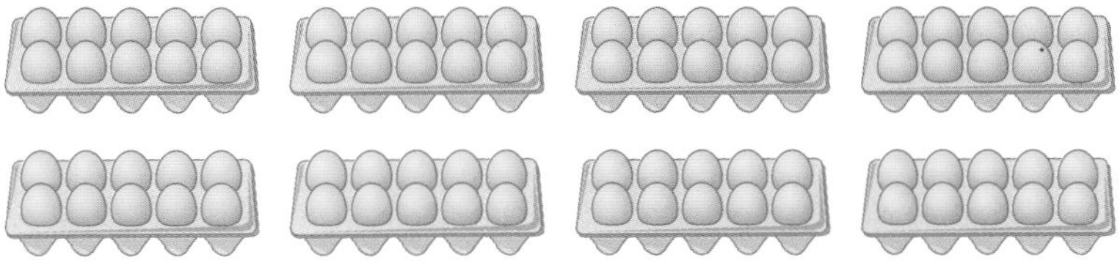

☐ ➡ (일흔 , 여든)

3 알맞게 이어 보세요.

60 •	• 육십 •	• 여든
80 •	• 구십 •	• 아흔
90 •	• 팔십 •	• 예순

4 60이 되도록 ●를 더 그려 보세요.

60

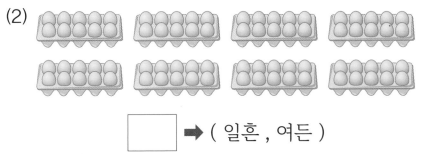

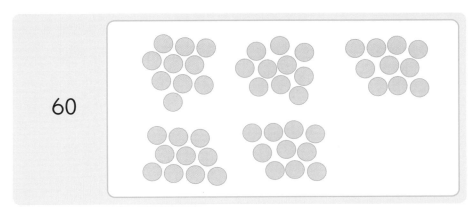

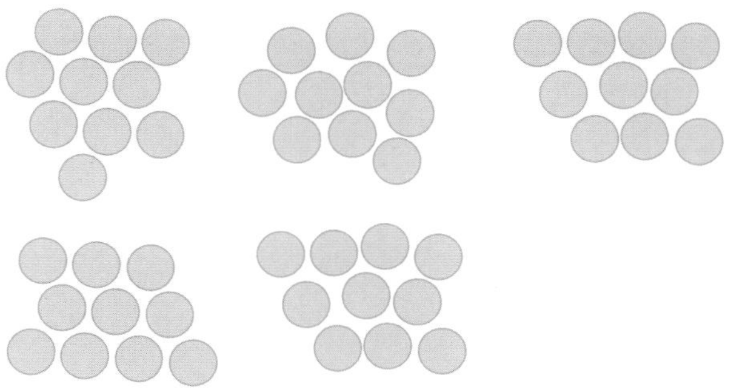

바른 답 2쪽

1 말하는 수가 다른 친구를 찾아 △표 하세요.

( ) ( ) ( ) ( )

2 감자를 한 바구니에 10개씩 담으려고 합니다. 감자를 모두 담으려면 바구니는 몇 개 필요한지 구해 보세요.

( )

02 99까지의 수를 알아볼까요

65 알아보기

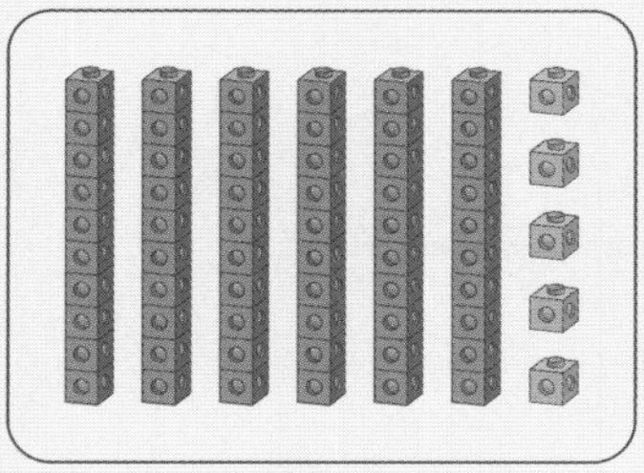

10개씩 묶음 6개와 낱개 5개

쓰기 65

읽기 육십오, 예순다섯

10개씩 묶음의 수를 먼저 읽은 다음 낱개의 수를 읽어.

개념 확인하기

1 □ 안에 알맞은 수를 써넣으세요.

(1)

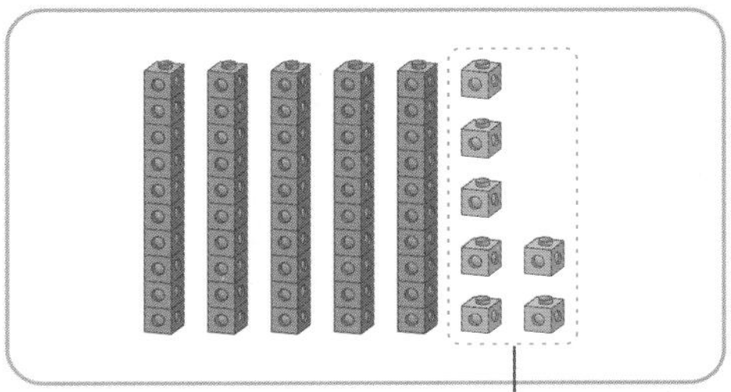

10개씩 묶음 □개와 낱개 □개

➡ □

낱개가 1개 더 있어.

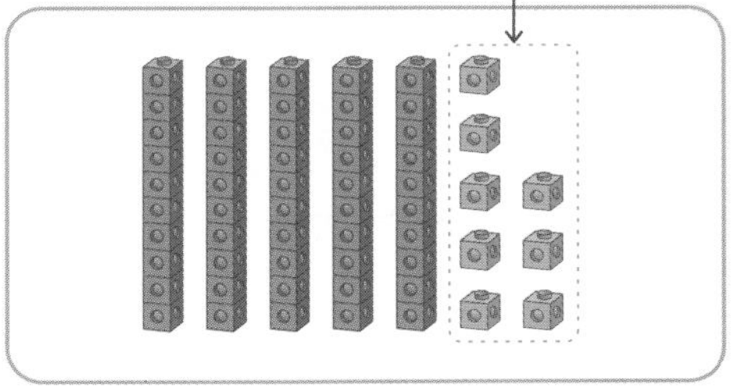

10개씩 묶음 □개와 낱개 □개

➡ □

(2)

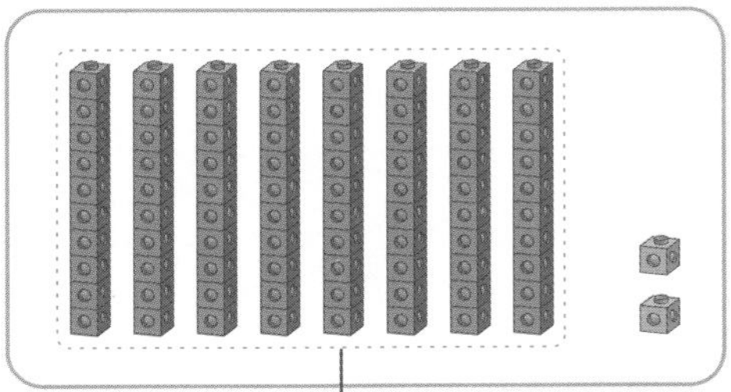

10개씩 묶음 □개와 낱개 □개

➡ □

10개씩 묶음이 1개 더 있어.

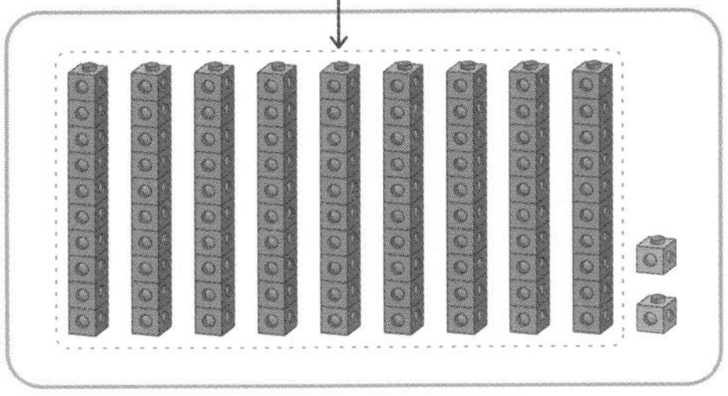

10개씩 묶음 □개와 낱개 □개

➡ □

교과서 따라 풀기

1 10개씩 묶어 세어 보세요.

(1)

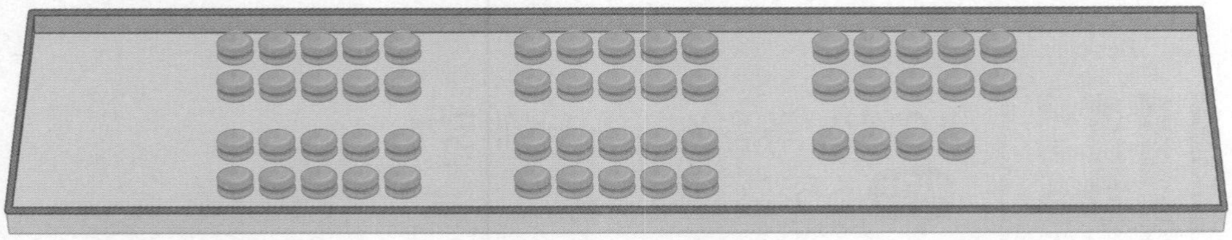

10개씩 묶음	낱개

☐

(2)

10개씩 묶음	낱개

☐

(3)

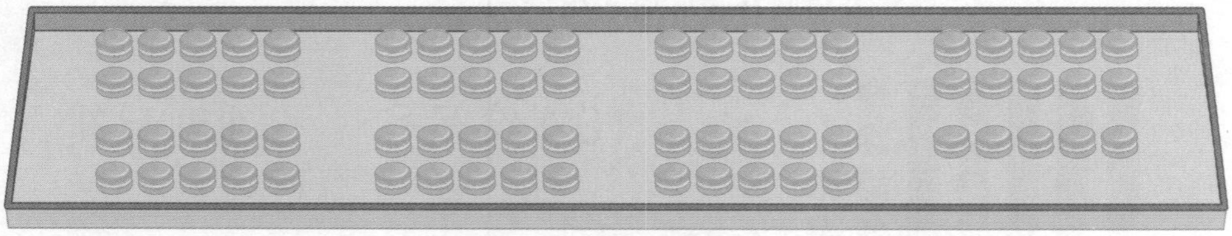

10개씩 묶음	낱개

☐

(4)

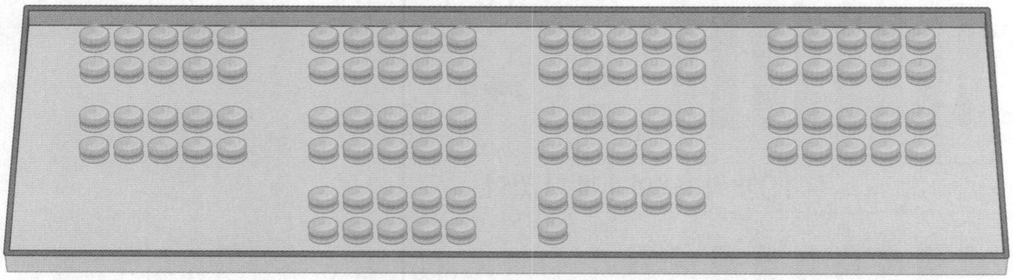

10개씩 묶음	낱개

☐

바른 답 3쪽

2 수를 세어 쓰고 알맞게 이어 보세요.

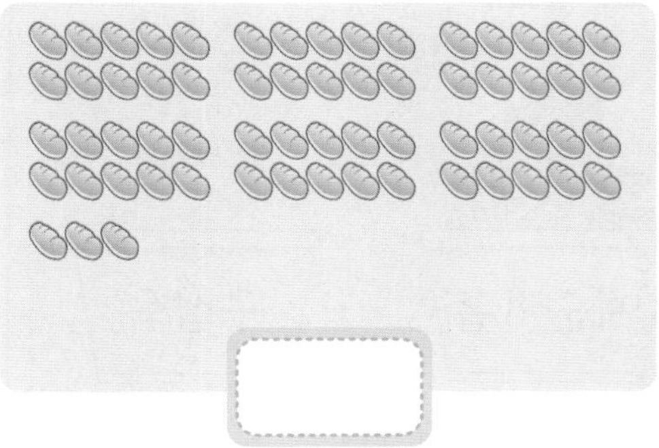

육십삼 · 여든하나

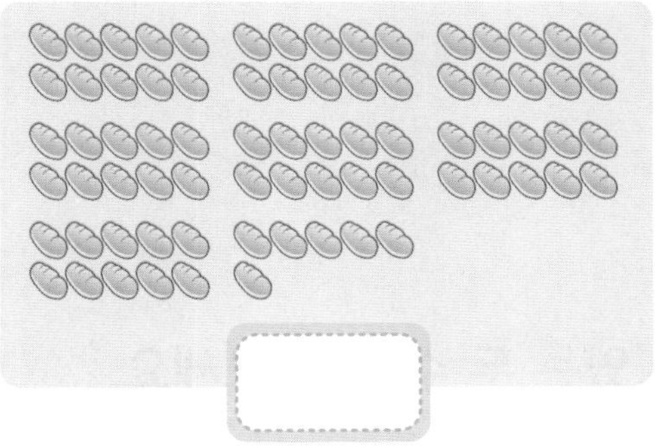

팔십일 · 예순셋

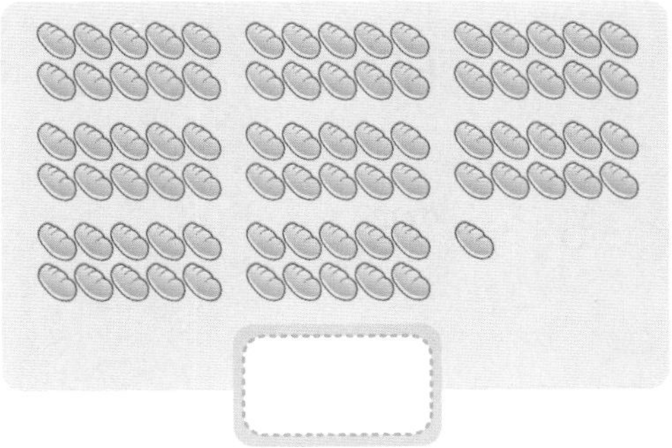

칠십육 · 일흔여섯

3 수를 세어 쓰고 그 수를 바르게 읽은 것에 ○표 하세요.

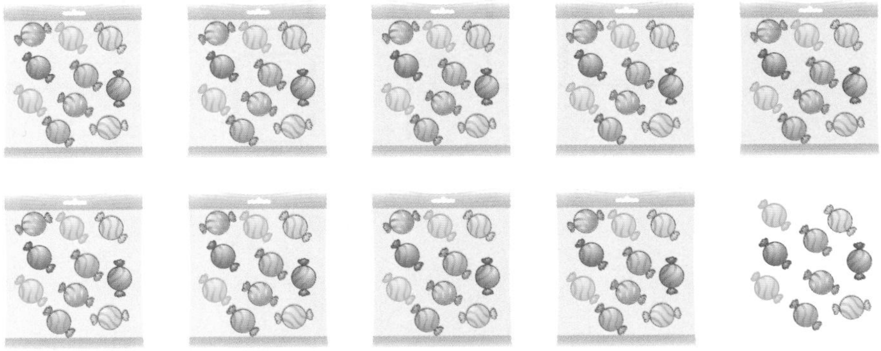

☐ ➡ (구십아홉 , 아흔아홉)

실력 키우기

바른 답 3쪽

1 나타내는 수가 다른 하나를 찾아 색칠해 보세요.

2 보기 와 같이 수 카드 2장을 골라 만들 수 있는 두 수를 써 보세요.

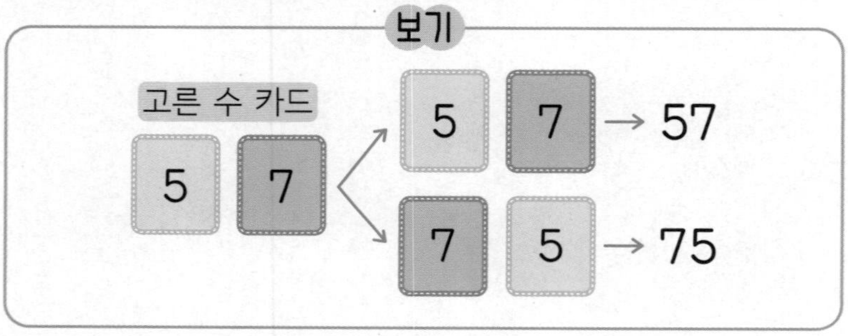

6 7 8 9

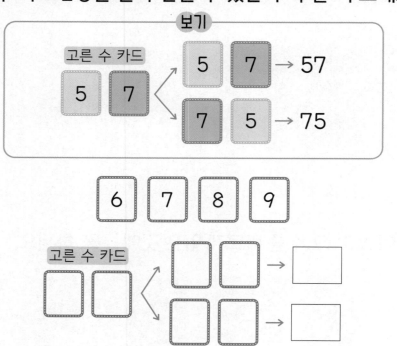

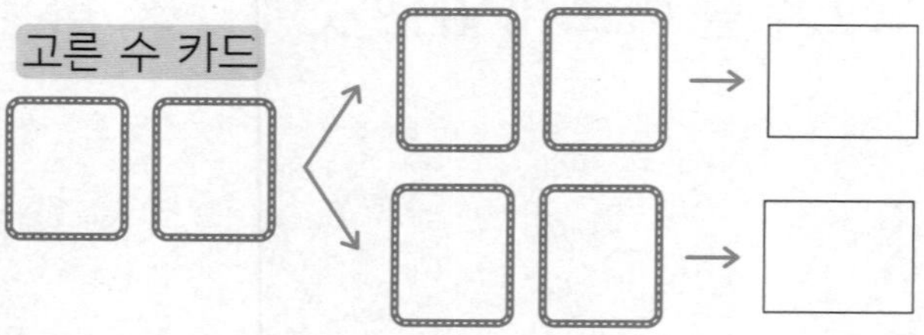

수를 넣어 이야기를 해 볼까요

구슬의 개수를 읽어 볼까요?

구슬 75개

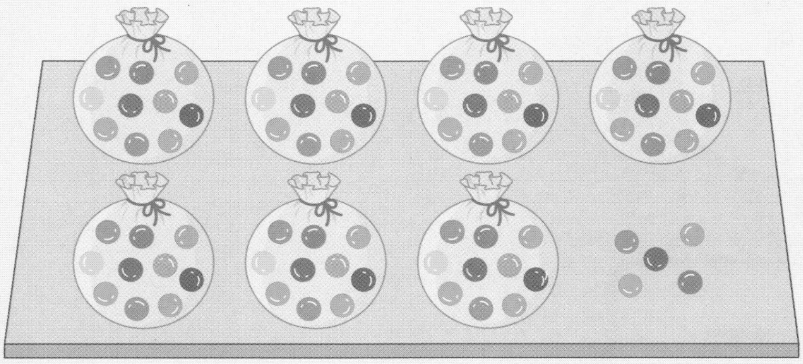

- 구슬이 칠십오 개 있습니다.
- 구슬이 일흔다섯 개 있습니다.

같은 수라도 수가 사용되는
상황에 따라 여러 가지
방법으로 표현할 수 있어.

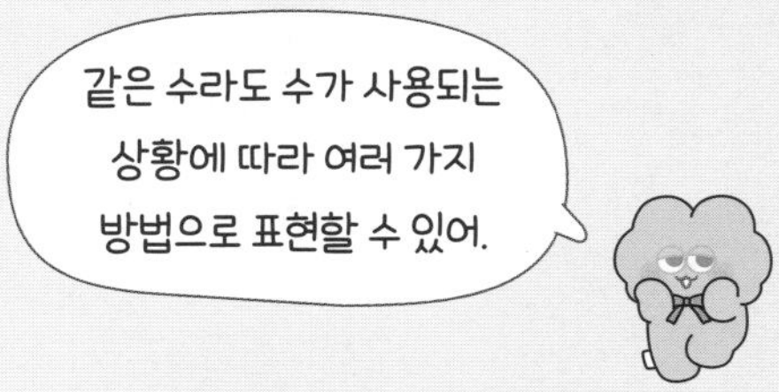

개념 확인하기

1 그림을 보고 수를 상황에 알맞게 읽은 것에 ○표 하세요.

(1)

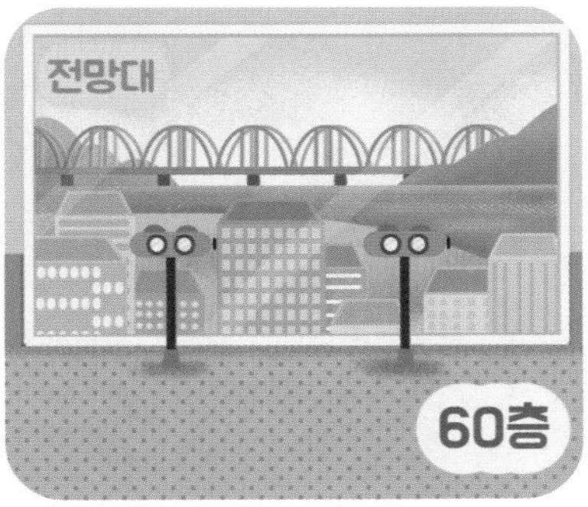

전망대는 (육십 , 예순) 층에 있습니다.

(2)

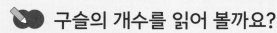

대기 번호는 (오십칠 , 쉰일곱) 번입니다.

교과서 따라 풀기

1 밑줄 친 수를 상황에 알맞게 읽은 것을 따라가며 길을 찾아보세요.

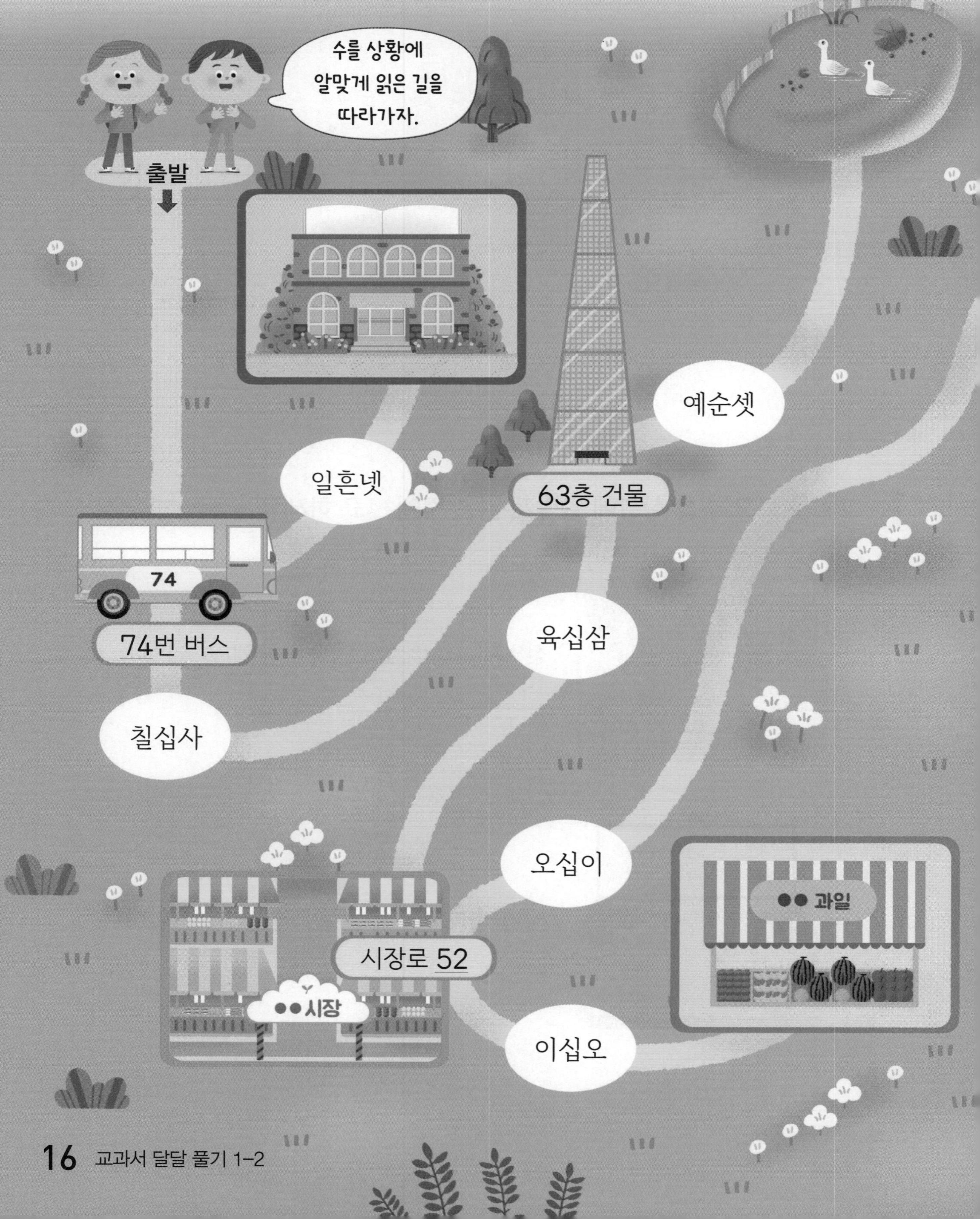

96년 전통
아흔여섯
구십육
팔십오
57
58
교과서 58쪽
팔십일
1-2
81
열쇠 번호 81번
오십팔
여든하나

실력 키우기

바른 답 4쪽

1 밑줄 친 수를 잘못 읽은 친구를 찾아 △표 하세요.

우리집 주소는 미래로 87입니다.

(   )   (   )

2 연준이의 일기에서 밑줄 친 수를 바르게 읽어 보세요.

○월○일 ○요일   날씨

수학 문제를 65일 만에 혼자 힘으로
모두 풀었다.
기분이 정말 좋았다.
그동안 열심히 공부한 보람을 느꼈다.
오늘의 일기 끝!

(   )

04 수의 순서를 알아볼까요

수의 순서 알아보기

수를 순서대로 썼을 때 [바로 앞의 수는 1만큼 더 작은 수 / 바로 뒤의 수는 1만큼 더 큰 수] 입니다.

1씩 작아집니다.

1만큼 더 작은 수

93	94	95	96	97	98	99

1만큼 더 큰 수

1씩 커집니다.

100 알아보기

99보다 1만큼 더 큰 수

쓰기 100

읽기 백

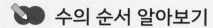

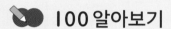

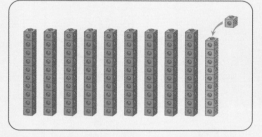

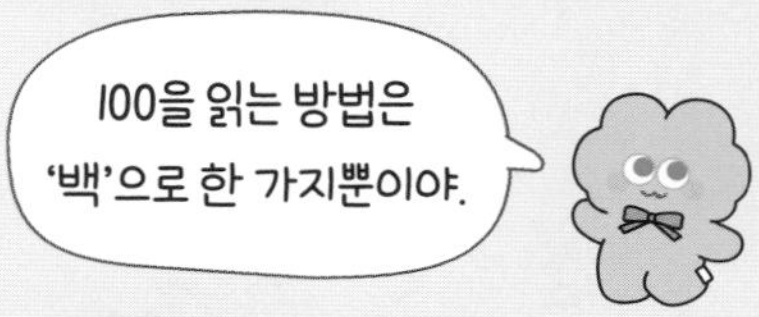
100을 읽는 방법은
'백'으로 한 가지뿐이야.

개념 확인하기

1 수의 순서대로 빈칸에 알맞은 수를 써넣으세요.

51	52	53	54	55		57	58		60
61	62	63		65	66		68	69	
	72	73	74		76	77		79	80
81	82		84	85	86	87	88		90
91		93	94	95	96	97	98	99	

교과서 따라 풀기

1 빈칸에 알맞은 수를 써넣으세요.

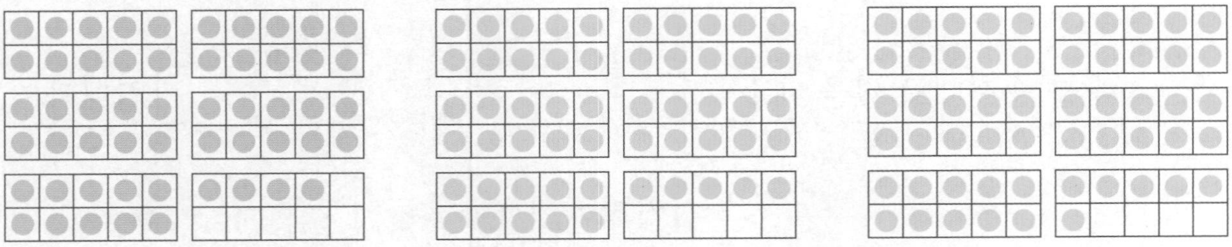

2 수의 순서대로 빈칸에 알맞은 수를 써넣으세요.

(1)

(2)

(3)

(4)

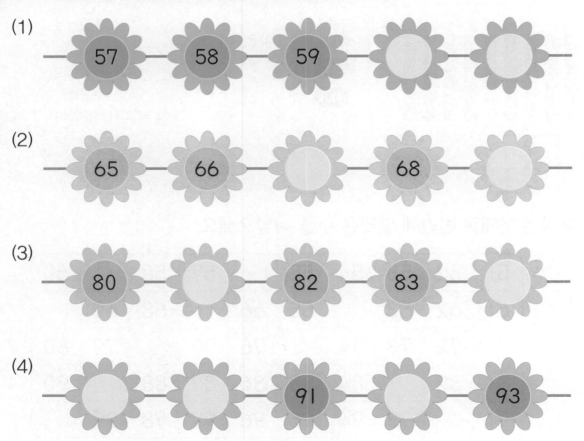

3 수를 순서대로 이어 보세요.

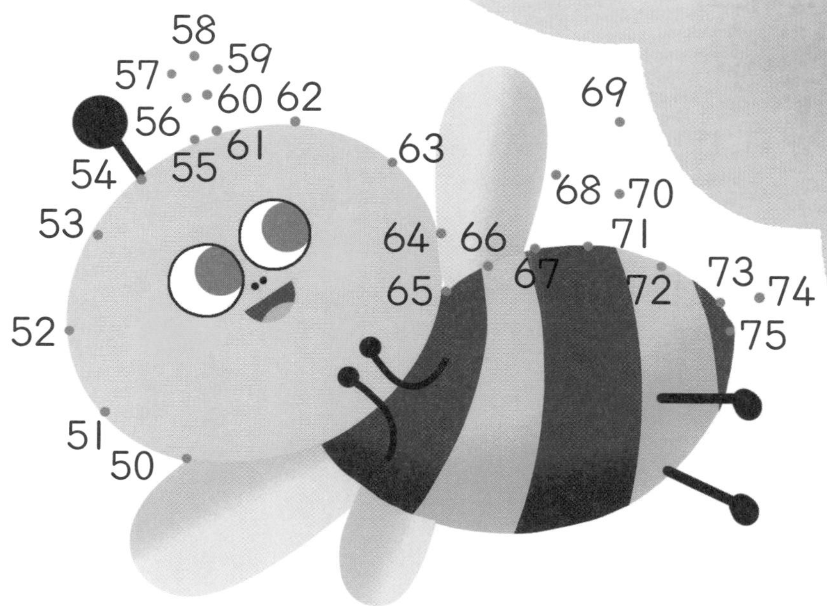

4 수의 순서대로 빈칸에 알맞은 수를 써넣으세요.

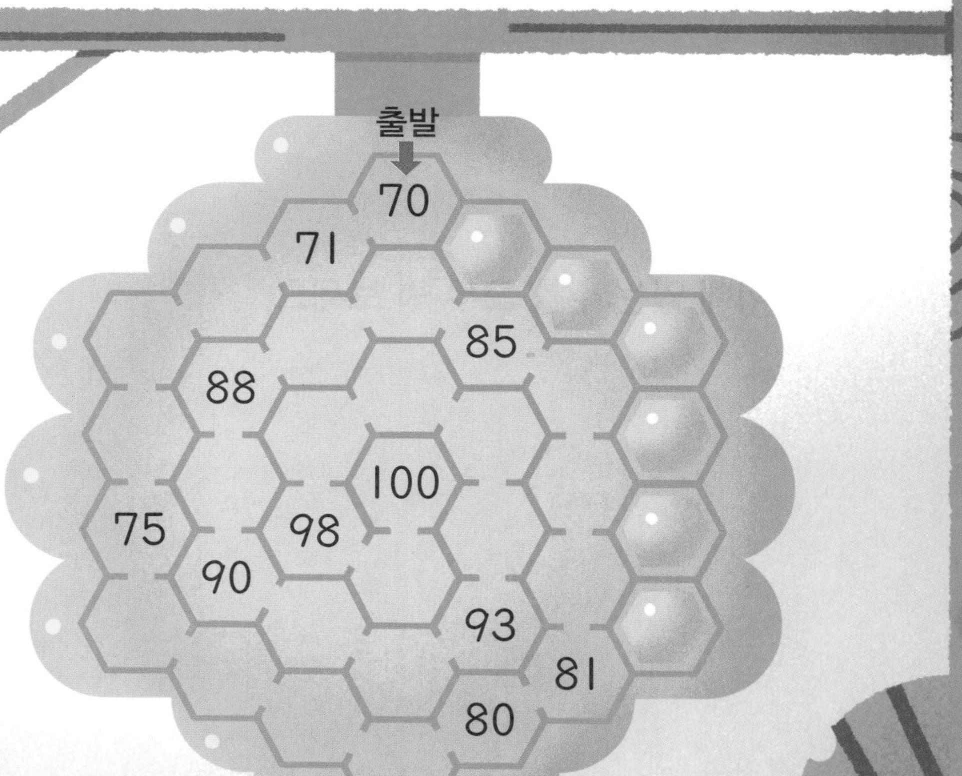

실력 키우기

바른 답 5쪽

1 알맞게 이어 보세요.

79보다 1만큼 더 큰 수 •		• 75
78보다 1만큼 더 작은 수 •		• 77
		• 80

2 57과 60 사이에 있는 수를 모두 써 보세요.

(   )

05 수의 크기를 비교해 볼까요

62와 58의 크기 비교하기 →10개씩 묶음의 수가 다른 두 수의 크기 비교

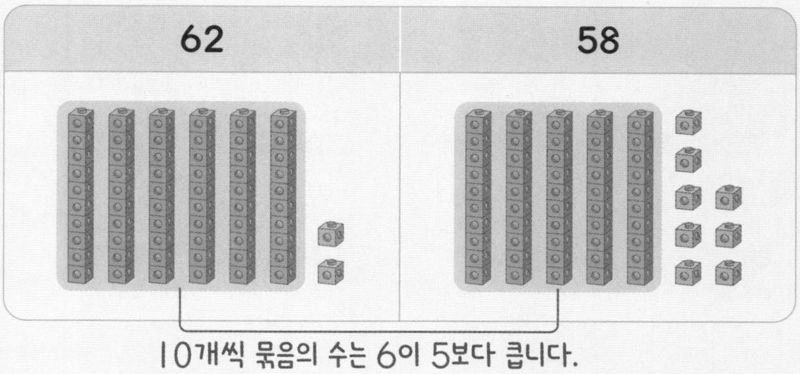
62
58
10개씩 묶음의 수는 6이 5보다 큽니다.

- 62는 58보다 큽니다.
  ➡ $62>58$
- 58은 62보다 작습니다.
  ➡ $58<62$

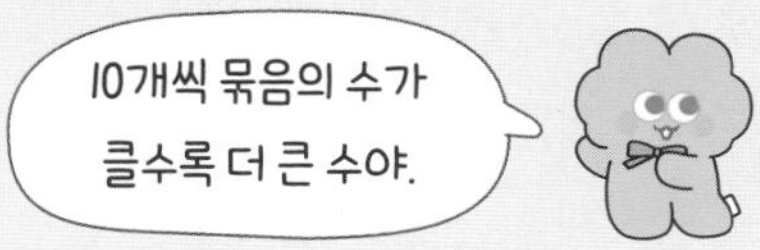
10개씩 묶음의 수가
클수록 더 큰 수야.

75와 71의 크기 비교하기 →10개씩 묶음의 수가 같은 두 수의 크기 비교

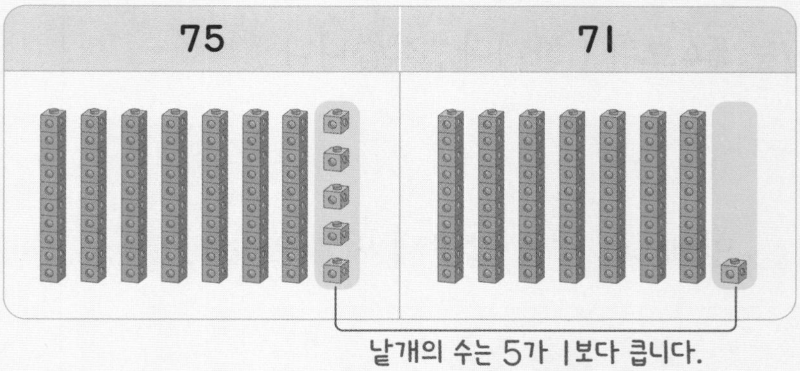
75
71
낱개의 수는 5가 1보다 큽니다.

- 75는 71보다 큽니다.
  ➡ $75>71$
- 71은 75보다 작습니다.
  ➡ $71<75$

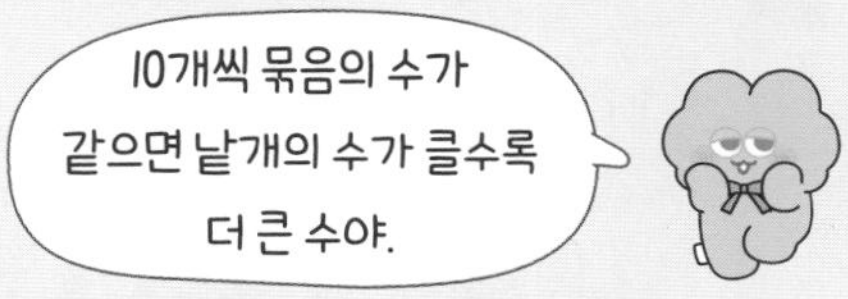
10개씩 묶음의 수가
같으면 낱개의 수가 클수록
더 큰 수야.

개념 확인하기

1 ○ 안에 >, <를 알맞게 써넣으세요.

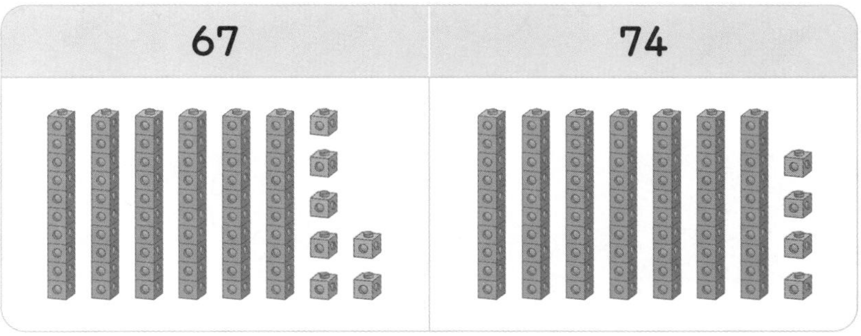
67
74

(1) 67은 74보다 작습니다. ➡ 67 ◯ 74

(2) 74는 67보다 큽니다. ➡ 74 ◯ 67

교과서 따라 풀기

1 **수를 세어 크기를 비교해 보세요.**

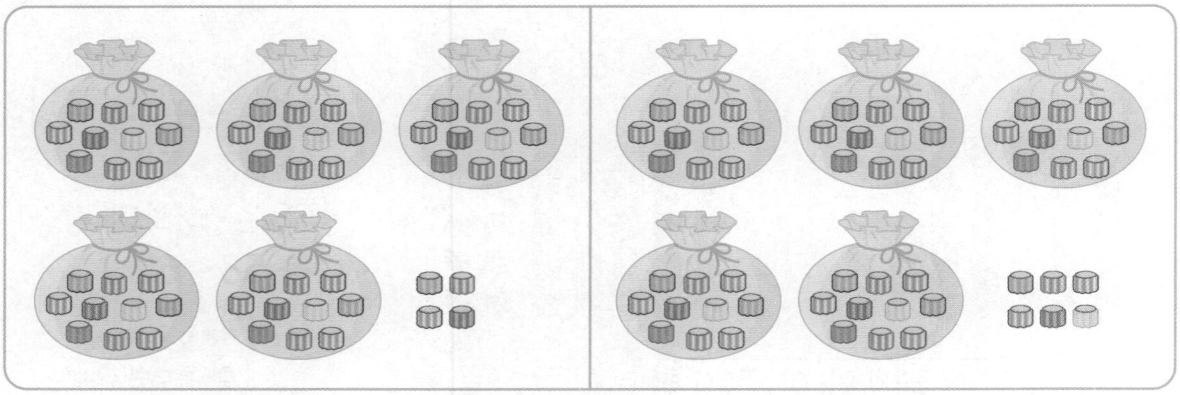

• 54는 □ 보다 (큽니다 , 작습니다).

• □ 은/는 54보다 (큽니다 , 작습니다).

2 **두 수의 크기를 비교하여 ○ 안에 >, <를 알맞게 써넣으세요.**

(1)

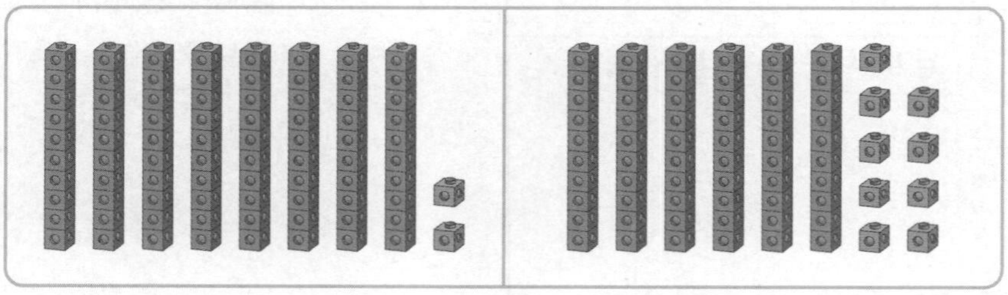

82 ○ 69

(2)

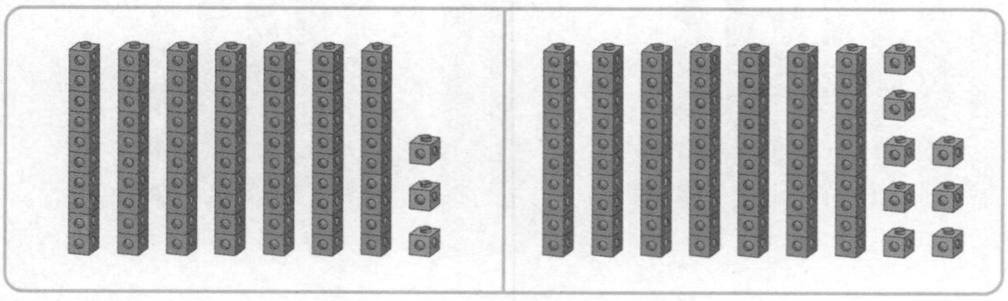

73 ○ 78

3 두 수의 크기를 비교하여 ○ 안에 >, <를 알맞게 써넣으세요.

(1) 60 ○ 57　　　　(2) 85 ○ 89

4 가장 큰 수에 ○표, 가장 작은 수에 △표 하세요.

86　　77　　68

5 훌라후프를 가장 많이 돌린 친구를 찾아 ○표 하세요.

나는 훌라후프를 92번 돌렸어.
나는 훌라후프를 90번 돌렸어.
나는 훌라후프를 96번 돌렸어.

(　　　)　(　　　)　(　　　)

실력 키우기

바른 답 6쪽

1 두 수의 크기를 바르게 비교한 것에 ○표 하세요.

79>77	80<64
(　　　)	(　　　)

2 작은 수부터 순서대로 수 카드를 놓았습니다. 65 는 ㉠, ㉡, ㉢ 중에서 어디에 놓아야 할까요?

53	㉠	61	㉡	70	㉢	79

(　　　　　　)

짝수와 홀수를 알아볼까요

🖌 짝수와 홀수 알아보기

• 2, 4, 6, 8, 10, 12와 같이 둘씩 짝을 지을 때 남는 것이 없는 수를 짝수라고 합니다.

2 | 4 | 6

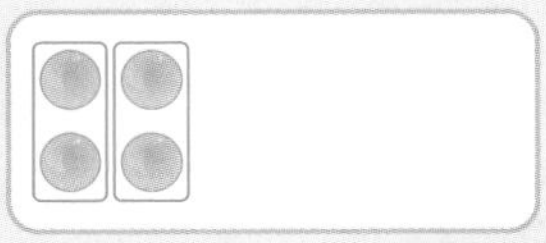

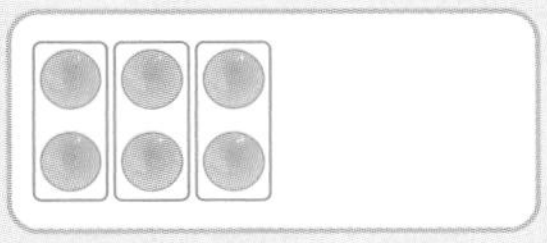

8 | 10 | 12

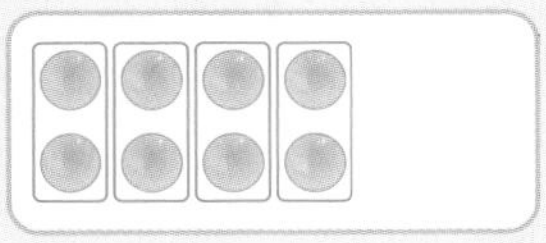

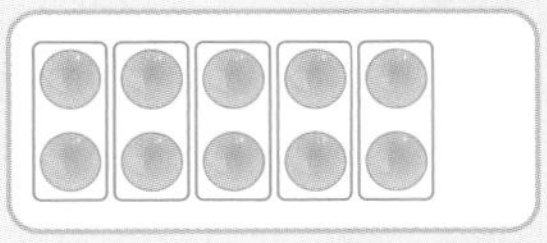

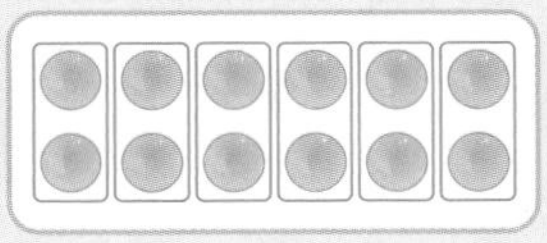

• 1, 3, 5, 7, 9, 11과 같이 둘씩 짝을 지을 때 남는 것이 있는 수를 홀수라고 합니다.

1 | 3 | 5

7 | 9 | 11

짝수는 낱개의 수가
0, 2, 4, 6, 8인 수야.

홀수는 낱개의 수가
1, 3, 5, 7, 9인 수야.

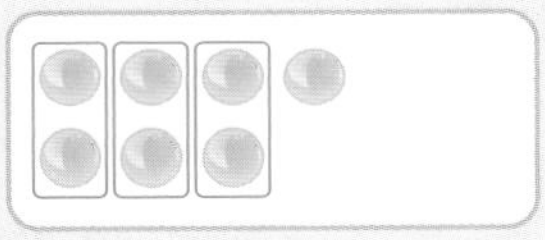

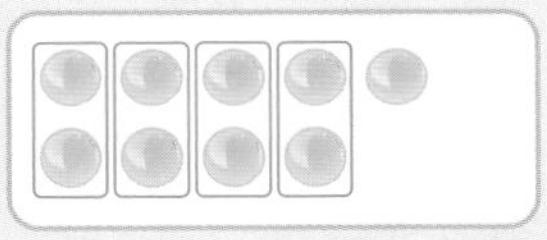

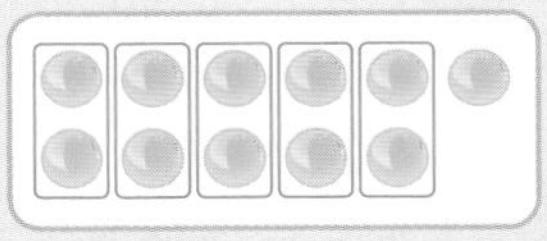

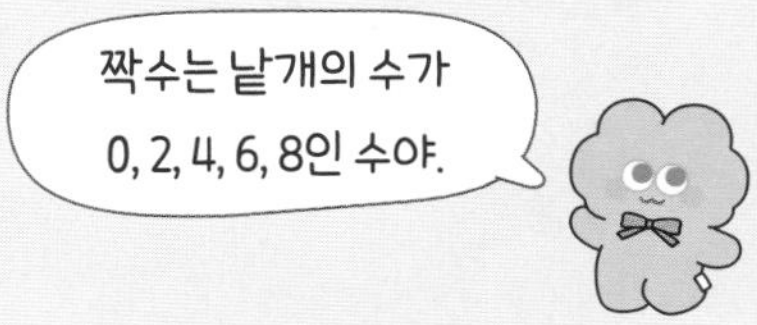

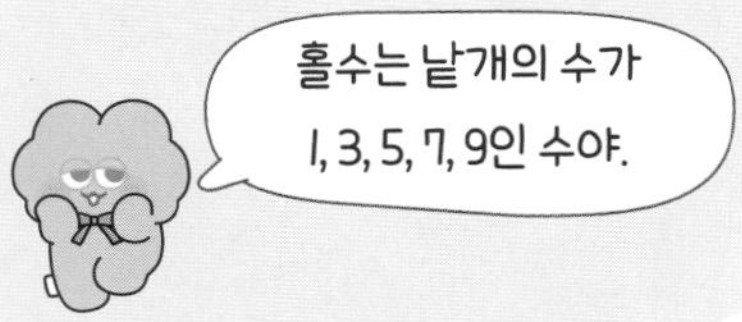

🧩 개념 확인하기

1 짝수인지 홀수인지 ○표 하세요.

(1)

4

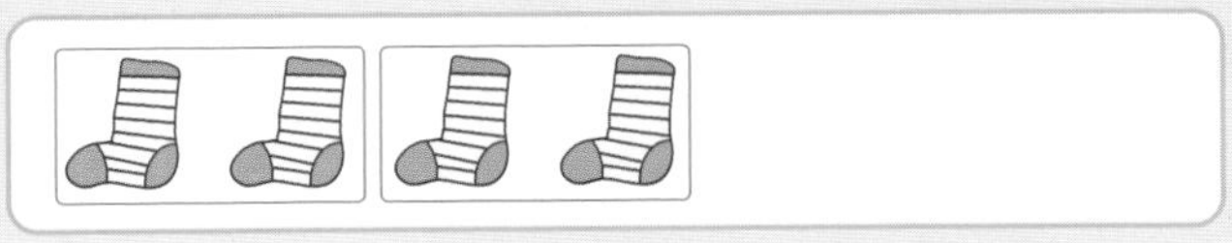

➡ 4는 (짝수 , 홀수)입니다.

(2)

7

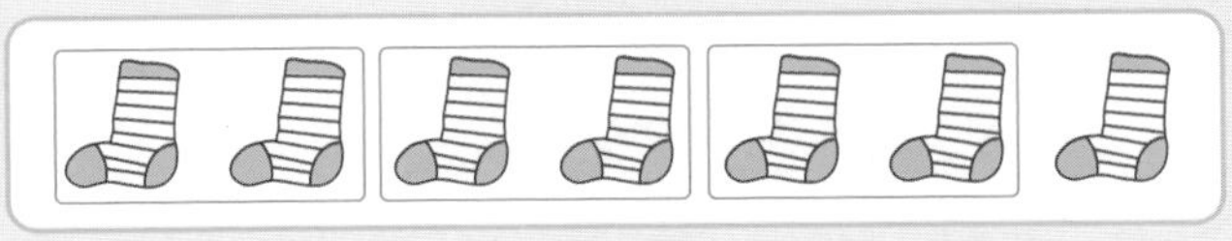

➡ 7은 (짝수 , 홀수)입니다.

교과서 따라 풀기

1 둘씩 짝을 지어 보고 짝수인지 홀수인지 ○표 하세요.

(1)

6은 (짝수 , 홀수)입니다.

(2)

11은 (짝수 , 홀수)입니다.

2 홀수를 찾아 순서대로 이어 보세요.

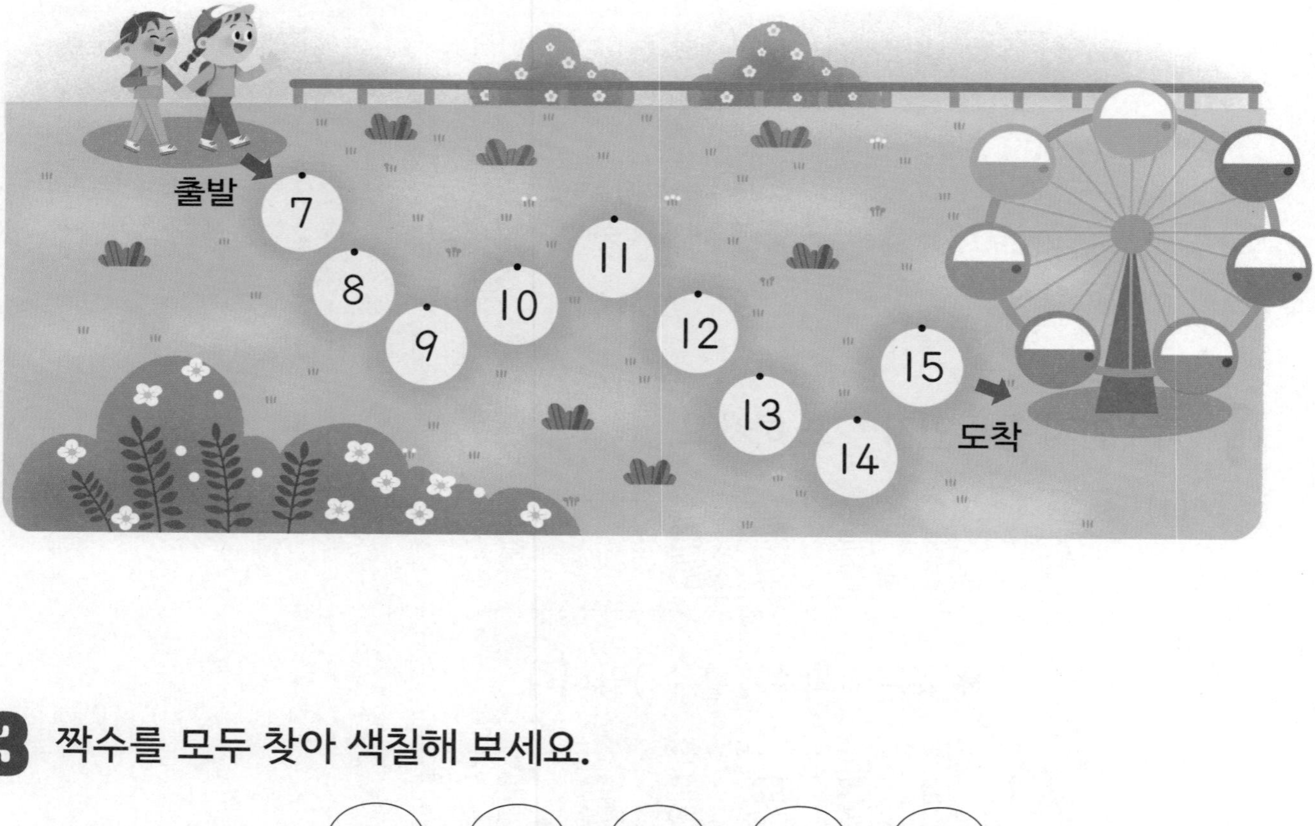

3 짝수를 모두 찾아 색칠해 보세요.

바른 답 7쪽

4 홀수만 모여 있는 바구니를 찾아 ○표 하세요.

(　　　　)

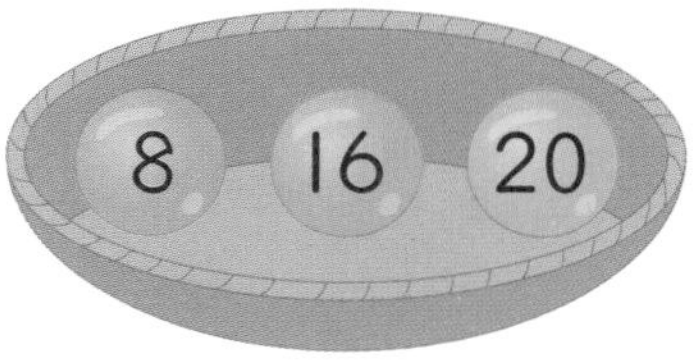

(　　　　)

(　　　　)

5 준호네 반 친구들이 범퍼카를 타고 있습니다. 알맞은 말에 ○표 하세요.

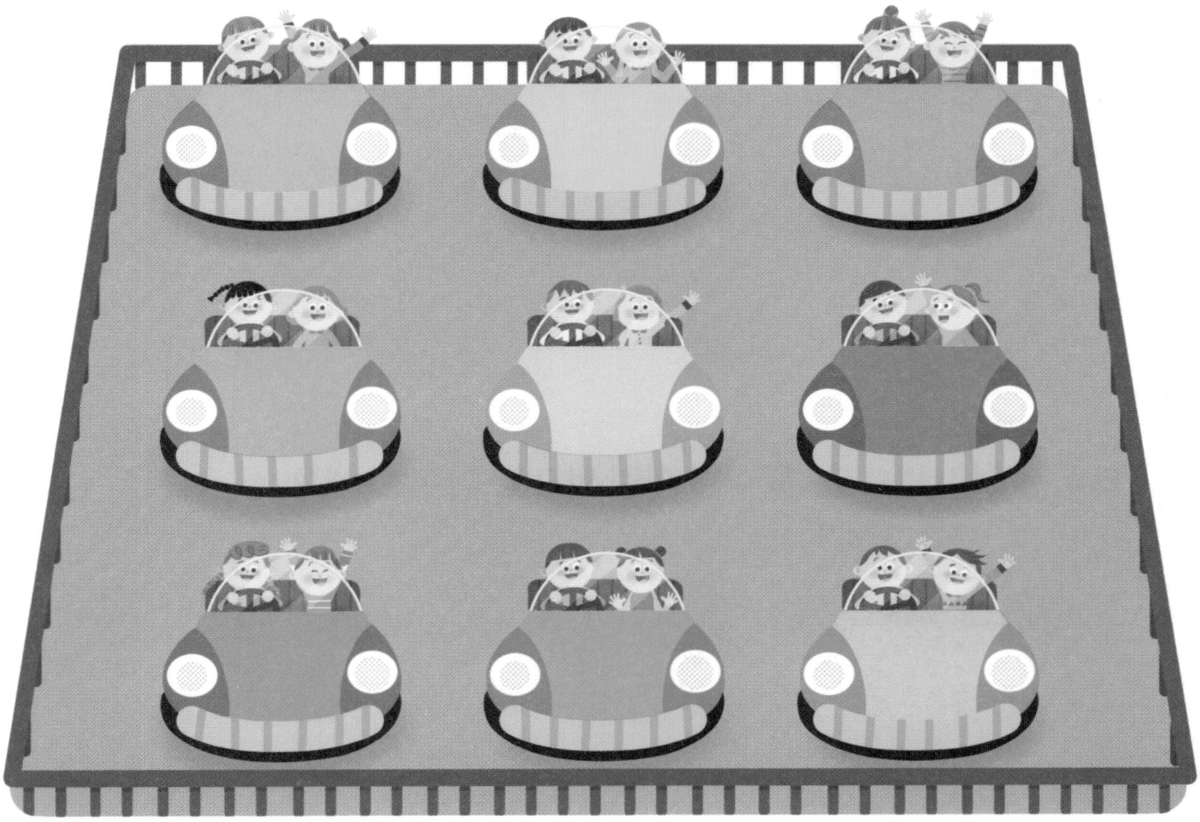

• 친구들의 수는 (짝수 , 홀수)입니다.

• 범퍼카의 수는 (짝수 , 홀수)입니다.

실력 키우기

바른 답 7쪽

1 수를 세어 쓰고 둘씩 짝을 지어 짝수인지 홀수인지 ○표 하세요.

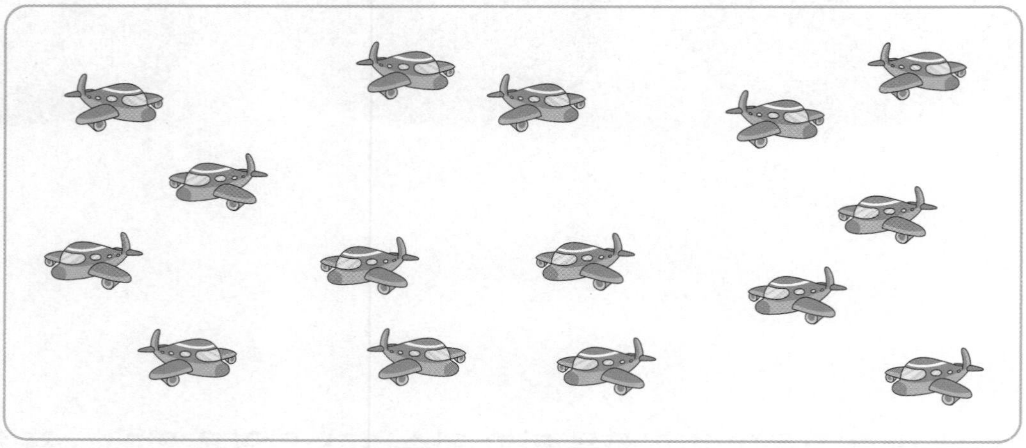

☐ (짝수 , 홀수)

2 짝수는 빨간색으로, 홀수는 파란색으로 이어 보세요.

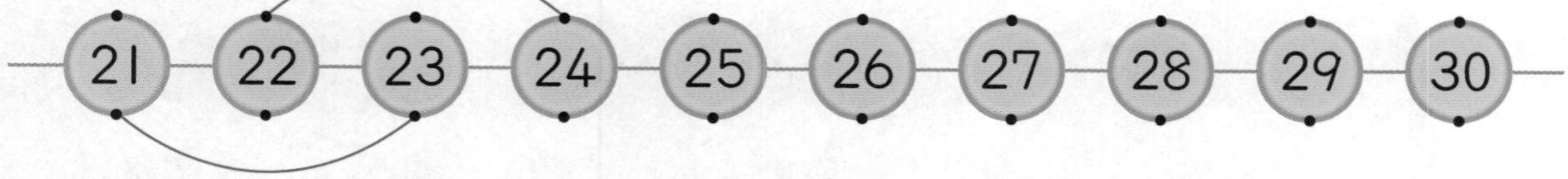

단원 마무리하기

1 수를 세어 보세요.

(1)

10개씩 묶음	낱개

☐

(2)

10개씩 묶음	낱개

☐

2 수의 순서대로 빈칸에 알맞은 수를 써넣으세요.

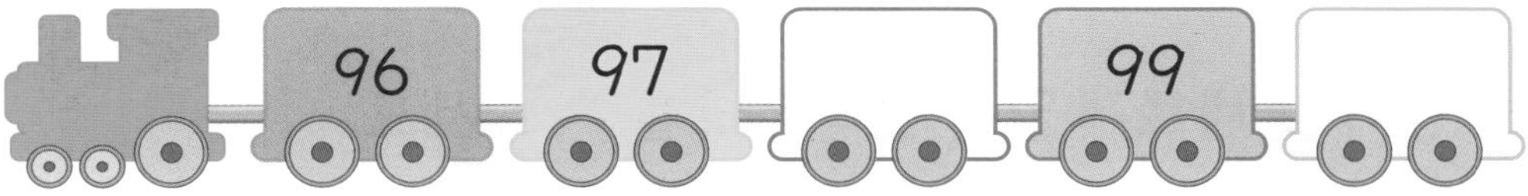

3 두 수의 크기를 비교하여 ○ 안에 >, <를 알맞게 써넣으세요.

(1) 58 ○ 62

(2) 87 ○ 83

4 둘씩 짝을 지어 보고 짝수인지 홀수인지 ○표 하세요.

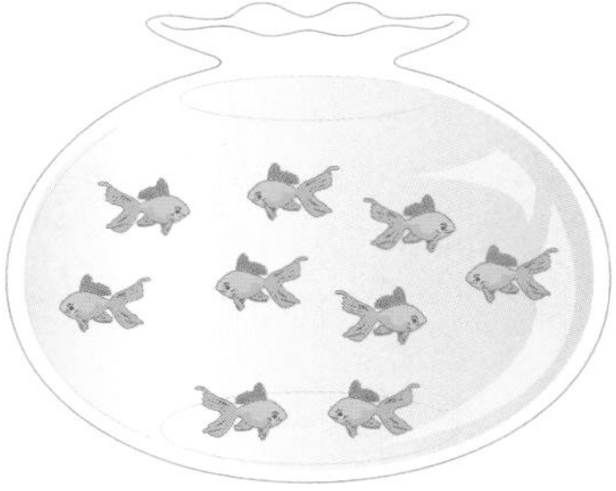

(짝수 , 홀수)

5 나타내는 수가 다른 하나를 찾아 색칠해 보세요.

칠십	10개씩 묶음 7개인 수	아흔

6 알맞게 이어 보세요.

예순여덟 •		• 86
		• 75
일흔다섯 •		• 68

7 밑줄 친 수를 바르게 읽은 것의 기호를 써 보세요.

㉠ 상자에 팽이가 <u>57</u>개 들어 있습니다. ➡ 쉰일곱
㉡ 이 건물은 <u>89</u>층까지 있습니다. ➡ 여든아홉

( )

8 코끼리와 고양이가 들고 있는 두 수 사이에 있는 수는 모두 몇 개인지 구해 보세요.

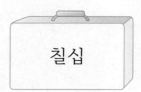

( )

바른 답 8쪽

9 0부터 9까지의 수 중에서 □ 안에 들어갈 수 있는 수를 구해 보세요.

$58 < 5\square$

(　　　　　　　　　　)

10 홀수는 모두 몇 개인지 구해 보세요.

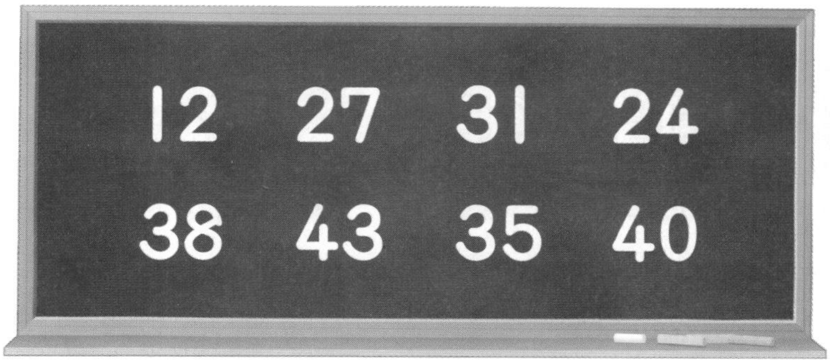

(　　　　　　　　　　)

빠른 개념 찾기

틀린 문제는 개념을 다시 확인해 보세요.

개념	문제 번호
01 60, 70, 80, 90을 알아볼까요	1, 5
02 99까지의 수를 알아볼까요	1, 6
03 수를 넣어 이야기를 해 볼까요	7
04 수의 순서를 알아볼까요	2, 8
05 수의 크기를 비교해 볼까요	3, 9
06 짝수와 홀수를 알아볼까요	4, 10

2

덧셈과 뺄셈 (1)

개념	공부 계획
01 세 수의 덧셈을 해 볼까요	월 일
02 세 수의 뺄셈을 해 볼까요	월 일
03 10이 되는 더하기를 해 볼까요	월 일
04 10에서 빼기를 해 볼까요	월 일
05 10을 만들어 더해 볼까요	월 일
단원 마무리하기	월 일

01 세 수의 덧셈을 해 볼까요

1+4+2 계산하기

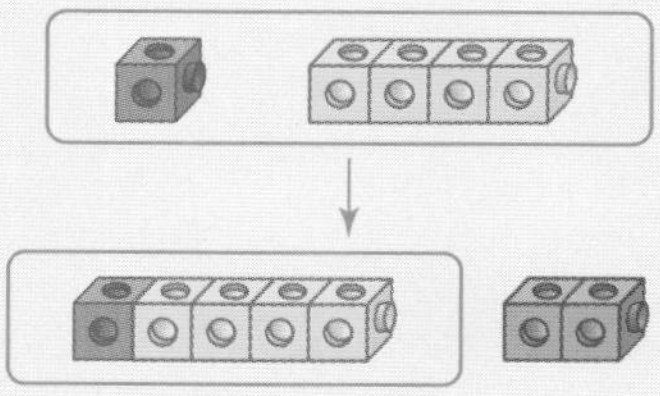

1+4=5

↓

5+2=7

➡ 1+4+2=7

앞의 두 수를 먼저 더하고, 나온 수에 나머지 한 수를 더합니다.

세 수의 덧셈은 순서를 바꾸어 계산해도 결과가 같아.

• 1+4+2=1+6=7

• 1+4+2=3+4=7

개념 확인하기

1 □ 안에 알맞은 수를 써넣으세요.

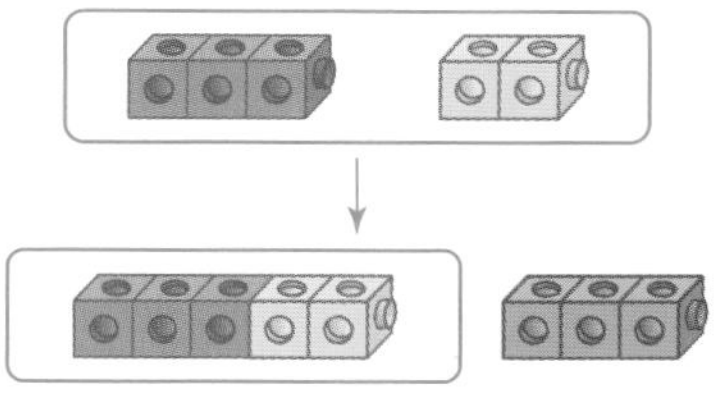

3+2=□

↓

□+3=□

➡ 3+2+3=□

2 우유는 모두 몇 개인지 구해 보세요.

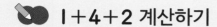

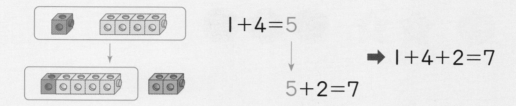

(1) 딸기우유, 초코우유, 바나나우유는 각각 몇 개인가요?

딸기우유: □개, 초코우유: □개, 바나나우유: □개

(2) 우유는 모두 몇 개인지 덧셈식으로 나타내 보세요.

2+□+□=□

교과서 따라 풀기

1 그림을 보고 알맞은 덧셈식을 만들어 보세요.

(1)

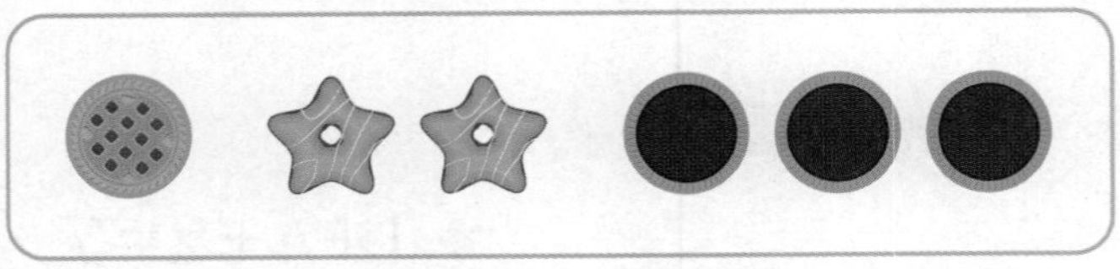

1+□+□=□

(2)

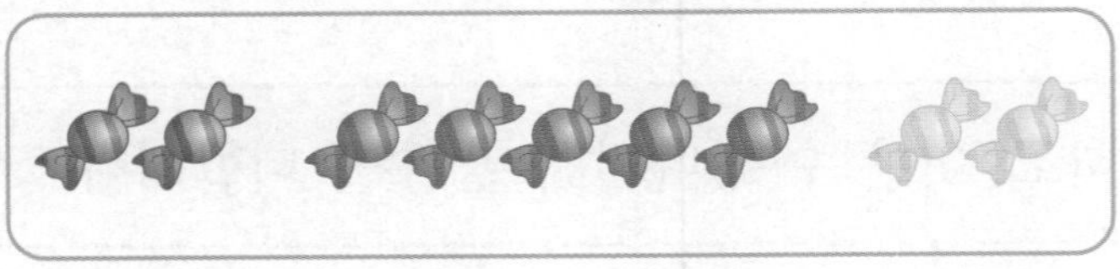

2+□+□=□

(3)

3+□+□=□

2 그림에 맞는 식과 수를 찾아 이어 보세요.

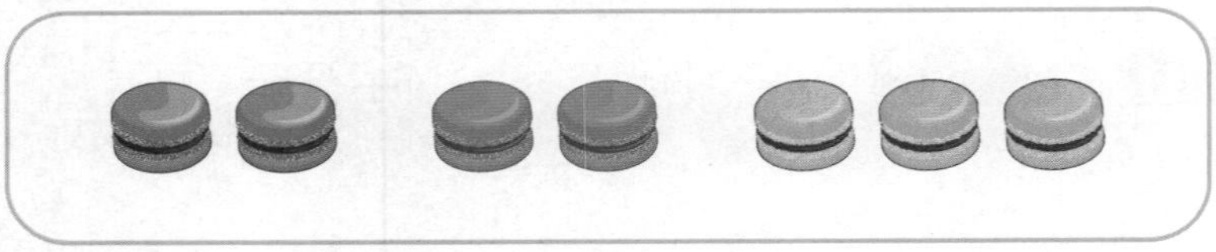

2+2+3   3+3+2

6   7   8

바른 답 9쪽

3 □ 안에 알맞은 수를 써넣으세요.

(1)

1+5=□

↓

□+1=□

1+5+1=□

(2)

4+2=□

↓

□+3=□

4+2+3=□

4 수 카드 두 장을 골라 덧셈식을 완성해 보세요.

1	2	3	4

1+□+□=6

5 빨간색, 노란색, 연두색의 세 가지 색으로 사과를 칠하고 같은 색으로 칠한 사과의 수를 덧셈식으로 만들어 보세요.

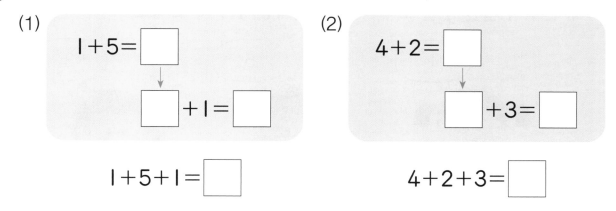

□+□+□=□

바른 답 9쪽

1 세 친구가 말한 수를 모두 더하면 얼마인지 구해 보세요.

( )

2 계산 결과가 더 큰 것에 ○표 하세요.

2+3+2	6+1+1
( )	( )

02 세 수의 뺄셈을 해 볼까요

8-2-1 계산하기

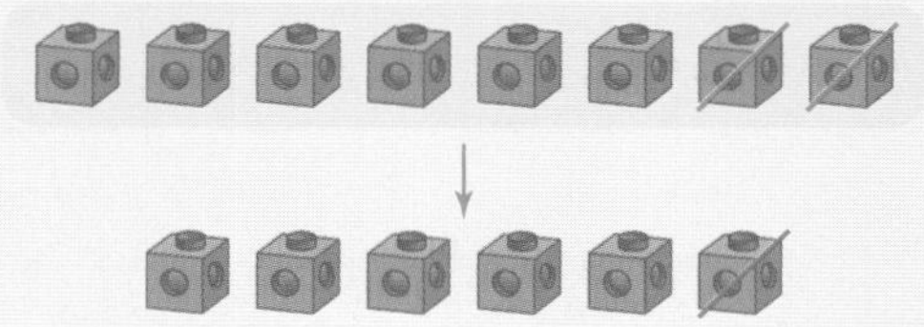

$8-2=6$

$6-1=5$

➡ $8-2-1=5$

앞의 두 수를 빼고, 나온 수에서 나머지 한 수를 뺍니다.

세 수의 뺄셈은 순서를 바꾸어 계산하면 결과가 달라져.

- $8-2-1=6-1=5(○)$
- $8-2-1=8-1=7(×)$

개념 확인하기

1 □ 안에 알맞은 수를 써넣으세요.

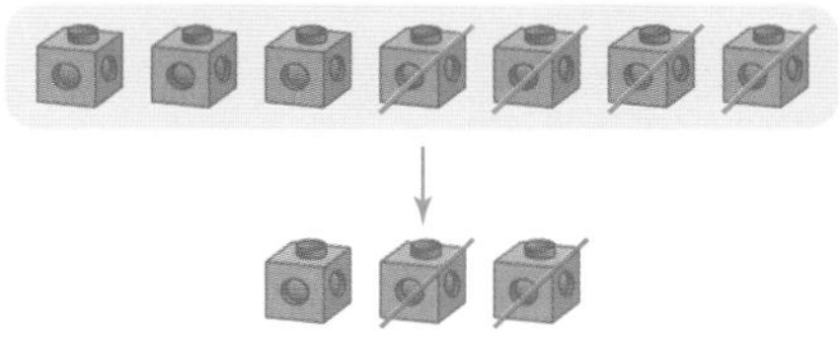

$7-4=\boxed{}$

$\boxed{}-2=\boxed{}$

➡ $7-4-2=\boxed{}$

2 넘어뜨리고 남은 컵은 몇 개인지 알아보세요.

처음에 1개 넘어뜨렸어.

그 다음에 2개 더 넘어뜨렸어.

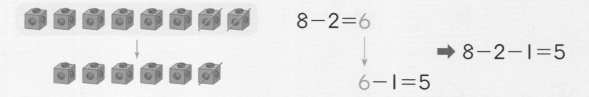

(1) 처음에 넘어뜨린 컵과 더 넘어뜨린 컵은 각각 몇 개인가요?

처음에 넘어뜨린 컵: $\boxed{}$개, 더 넘어뜨린 컵: $\boxed{}$개

(2) 넘어뜨리고 남은 컵은 몇 개인지 뺄셈식으로 나타내 보세요.

$6-\boxed{}-\boxed{}=\boxed{}$

1 그림을 보고 알맞은 식을 만들고 계산해 보세요.

(1)

$4-\boxed{}-\boxed{}=\boxed{}$

(2)

$6-\boxed{}-\boxed{}=\boxed{}$

2 그림을 보고 알맞은 식을 만들고 계산해 보세요.

(1)

풍선이 5개 있었는데
솔이에게 2개, 준이에게 1개를 주면
풍선은 몇 개 남을까?

$5-\boxed{}-\boxed{}=\boxed{}$

(2)

크레파스가 처음에 1개,
그 다음에 3개 부러졌으면
부러지지 않은 크레파스는
몇 개일까?

$7-\boxed{}-\boxed{}=\boxed{}$

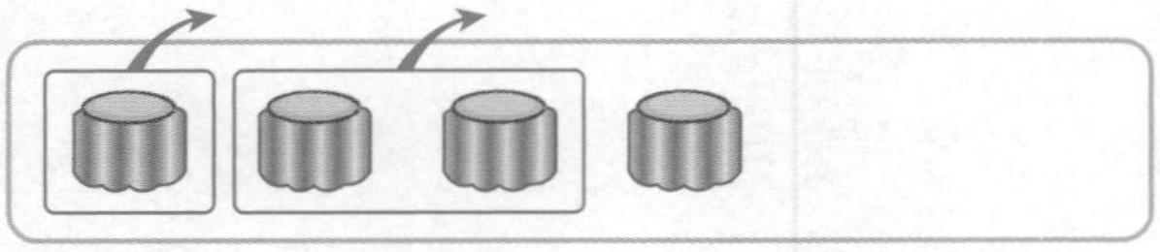

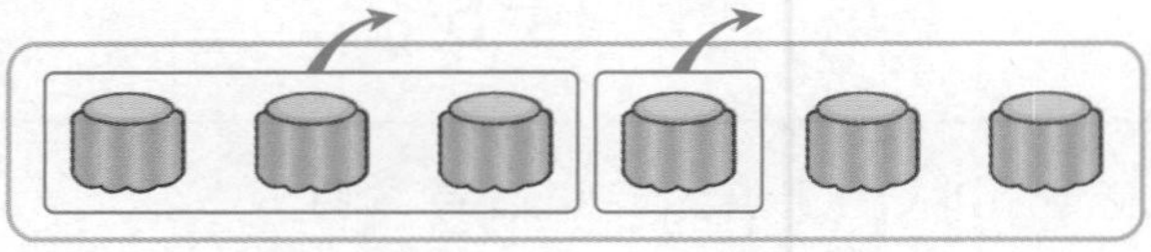

3 ☐ 안에 알맞은 수를 써넣으세요.

(1)

$6-2=\boxed{}$

$\boxed{}-3=\boxed{}$

$6-2-3=\boxed{}$

(2)

$8-3=\boxed{}$

$\boxed{}-4=\boxed{}$

$8-3-4=\boxed{}$

4 ☐ 안에 원하는 수를 써넣고 뺄셈식을 만들어 보세요.

색종이 9장 중에서 1장으로 종이학을 접을래.

나는 ☐장으로 종이별을 접을래. 그럼 색종이는 몇 장 남을까?

$9-1-\boxed{}=\boxed{}$

5 수 카드 두 장을 골라 뺄셈식을 완성해 보세요.

| 4 | 3 | 2 | 1 |

$8-\boxed{}-\boxed{}=3$

실력 키우기

바른 답 10쪽

1 계산 결과를 찾아 이어 보세요.

5−3−1 •	• 1
7−2−2 •	• 2
8−1−5 •	• 3

2 가장 큰 수에서 나머지 두 수를 뺀 값을 구해 보세요.

4 9 3

( )

03 10이 되는 더하기를 해 볼까요

7+3을 여러 가지 방법으로 계산하기

방법❶ 이어 세기로 두 수 더하기

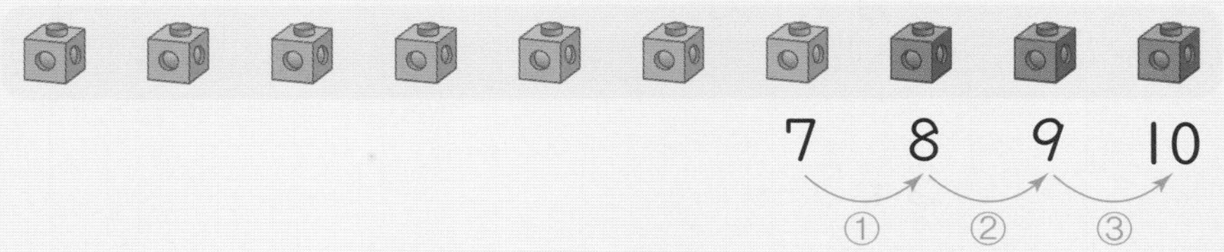

7+3=10

방법❷ 그림을 그려 두 수 더하기

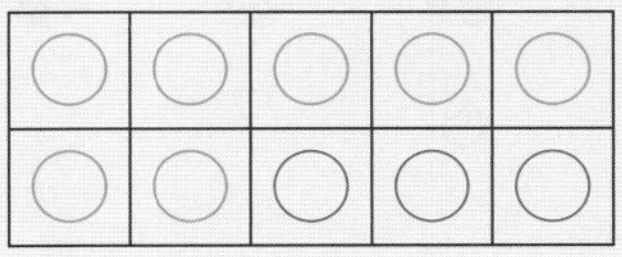

7+3=10

7+3과 3+7의 계산 결과 비교하기

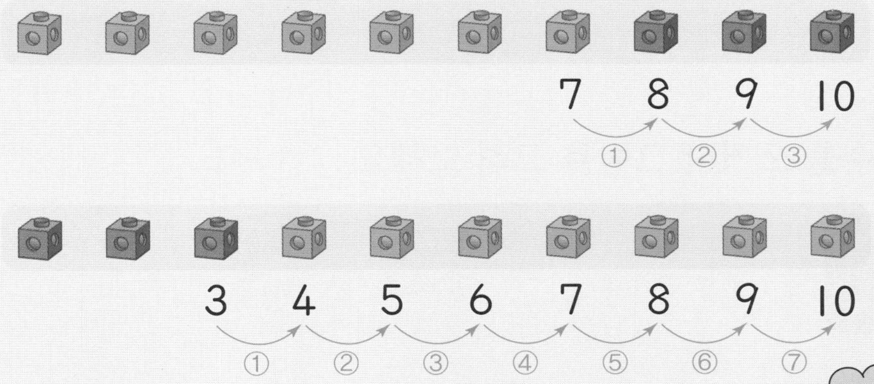

7+3=10

3+7=10

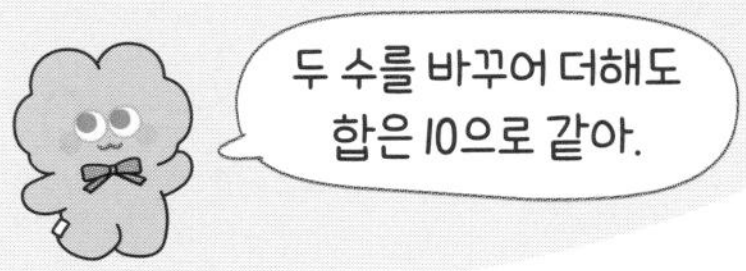

개념 확인하기

1 4+6을 두 가지 방법으로 계산해 보세요.

방법❶ 이어 세기로 두 수 더하기

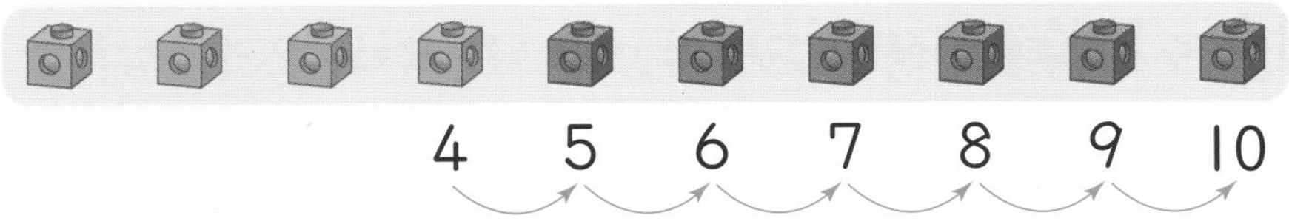

4+6=☐

방법❷ 그림을 그려 두 수 더하기

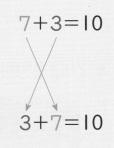

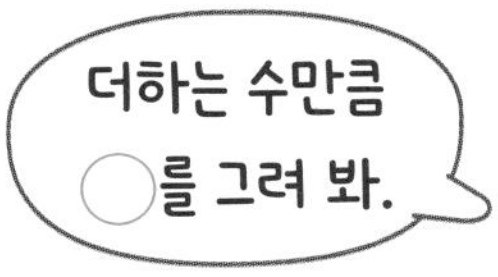

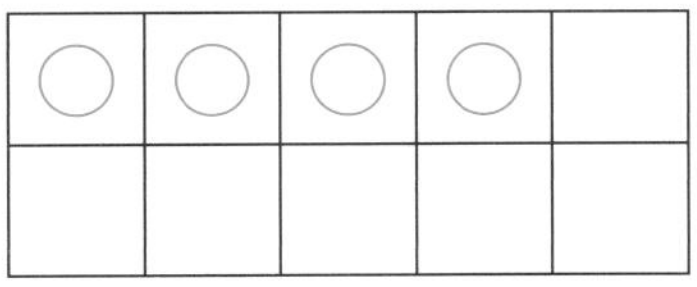

4+6=☐

교과서 따라 풀기

1 □ 안에 알맞은 수를 써넣으세요.

(1)

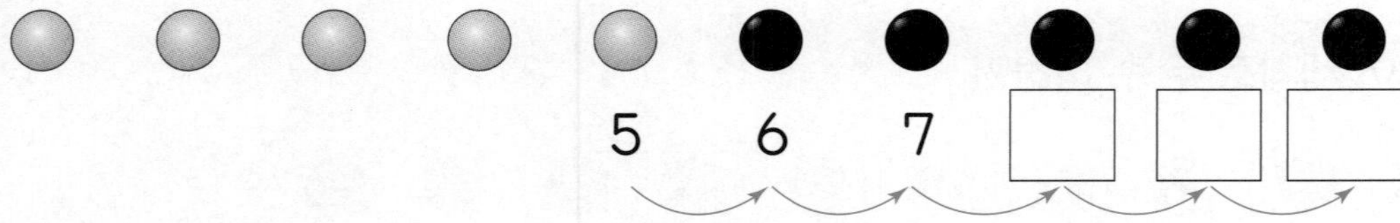

5 6 7 □ □ □

5+5=□

(2)

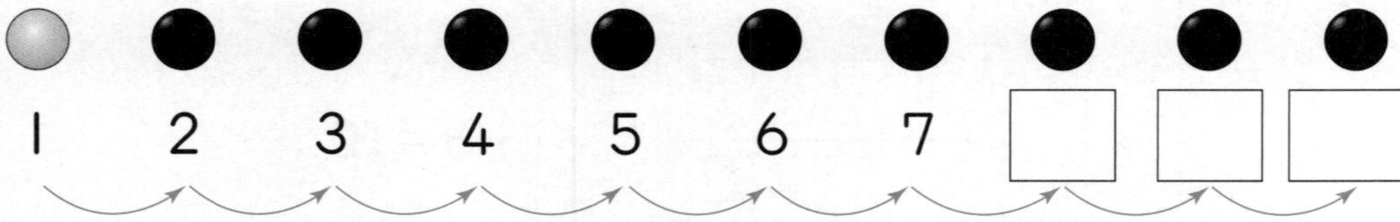

1 2 3 4 5 6 7 □ □ □

1+9=□

2 빈칸에 알맞은 수를 쓰거나 그림을 그려 보세요.

(1)

3+□=10

(2)

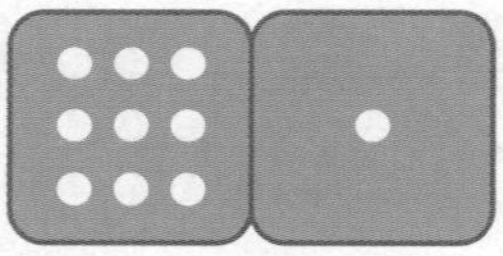

□+1=10

(3)

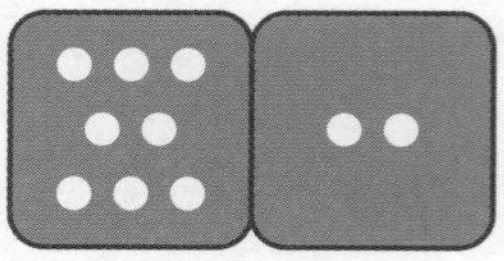

8+□=10

(4)

□+4=10

(5)

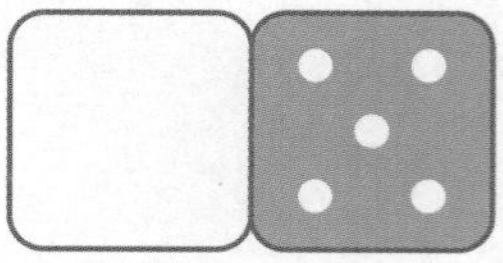

□+5=10

(6)

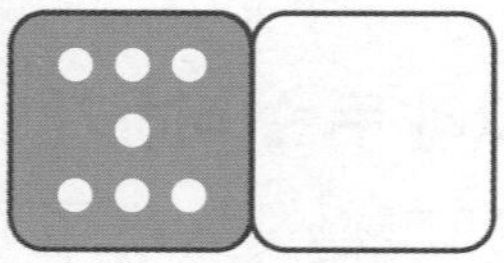

□+□=10

3 색이 같은 두 칸의 수를 더해 10이 되도록 □ 안에 알맞은 수를 써넣으세요.

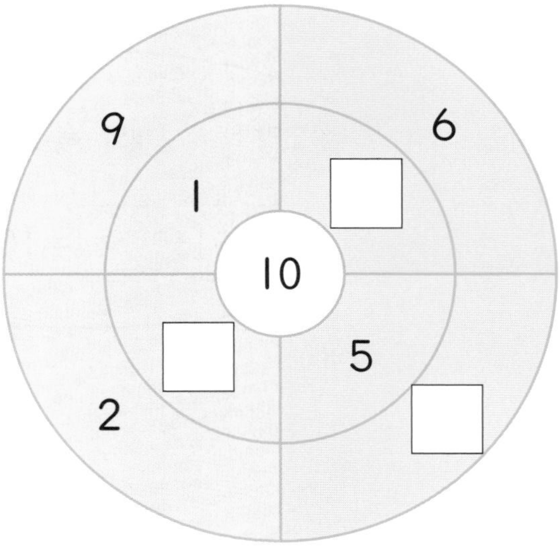

4 그림을 보고 덧셈식을 완성해 보세요.

: 7+□=10　　: □+6=10　　: □+□=10

바른 답 11쪽

1 빈칸에 ● 모양과 ▲ 모양을 그려 덧셈식을 만들고 설명해 보세요.

● 모양 □ 개와 ▲ 모양 □ 개를 그려

□ + □ = 10을 만들었어.

2 ⬭와 같이 더하여 10이 되는 두 수를 찾고 10이 되는 덧셈식을 써 보세요.

1	9	4	5	5
2	4	8	3	1
6	9	5	2	3
3	8	1	6	7

1+9=10, 8+2=10

04 10에서 빼기를 해 볼까요

10－3을 여러 가지 방법으로 계산하기

방법❶ 거꾸로 이어 세기로 10에서 빼기

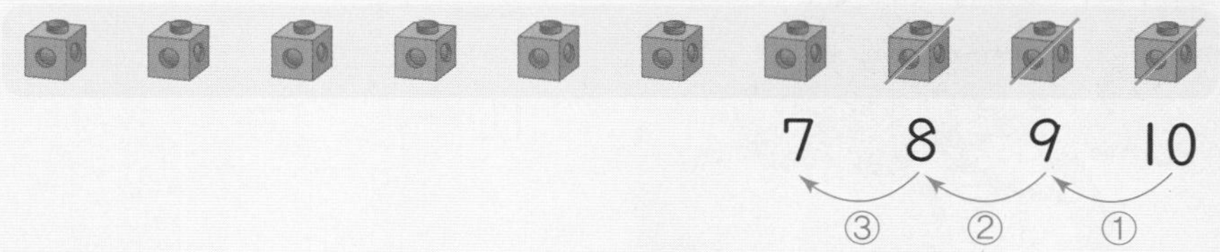

10－3=7

방법❷ 그림을 그려 10에서 빼기

○	○	○	○	○
○	○	⌀	⌀	⌀

10－3=7

10－3과 10－7의 계산 결과 비교하기

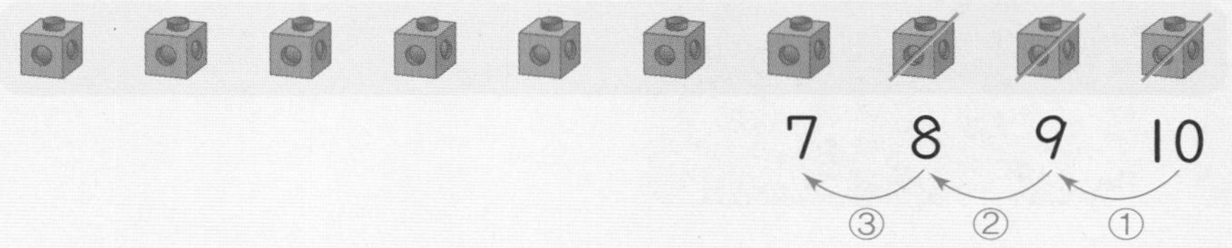

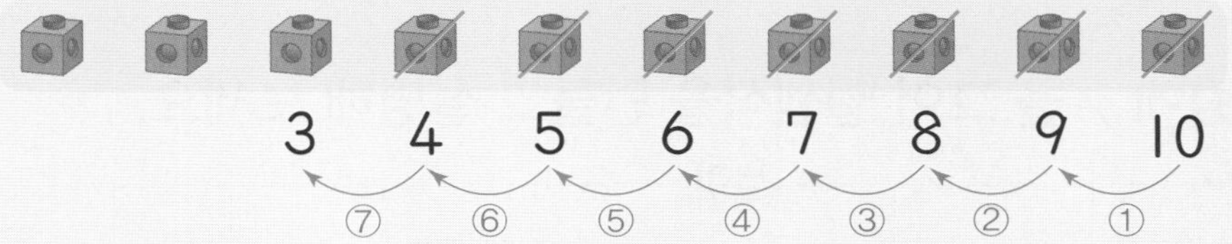

10－3=7

10－7=3

빼는 수가 3이면 뺄셈 결과가 7이고,
빼는 수가 7이면 뺄셈 결과가 3이야.

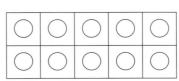

개념 확인하기

1 10－8을 두 가지 방법으로 계산해 보세요.

방법❶ 거꾸로 이어 세기로 10에서 빼기

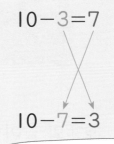

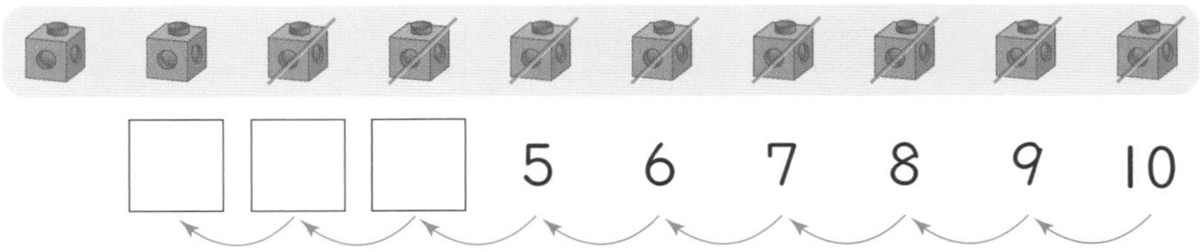

10－8=□

방법❷ 그림을 그려 10에서 빼기

빼는 수만큼
/을 그어 봐.

○	○	○	○	○
○	○	○	○	○

10－8=□

교과서 따라 풀기

1 그림을 보고 알맞은 뺄셈식을 써 보세요.

(1)

10－□＝□

(2)

10－□＝□

2 보기 와 같이 그림에 ／을 그어 뺄셈식을 만들고 설명해 보세요.

보기

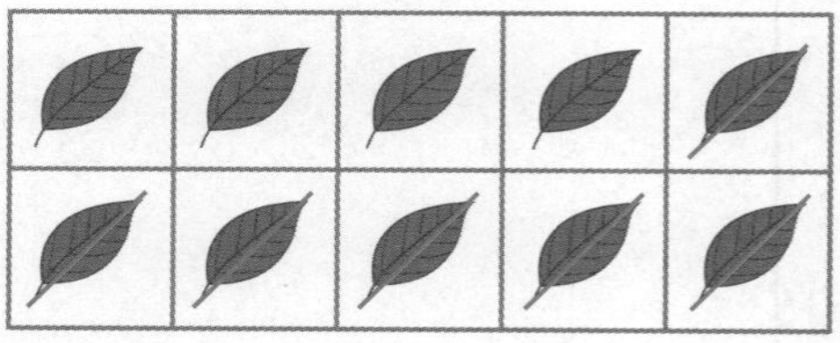

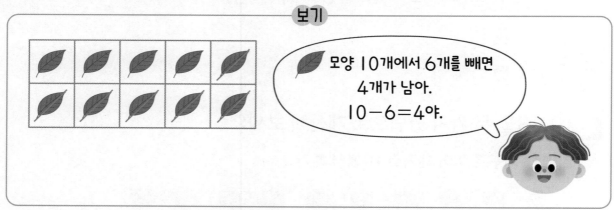

모양 10개에서 6개를 빼면
4개가 남아.
10－6＝4야.

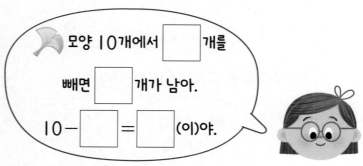

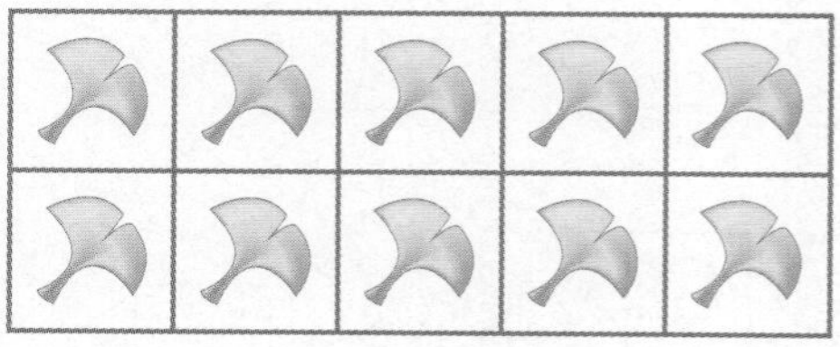

모양 10개에서 □ 개를
빼면 □ 개가 남아.
10－□＝□(이)야.

바른 답 12쪽

3 축구공은 농구공보다 몇 개 더 많은지 구해 보세요.

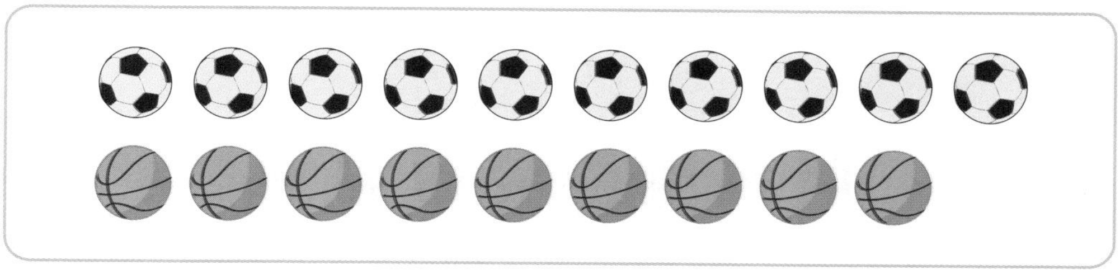

10－□＝□

4 그림을 보고 뺄셈식을 완성해 보세요.

(1)

다른 손에는 구슬이 몇 개 있을까?
구슬이 모두 10개니까…….

10－3＝□

(2)

볼링핀 10개 중 5개를 넘어뜨렸어.
넘어지지 않은 볼링핀은 몇 개일까?

10－□＝□

실력 키우기

바른 답 12쪽

1 지우개 10개 중 8개가 남도록 ╱을 긋고 □ 안에 알맞은 수를 써넣으세요.

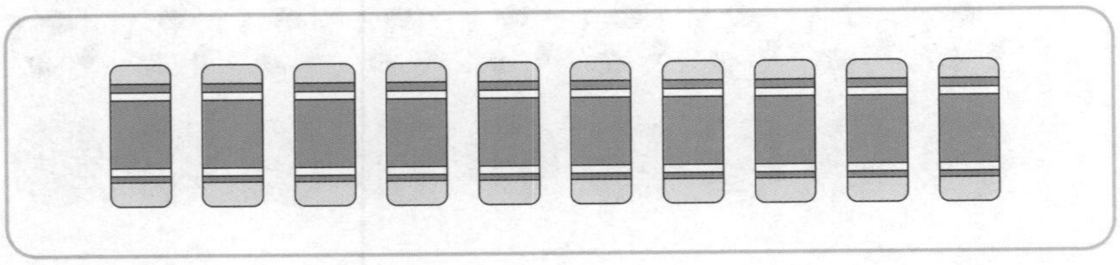

$10-\square=8$

2 계산 결과를 비교하여 ○ 안에 >, <를 알맞게 써넣으세요.

10－6 ○ 10－4

05 10을 만들어 더해 볼까요

5+5+4 계산하기

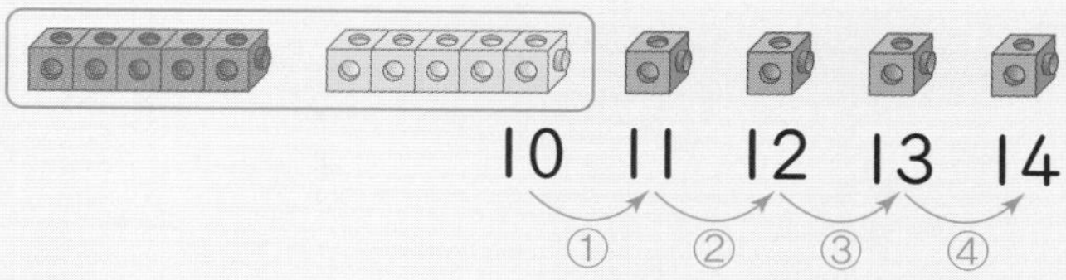

5+5+4=14

앞의 두 수를 먼저 더해 10을 만들고, 10과 나머지 한 수를 더합니다.

2+7+3 계산하기

방법❶ 앞에서부터 순서대로 더하기	방법❷ 뒤의 두 수를 먼저 더해 10을 만들고, 나머지 한 수를 더하기
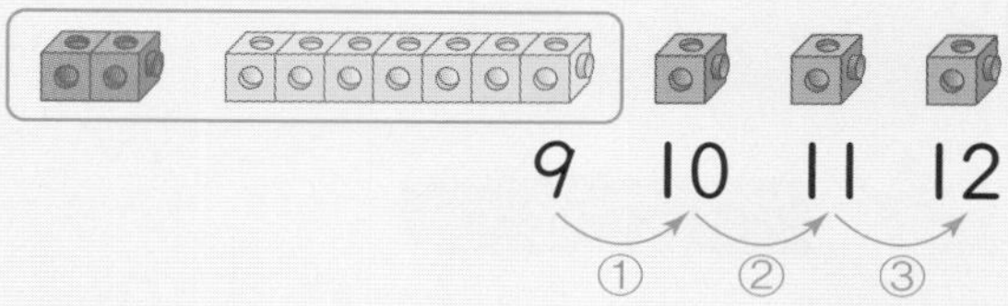 2+7+3=12	 2+7+3=12

개념 확인하기

1 1+8+2를 두 가지 방법으로 계산해 보세요.

방법❶ 앞에서부터 순서대로 더하기	방법❷ 뒤의 두 수를 먼저 더해 10을 만들고, 나머지 한 수를 더하기
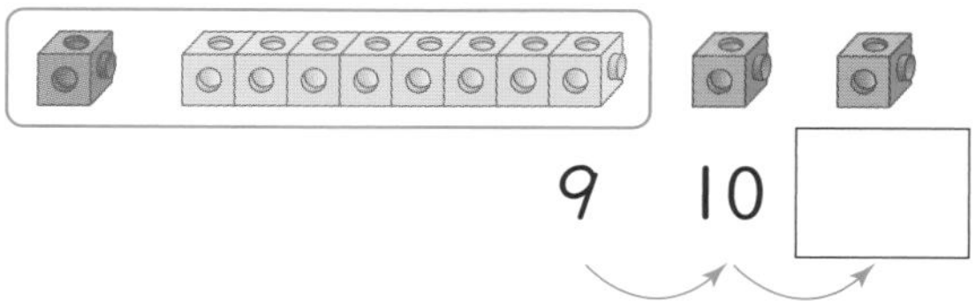 1+8+2=□	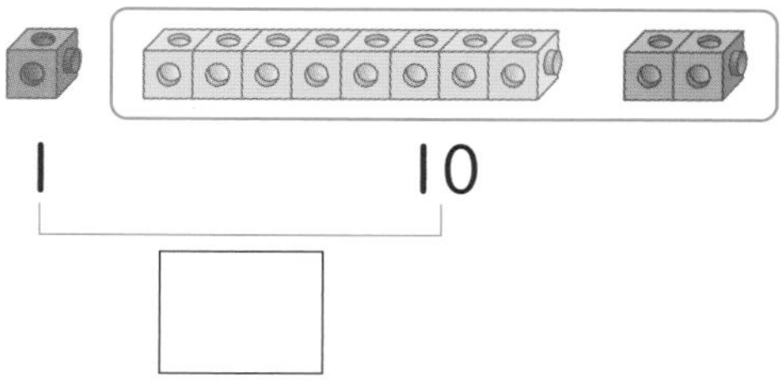 1+8+2=□

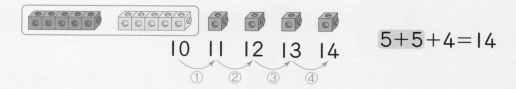

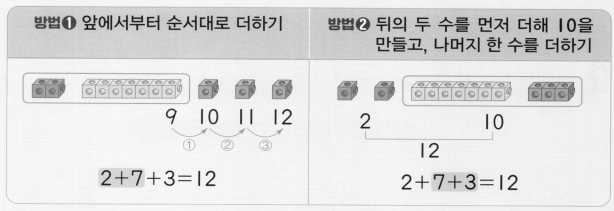

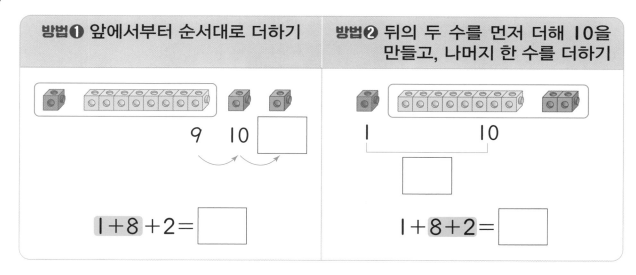

교과서 따라 풀기

1 □ 안에 알맞은 수를 써넣으세요.

□ □

□

2 그림을 보고 덧셈식을 완성해 보세요.

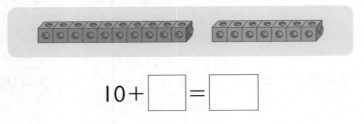

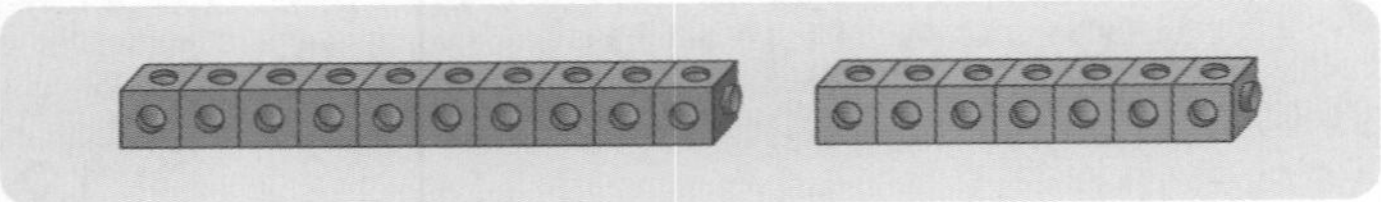

$10 + \square = \square$

3 보기 와 같이 더하여 10이 되는 두 수를 찾아 색칠해 보세요.

보기

(1)

(2)

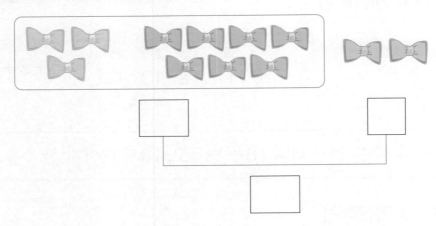

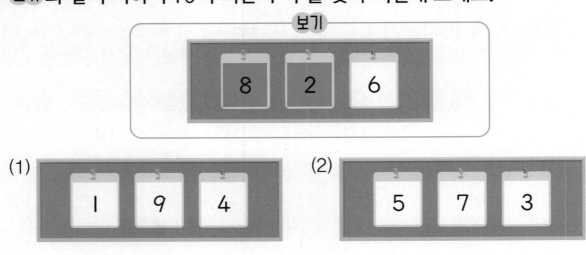

바른 답 13쪽

4 보기 와 같이 더하여 10이 되는 두 수를 묶고 덧셈을 해 보세요.

보기

$2+\boxed{3+7}=12$

(1) $9+1+5=\square$　　(2) $4+2+8=\square$

(3) $5+5+7=\square$　　(4) $9+6+4=\square$

5 빈칸에 ○의 합이 10이 되도록 ○를 그리고 □ 안에 알맞은 수를 써넣으세요.

(1)

$\boxed{4}+\square+3=\square$

(2)

$8+\square+\square=\square$

바른 답 13쪽

1 수 카드 두 장을 골라 덧셈식을 완성해 보세요.

3 5 7 9

□+□+6=16

2 1모둠과 2모둠이 한 고리 던지기 놀이 결과를 보고 □ 안에 알맞은 수를 써넣으세요.

1모둠

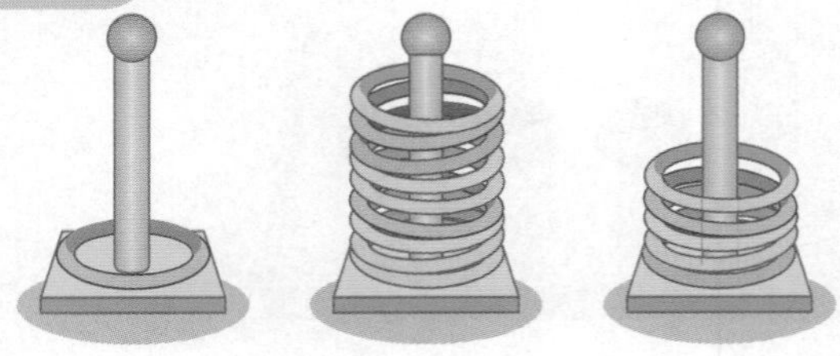

1+9+□=□

2모둠

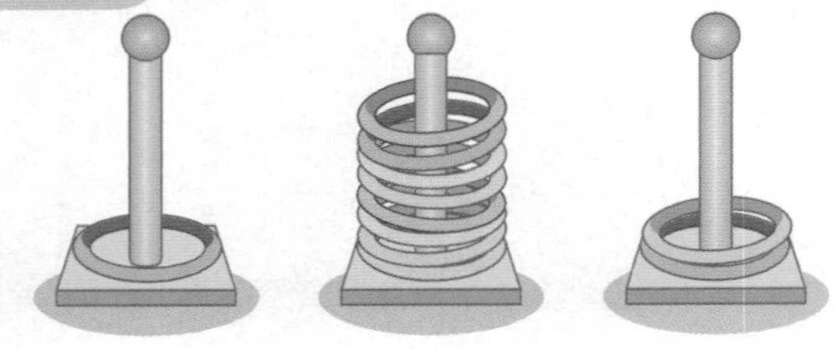

1+□+□=□

고리를 더 많이 건 모둠은

□ 모둠이야.

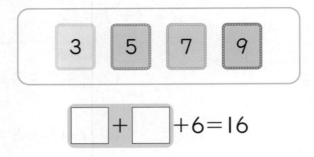

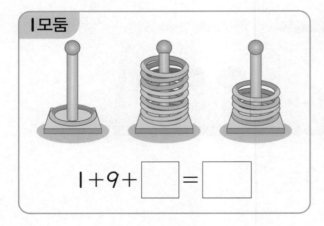

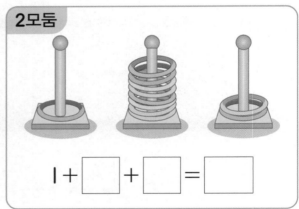

단원 마무리하기

1 그림을 보고 덧셈을 해 보세요.

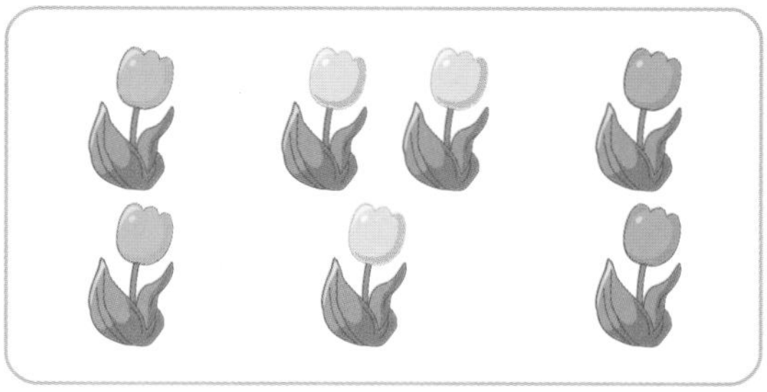

2+3+□=□

2 그림을 보고 뺄셈을 해 보세요.

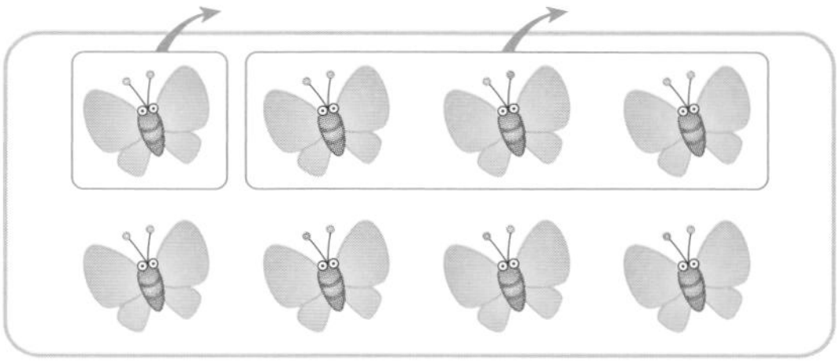

8−1−□=□

3 □ 안에 알맞은 수를 써넣으세요.

(1) 

9+1=□

(2) 

10−7=□

4 10을 만들어 더할 수 있는 식에 ○표 하세요.

4+1+7	6+4+5
(　　　)	(　　　)

5 계산 결과가 잘못된 것의 기호를 써 보세요.

㉠ $5+2+2=9$ ㉡ $6-3-3=1$

( )

6 두 가지 색으로 색칠하고 10이 되는 덧셈식을 만들어 보세요.

$\square+\square=10$

7 차가 6이 되는 것을 찾아 ○표 하세요.

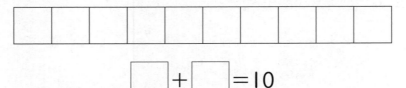

( ) ( ) ( )

8 밑줄 친 두 수의 합이 10이 되도록 ○ 안에 수를 써넣고 식을 완성해 보세요.

$\underline{3+\bigcirc}+8=\square$

9 다음을 보고 의 값을 구해 보세요.

2+4+3= 

 −1−2= 

( )

10 같은 모양끼리 이어 팔찌를 만들려고 합니다. ☆ 모양과 ♡ 모양은 각각 몇 개인지 구해 보세요.

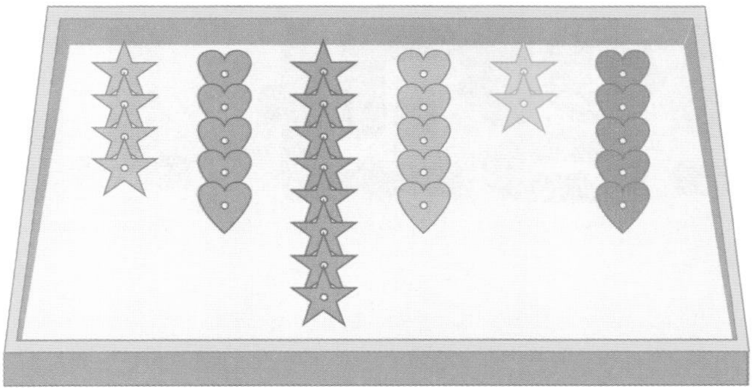

☆ 모양 ( )

♡ 모양 ( )

빠른 개념 찾기

틀린 문제는 개념을 다시 확인해 보세요.

개념	문제 번호
01 세 수의 덧셈을 해 볼까요	1, 5, 9
02 세 수의 뺄셈을 해 볼까요	2, 5, 9
03 10이 되는 더하기를 해 볼까요	3, 6
04 10에서 빼기를 해 볼까요	3, 7
05 10을 만들어 더해 볼까요	4, 8, 10

3

모양과 시각

개념	공부 계획
01 ■, ▲, ● 모양을 찾아볼까요	월 일
02 ■, ▲, ● 모양을 알아볼까요	월 일
03 여러 가지 모양을 만들어 볼까요	월 일
04 몇 시를 알아볼까요	월 일
05 몇 시 30분을 알아볼까요	월 일
단원 마무리하기	월 일

01 ■, ▲, ● 모양을 찾아볼까요

■, ▲, ● 모양 찾기

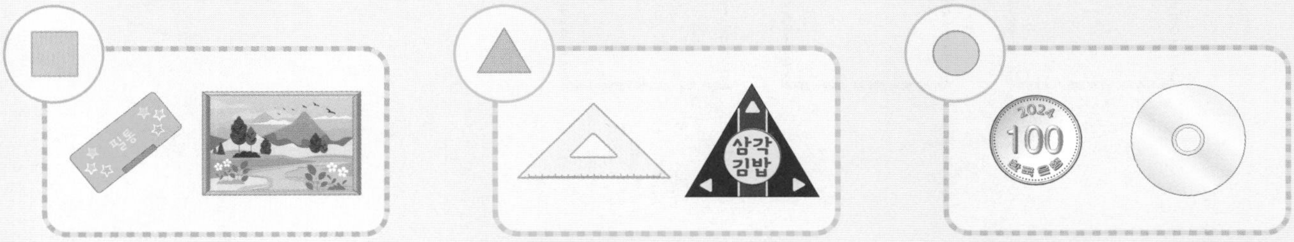

같은 모양을 찾을 때는 크기, 색깔은 생각하지 않고 모양만 생각해.

개념 확인하기

1 물건을 보고 □ 안에 알맞은 기호를 써 보세요.

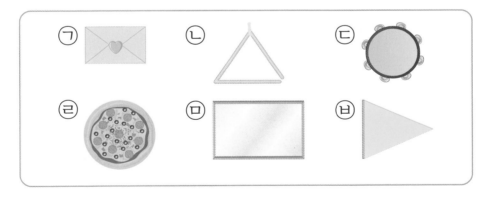

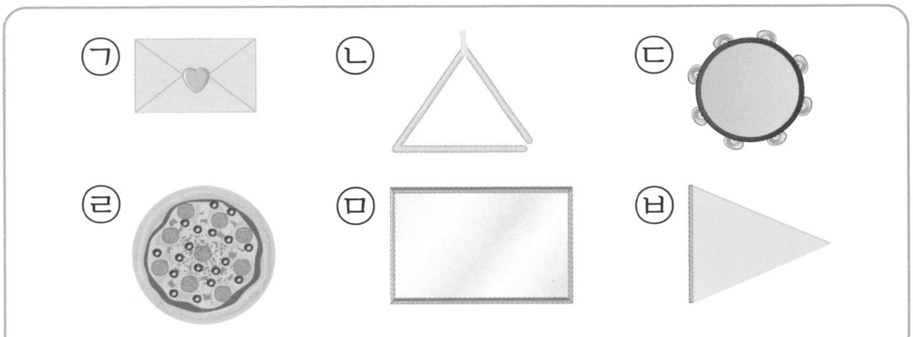

(1) ■ 모양에는 □, □이 있습니다.

(2) ▲ 모양에는 □, □이 있습니다.

(3) ● 모양에는 □, □이 있습니다.

교과서 따라 풀기

1 그림에서 ■, ▲, ● 모양을 찾아 색연필로 따라 그려 보세요.

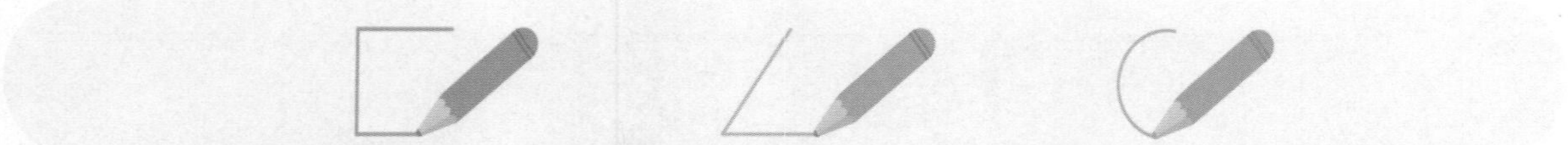

바른 답 15쪽

2 같은 모양끼리 이어 보세요.

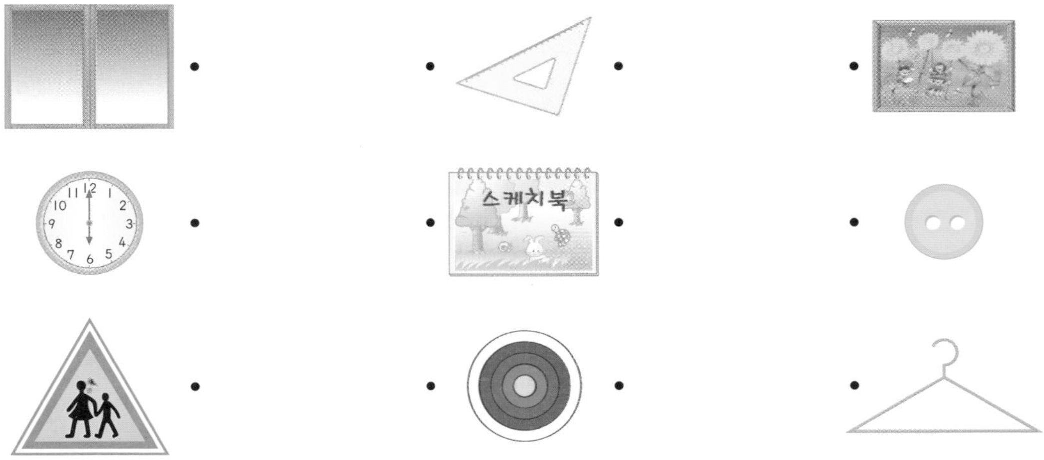
스케치북

3 그림을 보고 알맞게 이야기한 친구를 찾아 ○표 하세요.

모양이 없어.
모양이 있어.
모양이 없어.

( )　　( )　　( )

바른 답 15쪽

1 ◯ 모양의 과자는 모두 몇 개인지 써 보세요.

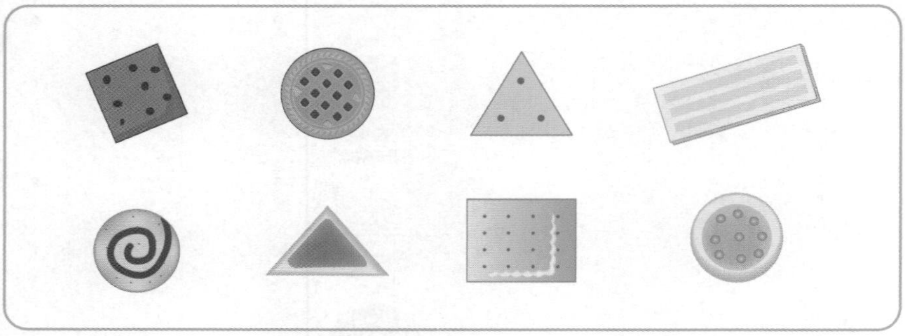

(　　　　　　　)

2 공책과 같은 모양의 물건을 찾아 ○표 하세요.

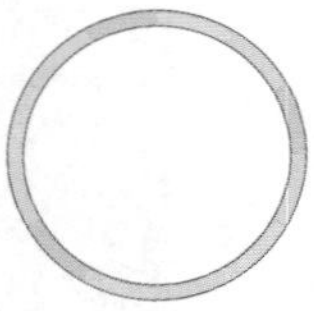

(　　　)　(　　　)　(　　　)

02 ■, ▲, ● 모양을 알아볼까요

■, ▲, ● 모양 알아보기

모양	알게 된 것
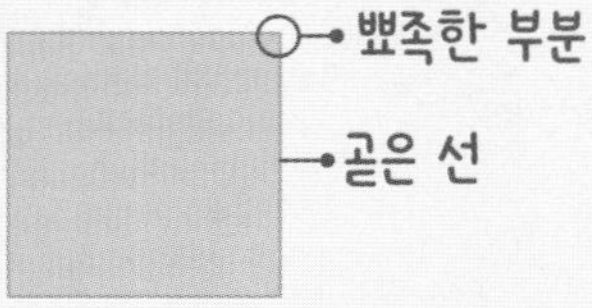	• 뾰족한 부분이 4군데입니다. • 곧은 선이 있습니다.
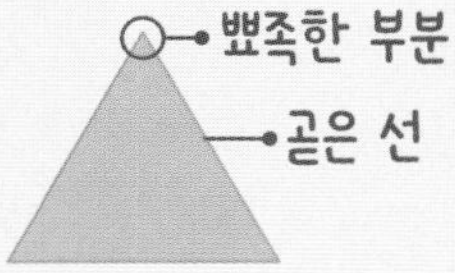	• 뾰족한 부분이 3군데입니다. • 곧은 선이 있습니다.
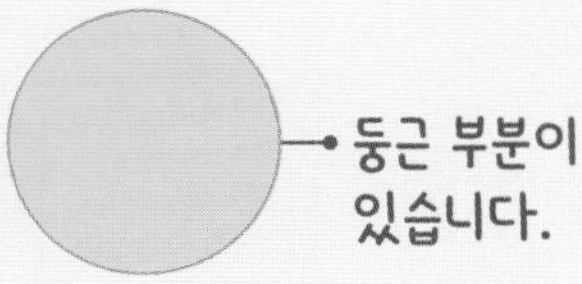	• 뾰족한 부분이 없습니다. • 곧은 선이 없습니다. • 둥근 부분이 있습니다.

개념 확인하기

1 주어진 모양에서 뾰족한 곳에 ○표, 곧은 선에 △표 하고, 모양의 특징을 알아보세요.

(1) 

• 뾰족한 부분: □군데

• 곧은 선: (있습니다 , 없습니다).

(2) 

• 뾰족한 부분: □군데

• 곧은 선: (있습니다 , 없습니다).

(3) 

• 뾰족한 부분: □군데

• 곧은 선: (있습니다 , 없습니다).

교과서 따라 풀기

1 그려진 모양을 찾아 ○표 하세요.

(1)

□	△	○

(2)

□	△	○

2 모양에 대해 옳게 말한 동물을 찾아 ○표 하세요.

△ 모양은
뾰족한 부분이 4군데야.

( )

□ 모양은
둥근 부분이 없어.

( )

○ 모양은
곧은 선이 있어.

( )

바른 답 16쪽

3 붙임딱지를 보고 물음에 답하세요.

(1) 뾰족한 부분이 3군데인 붙임딱지는 모두 몇 장인지 써 보세요.

(　　　　　　　)

(2) 곧은 선이 없는 붙임딱지는 모두 몇 장인지 써 보세요.

(　　　　　　　)

4 어떤 모양을 만든 것인지 알맞게 이어 보세요.

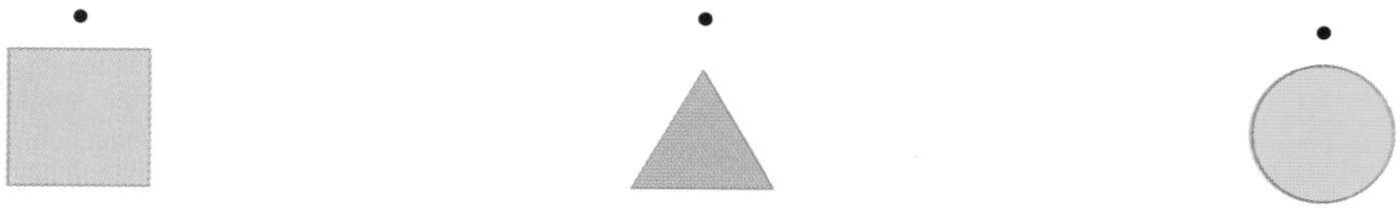

실력 키우기

바른 답 16쪽

1 물건을 종이 위에 본떴을 때 그려진 모양이 다른 하나를 찾아 ○표 하세요.

(　　　)　(　　　)　(　　　)

2 뾰족한 부분이 있는 단추는 모두 몇 개인지 써 보세요.

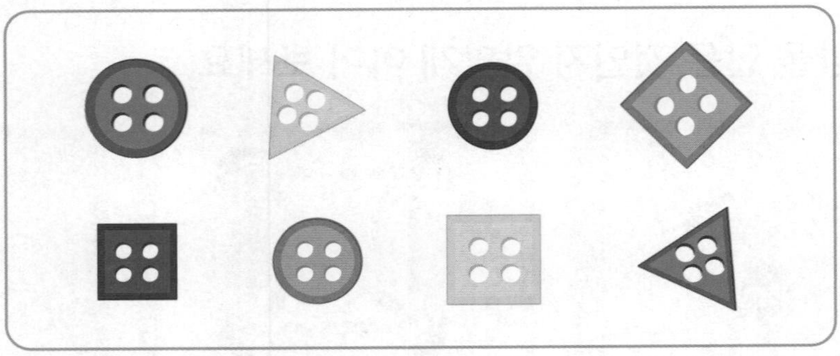

(　　　　　　)

03 여러 가지 모양을 만들어 볼까요

■, ▲, ● 모양으로 꾸미기

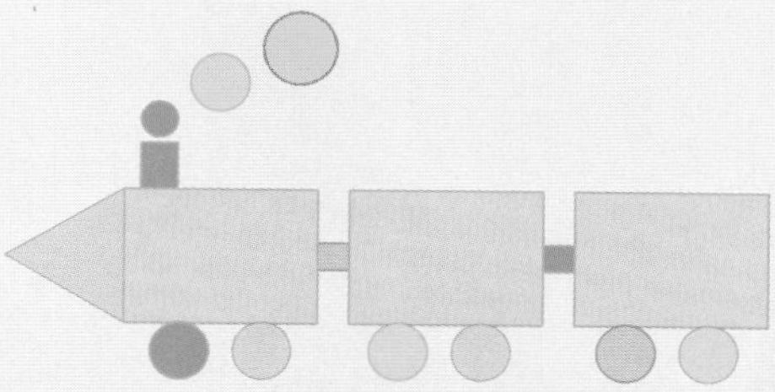

■ 모양 6개, ▲ 모양 1개, ● 모양 9개를 사용하여 기차를 꾸몄습니다.

모양을 꾸미는 데 사용한 ■, ▲, ● 모양의 수를 셀 때는 각 모양별로 ○, △, × 등과 같이 표시를 하며 세어 봐.

개념 확인하기

1 모양을 꾸미는 데 사용한 모양을 모두 찾아 ○표 하세요.

(1)

(■ , ▲ , ●)

(2)

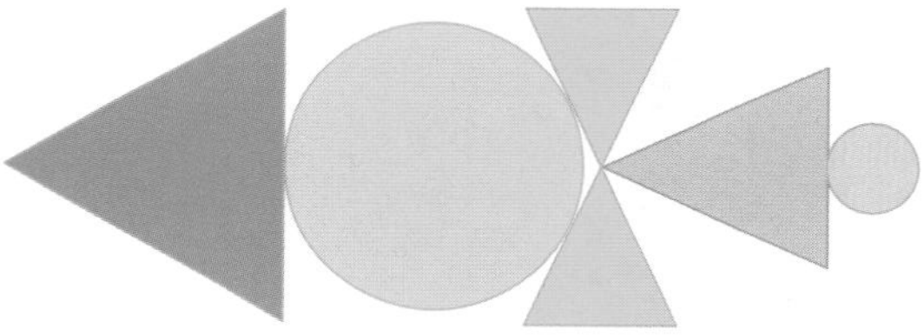

(■ , ▲ , ●)

(3)

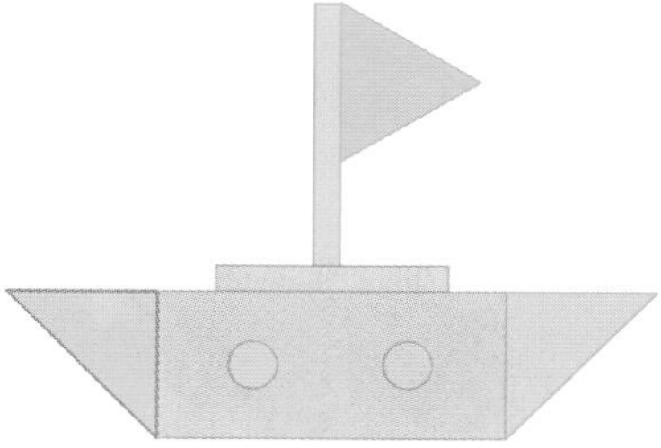

(■ , ▲ , ●)

(4)

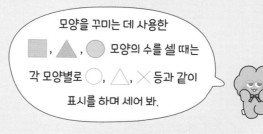

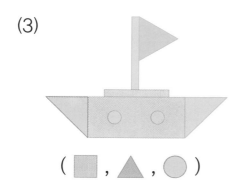

(■ , ▲ , ●)

교과서 따라 풀기

1 여러 가지 모양을 만들어 마당을 꾸몄습니다. ■, ▲, ● 모양은 각각 몇 개인지 써 보세요.

• ■ 모양: [ ] 개 • ▲ 모양: [ ] 개 • ● 모양: [ ] 개

바른 답 17쪽

2 ■, ▲, ● 모양으로 여러 가지 모양을 만들어 방을 꾸며 보세요.

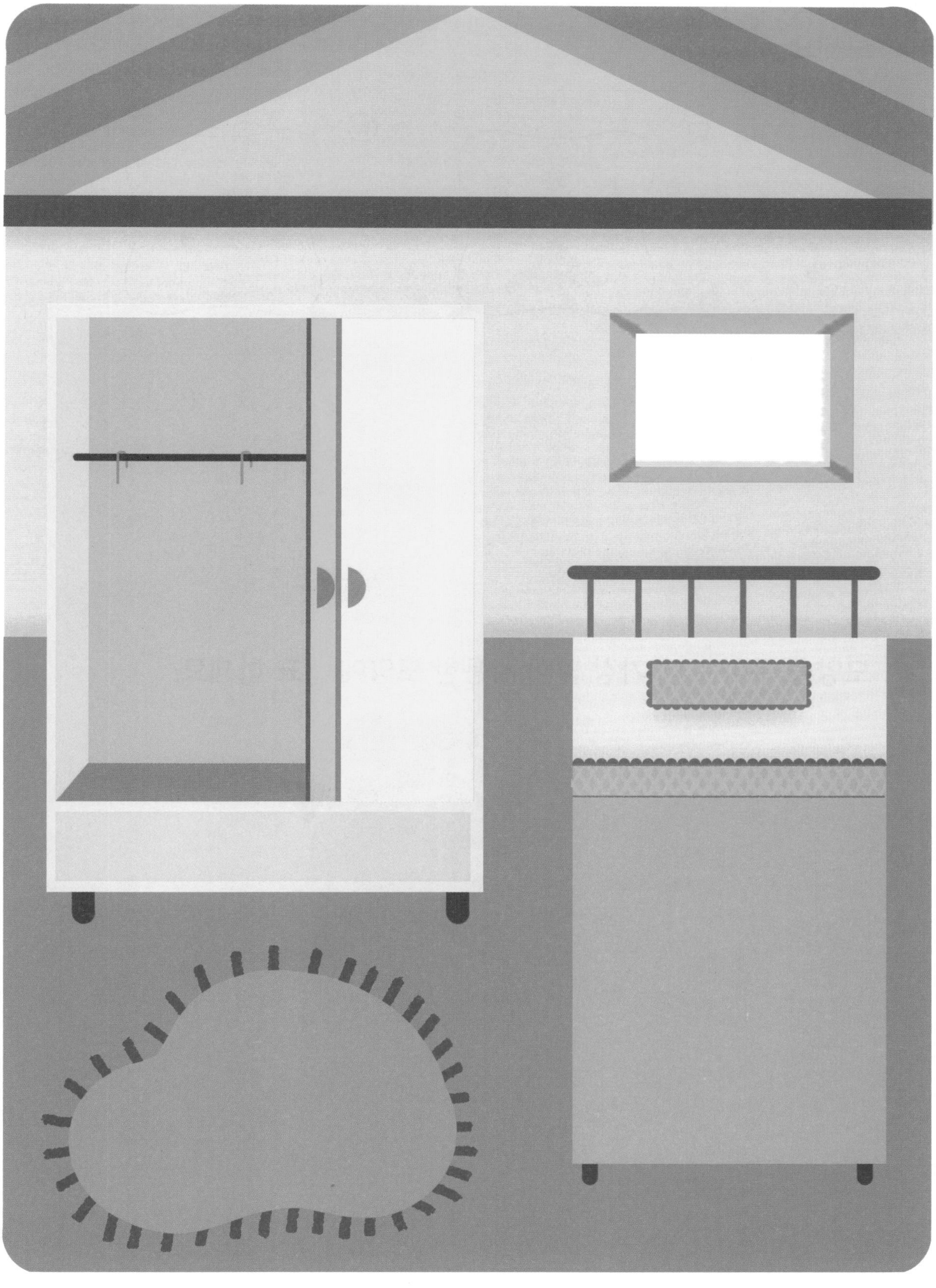

실력 키우기

바른 답 17쪽

1 방석을 꾸미는 데 ■, ▲, ● 모양을 모두 사용한 것을 찾아 기호를 써 보세요.

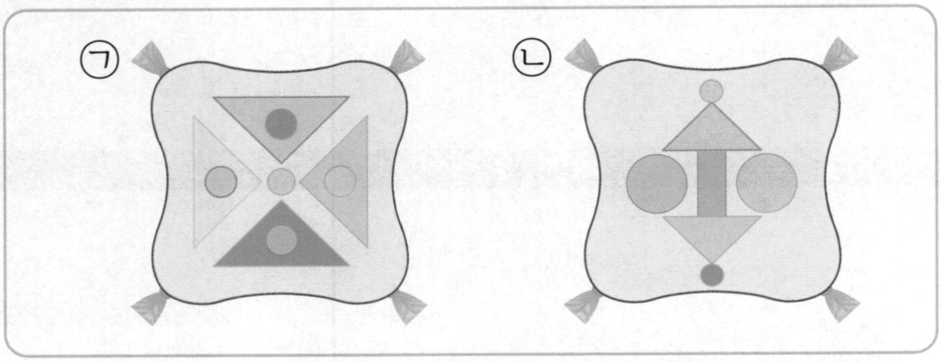

(   )

2 모양을 꾸미는 데 가장 많이 사용한 모양에 ○표 하세요.

(■ , ▲ , ●)

몇 시를 알아볼까요

9시 알아보기

짧은바늘이 9, 긴바늘이 12를 가리킬 때 시계는 9시를 나타냅니다.

쓰기 9시
읽기 아홉 시

디지털시계에서 ':'의 왼쪽은 '몇 시', ':'의 오른쪽은 '몇 분'이라고 읽어.

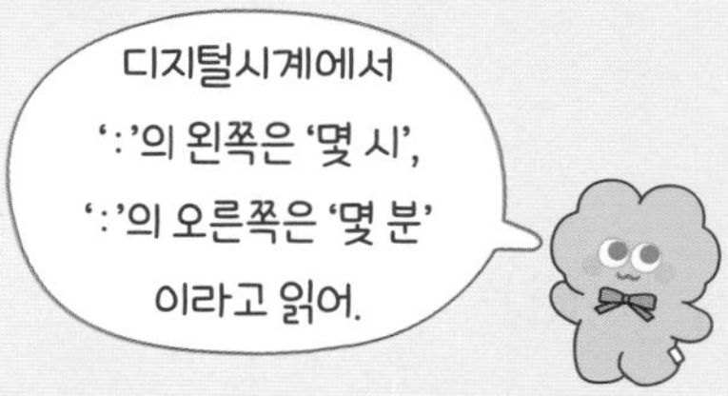

시계에 4시 나타내기

① 짧은바늘이 4를 가리키도록 그립니다.
② 긴바늘이 12를 가리키도록 그립니다.

개념 확인하기

1 □ 안에 알맞은 수를 써넣고 알맞은 말에 ○표 하세요.

(1) 짧은바늘이 □, 긴바늘이 12를 가리키므로 □시 입니다.

(2) (한 , 열두) 시라고 읽습니다.

2 시계에 11시를 나타내려고 합니다. □ 안에 알맞은 수를 써넣고 짧은바늘을 그려 보세요.

짧은바늘이 □을/를 가리키도록 그립니다.

교과서 따라 풀기

1 시계를 보고 몇 시인지 써 보세요.

(1)  □시

(2)  □시

(3)  □시

(4)  □시

(5) 

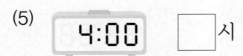

□시

(6) 

□시

2 시계를 보고 맞는 시각을 찾아 이어 보세요.

♥ 바른 답 18쪽

3 시계에 시각을 나타내 보세요.

(1) 9:00

(2) 1:00

4 지은이의 계획을 보고 시계의 짧은바늘을 그려 보세요.

나는 오늘 2시에 동물원을 구경하고, 4시에 식물원을 구경할 거야.

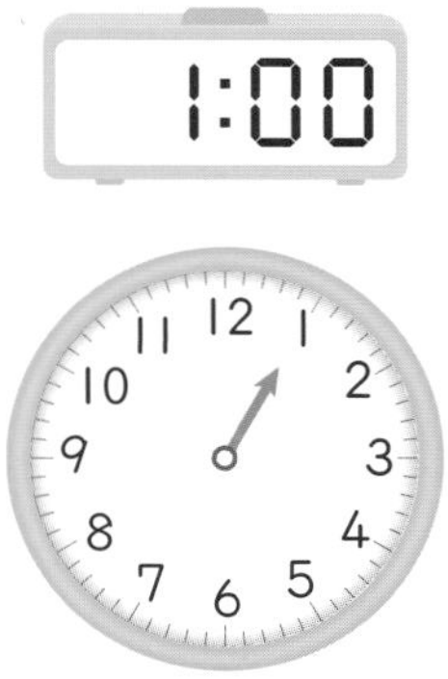

바른 답 18쪽

1 나타내는 시각이 다른 하나를 찾아 △표 하세요.

12시

( )　　( )　　( )

2 5시를 시계에 나타내는 방법을 설명한 것입니다. 틀린 부분을 바르게 고쳐 보세요.

짧은바늘이 12를 가리키고, 긴바늘이 5를 가리키도록 그립니다.

➡

05 몇 시 30분을 알아볼까요

4시 30분 알아보기

짧은바늘이 4와 5의 가운데, 긴바늘이 6을 가리킬 때 시계는 4시 30분을 나타냅니다.

쓰기 4시 30분
읽기 네 시 삼십 분

시계에 9시 30분 나타내기

① 짧은바늘이 9와 10의 가운데 가리키도록 그립니다.
② 긴바늘이 6을 가리키도록 그립니다.

개념 확인하기

1 □ 안에 알맞은 수를 써넣고 알맞은 말에 ○표 하세요.

(1) 짧은바늘이 □ 와/과 □ 사이, 긴바늘이 □ 을/를 가리키므로 □ 시 □ 분입니다.

(2) (열 , 열한) 시 삼십 분이라고 읽습니다.

2 시계에 3시 30분을 나타내려고 합니다. □ 안에 알맞은 수를 써넣고 긴바늘을 그려 보세요.

긴바늘이 □ 을/를 가리키도록 그립니다.

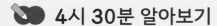

교과서 따라 풀기

1 시계를 보고 몇 시 30분인지 써 보세요.

(1)

□시 □분

(2)

□시 □분

(3)

□시 □분

(4)

□시 □분

2 계획표를 보고 할 일과 시각을 알맞게 이어 보세요.

숙제하기	축구하기	저녁 식사하기
2시 30분	4시	7시 30분

바른 답 19쪽

3 시계에 시각을 나타내 보세요.

(1)

(2)

4 학교 등교 시각과 하교 시각을 나타내 보세요.

학교	등교	8:30
	하교	1:30

등교 시각

하교 시각

실력 키우기

바른 답 19쪽

1 시계의 짧은바늘이 12와 1의 가운데, 긴바늘이 6을 가리킬 때의 시각을 써 보세요.

( )

2 3시 30분을 시계에 잘못 나타낸 것입니다. 오른쪽 시계에 바르게 나타내 보세요.

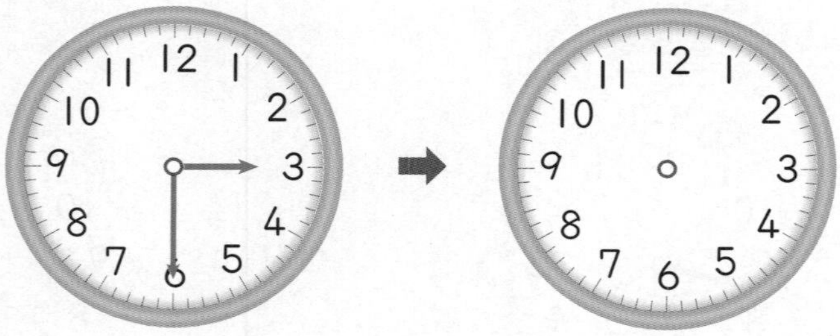

1~2 그림을 보고 물음에 답하세요.

1 ▨ 모양을 모두 찾아 기호를 써 보세요.

(   )

2 ◯ 모양을 모두 찾아 기호를 써 보세요.

(   )

3 도진이가 설명하는 모양을 모두 찾아 색칠해 보세요.

곧은 선이 3개인 모양이야.

도진

4 시계의 긴바늘이 6을 가리키는 시각을 모두 찾아 ◯표 하세요.

12시	8시 30분	2시 30분	6시
( )	( )	( )	( )

5 여러 가지 물건을 찰흙 위에 찍었습니다. 찍힌 모양으로 알맞은 것을 찾아 이어 보세요.

6 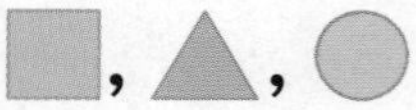 모양으로 고양이의 얼굴을 완성해 보세요.

7 기차의 출발 시각과 도착 시각을 시계에 각각 나타내 보세요.

기 차 표		
10 : 00	▶	12 : 30
출발 시각		도착 시각

8 주어진 모양을 모두 사용하여 꾸민 모양에 ○표 하세요.

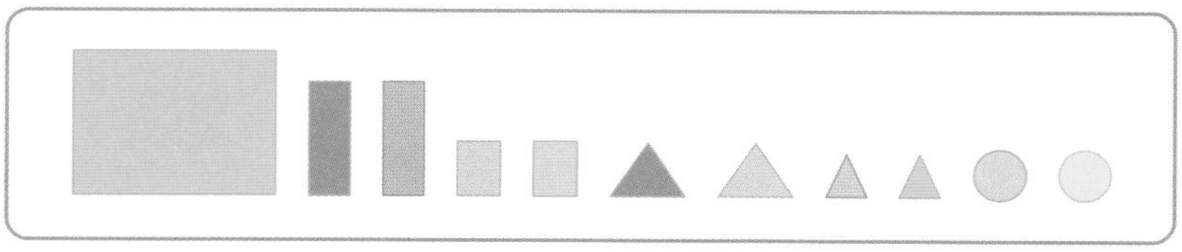

(　　　　)

(　　　　)

9 준우와 선미가 오늘 아침에 일어난 시각입니다. 먼저 일어난 친구의 이름을 써 보세요.

준우

선미

(　　　　　　　)

빠른 개념 찾기

틀린 문제는 개념을 다시 확인해 보세요.

개념	문제 번호
01 ■, ▲, ● 모양을 찾아볼까요	1, 2
02 ■, ▲, ● 모양을 알아볼까요	3, 5
03 여러 가지 모양을 만들어 볼까요	6, 8
04 몇 시를 알아볼까요	4, 7, 9
05 몇 시 30분을 알아볼까요	4, 7, 9

4

덧셈과 뺄셈 (2)

개념	공부 계획
01 덧셈을 알아볼까요	월　　일
02 덧셈을 해 볼까요	월　　일
03 여러 가지 덧셈을 해 볼까요	월　　일
04 뺄셈을 알아볼까요	월　　일
05 뺄셈을 해 볼까요	월　　일
06 여러 가지 뺄셈을 해 볼까요	월　　일
단원 마무리하기	월　　일

덧셈을 알아볼까요

● 물병은 모두 몇 개인지 여러 가지 방법으로 알아보기

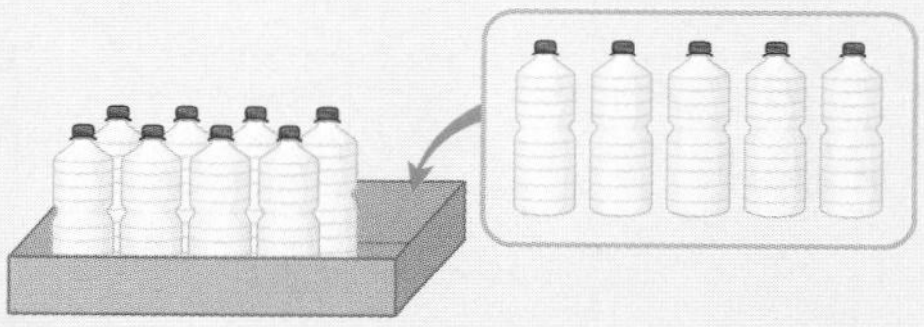

물병 8개에
5개를 더해 보자.

방법❶ 이어 세기로 구하기

8   9   10   11   12   13
   ①   ②   ③   ④   ⑤

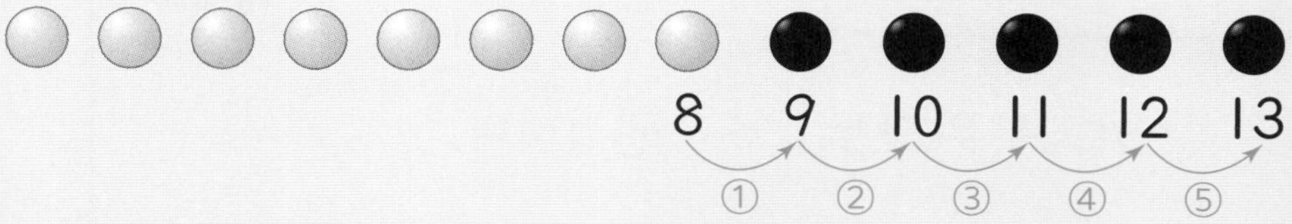

8에서 5만큼
이어 세면 13이야.

방법❷ 십 배열판에 더하는 수 5만큼 △를 그려 구하기

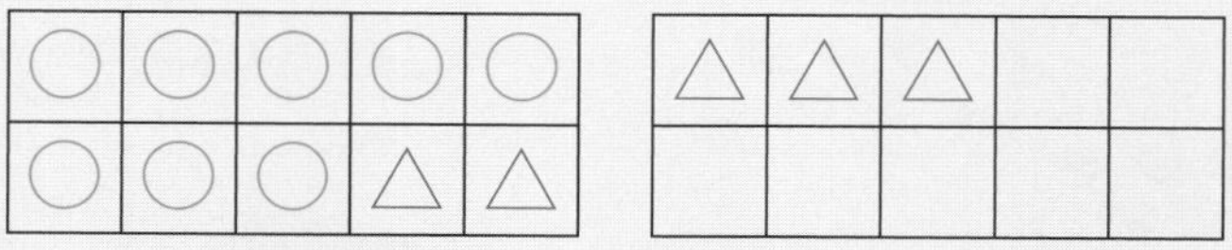

○ 8개를 그리고 △ 2개를 그려 10을 만들고,
남은 △ 3개를 더 그렸더니 모두 13개야.

방법❸ 구슬을 옮겨 구하기

① 구슬 8개를 왼쪽으로 옮기기

② 구슬 2개를 왼쪽으로 옮겨 10 만들기

③ 남은 구슬 3개를 왼쪽으로 더 옮기기

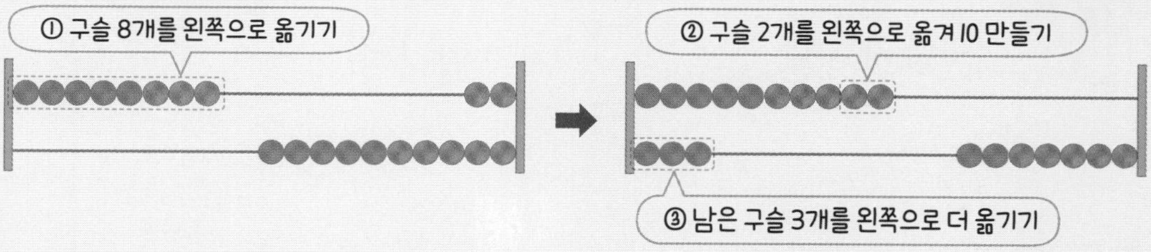

왼쪽으로 옮긴 구슬은
모두 13개야.

$8+5=13$ ➡ 물병은 모두 13개입니다.

1 주스병은 모두 몇 개인지 이어 세기로 구해 보세요.

4   5   6   7   8   9   ☐   ☐

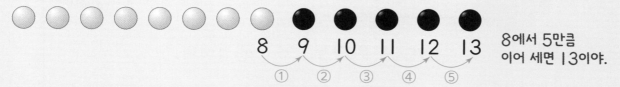

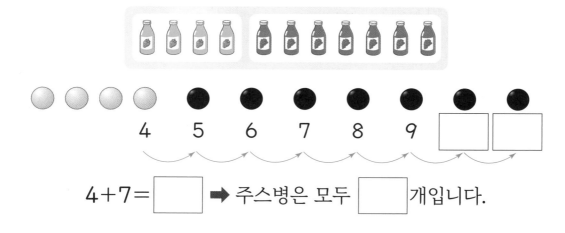

$4+7=$ ☐ ➡ 주스병은 모두 ☐ 개입니다.

교과서 따라 풀기

1 □ 안에 알맞은 수를 써넣으세요.

(1)

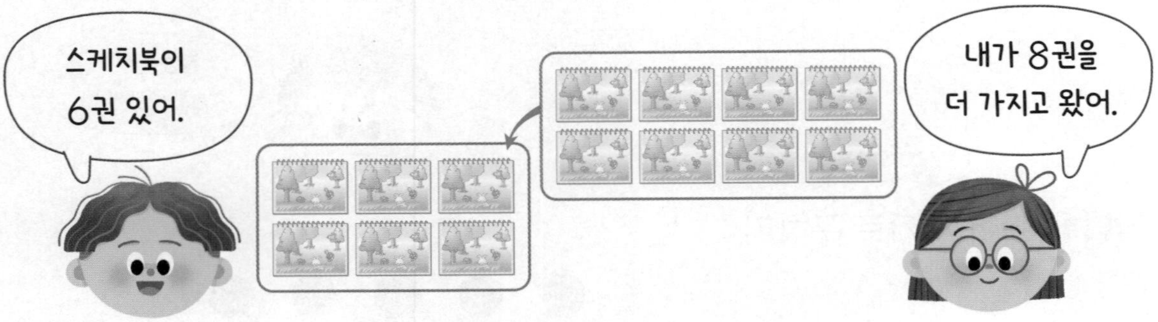
스케치북이
6권 있어.
내가 8권을
더 가지고 왔어.

스케치북은 모두 □ 권입니다.

(2)

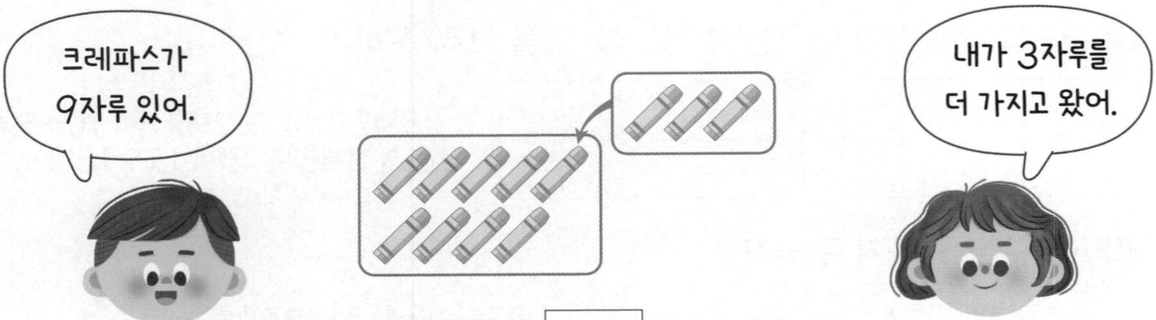
크레파스가
9자루 있어.
내가 3자루를
더 가지고 왔어.

크레파스는 모두 □ 자루입니다.

2 장난감은 모두 몇 개인지 구해 보세요.

(1)

가 5개,
가 6개야.

비행기는 모두 □ 개입니다.

(2)

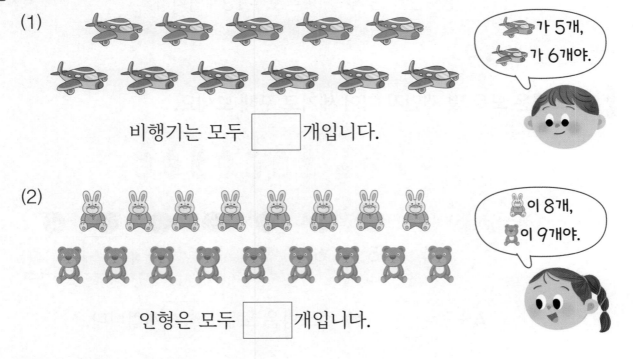

이 8개,
이 9개야.

인형은 모두 □ 개입니다.

바른 답 21쪽

3 나비는 모두 몇 마리인지 구해 보세요.

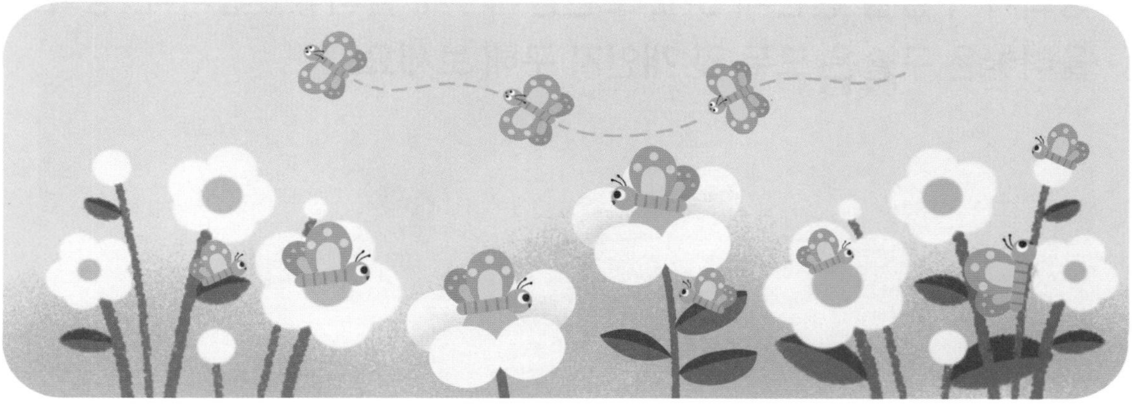

식 ______________________ 답 ______________

4 하은이와 윤서가 키우는 물고기는 모두 몇 마리인지 구해 보세요.

하은

윤서

식 ______________________ 답 ______________

5 빈칸에 알맞게 ●를 그리고 □ 안에 알맞은 수를 써넣으세요.

(1)

$9+\square=13$

(2)

$7+\square=14$

1 정희가 구슬을 왼손에 5개, 오른손에 7개 올려놓았습니다. 정희가 양손에 올려놓은 구슬은 모두 몇 개인지 구해 보세요.

(   )

2 훌라후프는 모두 몇 개인지 구해 보세요.

연두색 훌라후프가 8개 있어.

같은 개수만큼 분홍색 훌라후프도 있어.

(   )

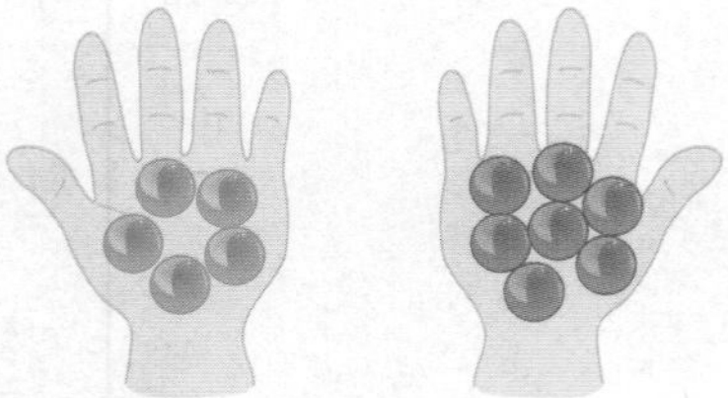

02 덧셈을 해 볼까요

9+3을 여러 가지 방법으로 계산하기

방법❶ 9와 몇을 더해 10을 만들어 계산하기

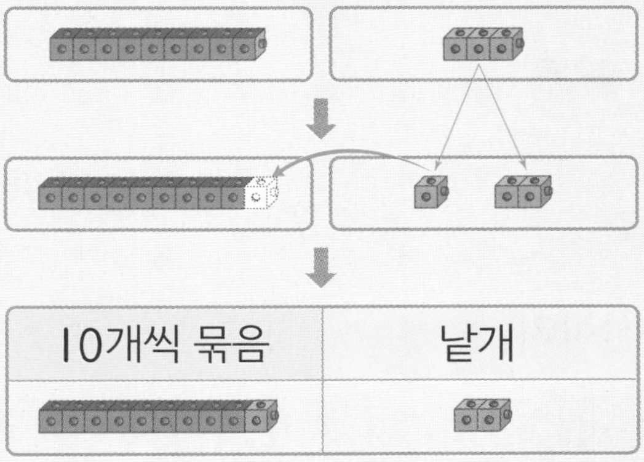

9+3=12

1 2

방법❷ 3과 몇을 더해 10을 만들어 계산하기

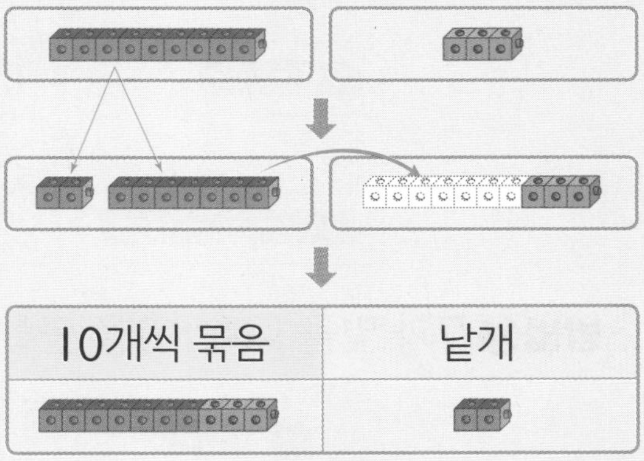

9+3=12

2 7

개념 확인하기

1 5+8을 여러 가지 방법으로 계산해 보세요.

방법❶ 5와 몇을 더해 10을 만들어 계산하기

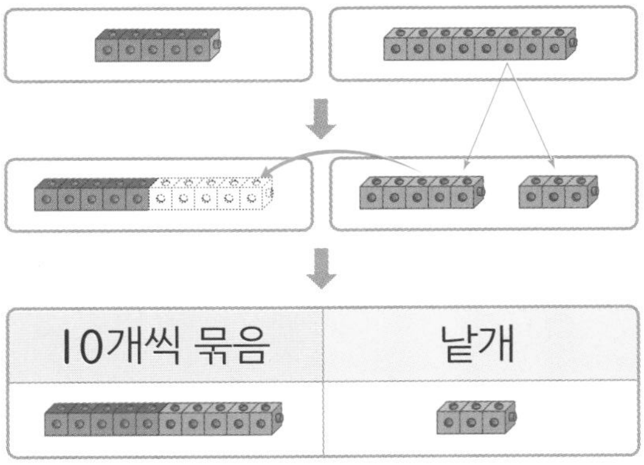

5+8= □

5 □

방법❷ 8과 몇을 더해 10을 만들어 계산하기

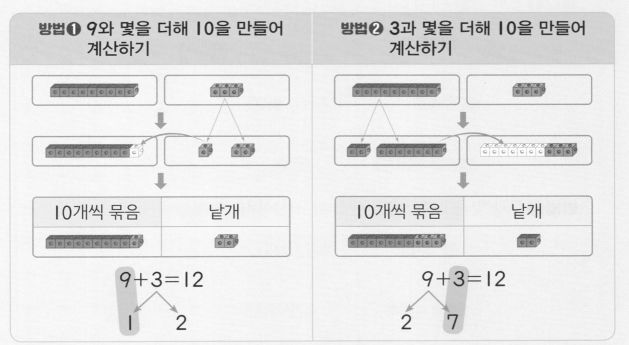

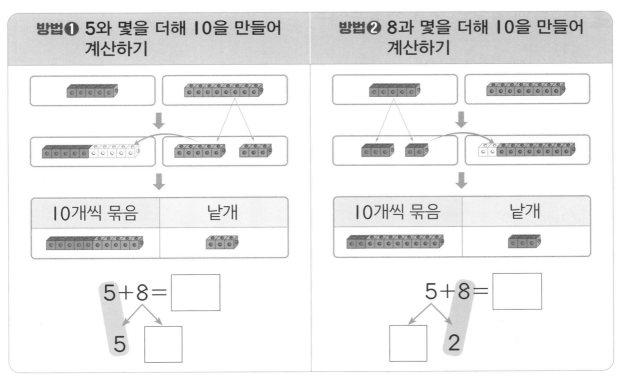

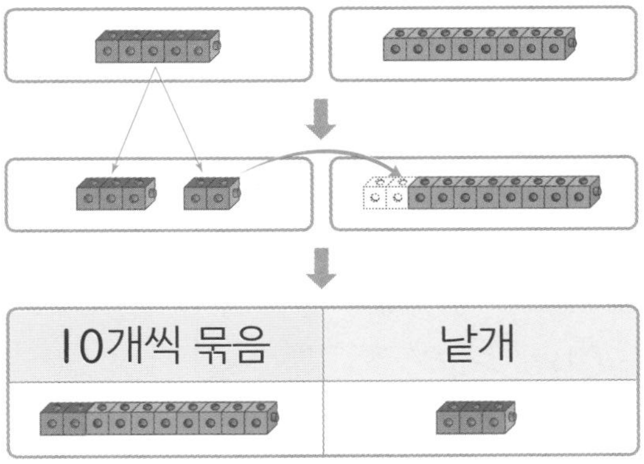

5+8= □

□ 2

교과서 따라 풀기

1 6+7을 여러 가지 방법으로 계산해 보세요.

방법❶ 6과 몇을 더해 10을 만들어 계산하기

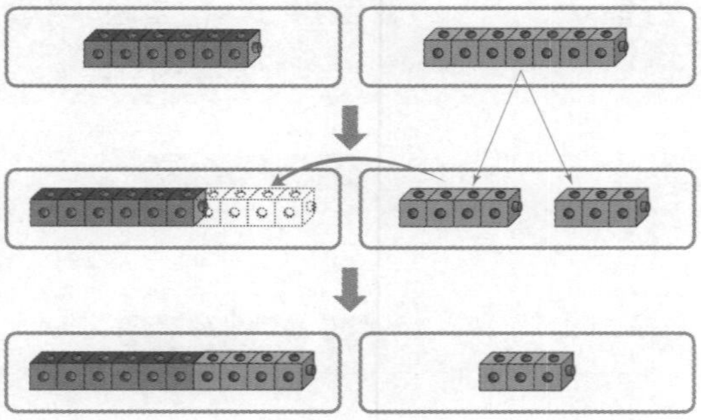

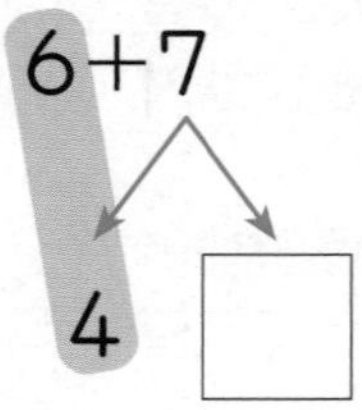
6+7
4

6+7=□

방법❷ 7과 몇을 더해 10을 만들어 계산하기

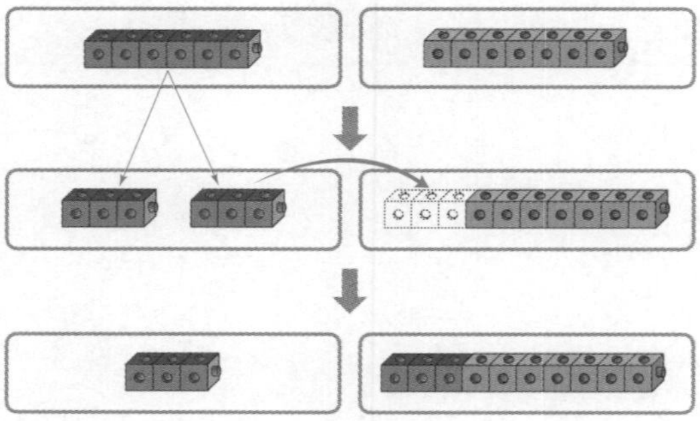

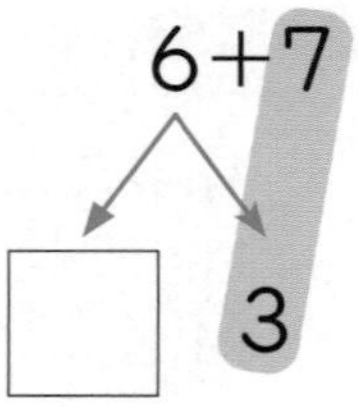
6+7
3

6+7=□

2 □ 안에 알맞은 수를 써넣으세요.

(1)

8과 2를 더해 10을
만들어 구해 볼래!

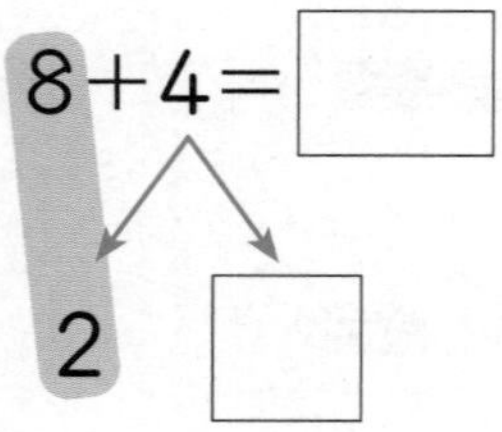
8+4=
2

(2)

4와 6을 더해 10을
만들어 구해 볼래!

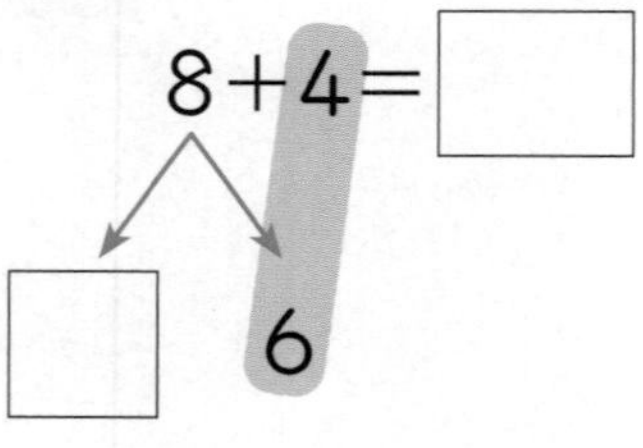
8+4=
6

3 덧셈을 해 보세요.

(1) $4+9=$ ☐　　(2) $5+6=$ ☐

(3) $7+7=$ ☐　　(4) $9+8=$ ☐

4 빵을 5개 만들고 나서 9개를 더 만들었습니다. 빵을 모두 몇 개 만들었는지 구해 보세요.

식 ______　　답 ______

5 딸기잼 7개와 포도잼 4개가 있습니다. 잼은 모두 몇 개인지 구해 보세요.

식 ______　　답 ______

실력 키우기

바른 답 22쪽

1 두 가지 모양 솜사탕에서 수를 하나씩 골라 덧셈식을 만들고 계산해 보세요.

7 + 9 = □   □ + □ = □

2 수 카드 2장을 골라 덧셈식을 완성해 보세요.

3 6 7 8 9

□ + □ = 13

03 여러 가지 덧셈을 해 볼까요

덧셈에서의 규칙 찾기

(1) 더하는 수가 1씩 커지면 합도 1씩 커집니다.

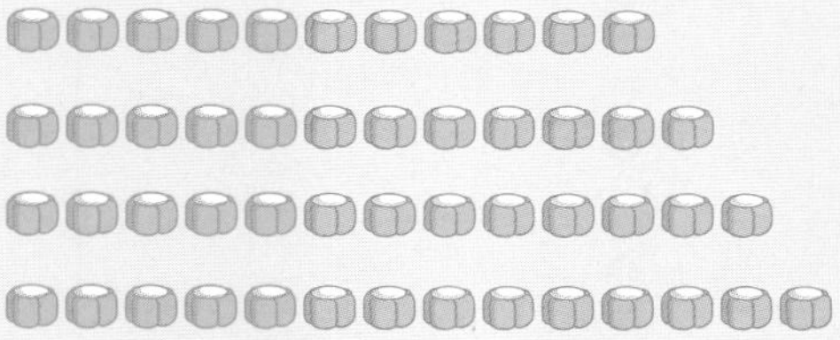

1씩 커지면

5+6=11
5+7=12
5+8=13
5+9=14

합도 1씩 커져.

(2) 더해지는 수가 1씩 작아지면 합도 1씩 작아집니다.

1씩 작아지면

6+9=15
5+9=14
4+9=13
3+9=12

합도 1씩 작아져.

(3) 두 수를 서로 바꾸어 더해도 합은 같습니다.

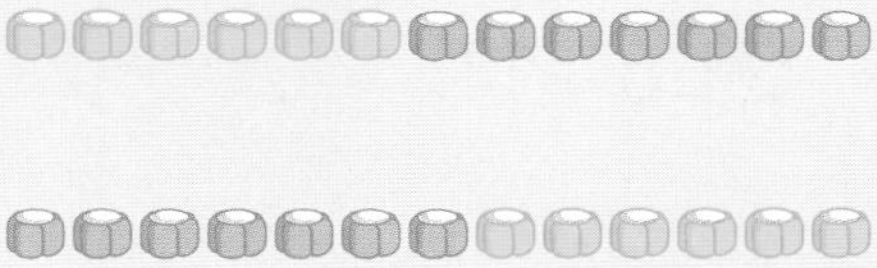

6+7=13
7+6=13

합은 같아.

(4) 1씩 커지는 수와 1씩 작아지는 수를 더하면 합은 같습니다.

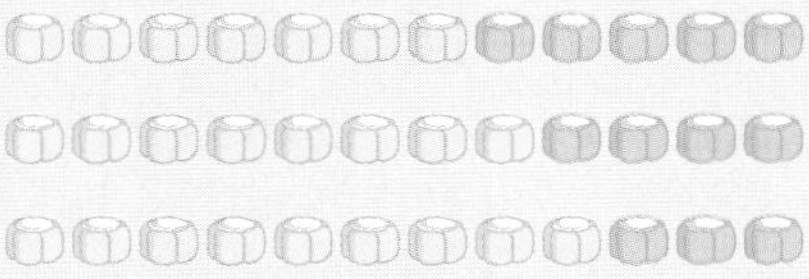

1씩 커지고 1씩 작아지면

7+5=12
8+4=12
9+3=12

합은 같아.

개념 확인하기

덧셈을 해 보세요.

(1) 9+6=15
9+7=16
9+8= □
9+9= □

(2) 9+7=16
8+7=15
7+7= □
6+7= □

(3) 8+4= □
4+8= □

(4) 6+7= □
7+6= □
8+5= □

교과서 따라 풀기

1 덧셈을 해 보세요.

(1)

6+5=11

6+6=□

6+7=□

6+8=□

(2)

6+8=14

5+8=□

4+8=□

3+8=□

(3)

7+5=□

5+7=□

(4)

2+9=□

9+2=□

2 □ 안에 알맞은 수를 써넣어 덧셈식을 완성해 보세요.

(1)

8+4=12

□+4=13

(2)

5+6=11

5+□=12

(3)

5+9=14

□+9=15

(4)

7+8=15

7+□=16

3 두 수의 합이 작은 덧셈식부터 순서대로 이어 보세요.

5+7=□

5+9=□

5+5=10

시작

6+5=□

8+5=□

4 보기와 합이 같은 식을 모두 찾아 ◯, △, □를 해 보세요.

보기

7+4   8+4   9+4

6+5	7+5	8+5
5+6	6+6	7+6
4+7	5+7	6+7

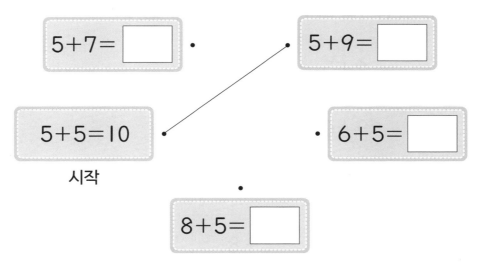

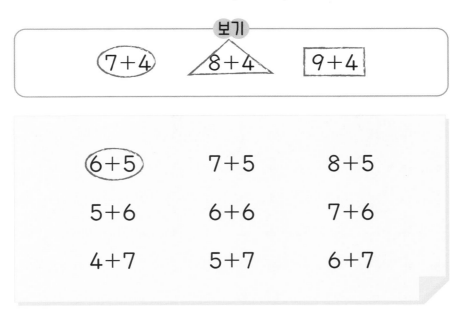

실력 키우기

바른 답 23쪽

1 합이 14인 덧셈식을 모두 찾아 색칠해 보세요.

9+5			
9+6	8+6		
9+7	8+7	7+7	
9+8	8+8	7+8	6+8

2 합이 가장 큰 식을 찾아 ○표 하세요.

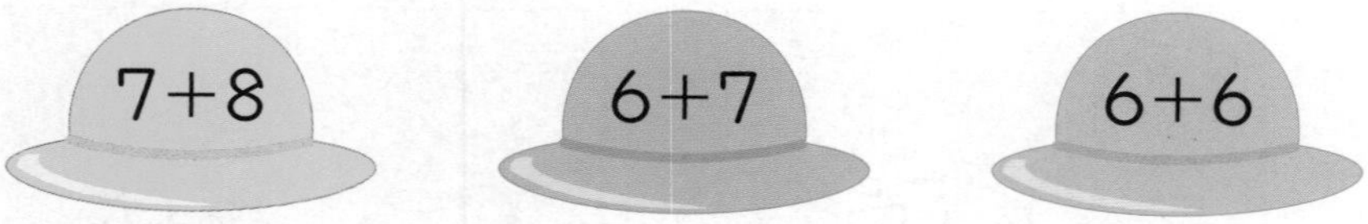

(　　　)　(　　　)　(　　　)

04 뺄셈을 알아볼까요

캔이 몇 개 남을지 여러 가지 방법으로 계산하기

캔 13개 중
6개를 버려야지.

방법① 거꾸로 세어 구하기

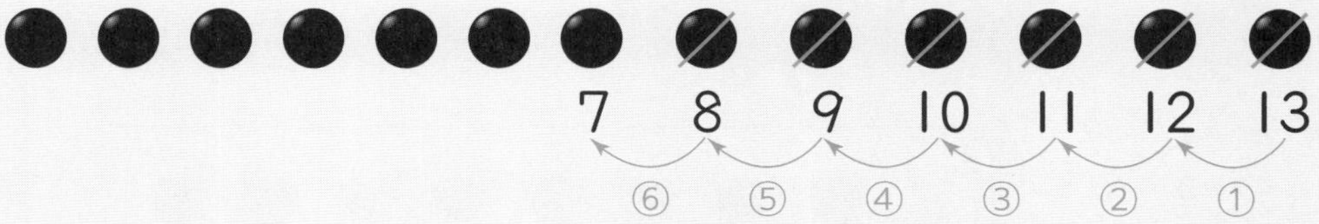
7 8 9 10 11 12 13
⑥ ⑤ ④ ③ ② ①

13에서 6만큼 거꾸로 세면 7이야.

방법② 구슬을 옮겨 구하기

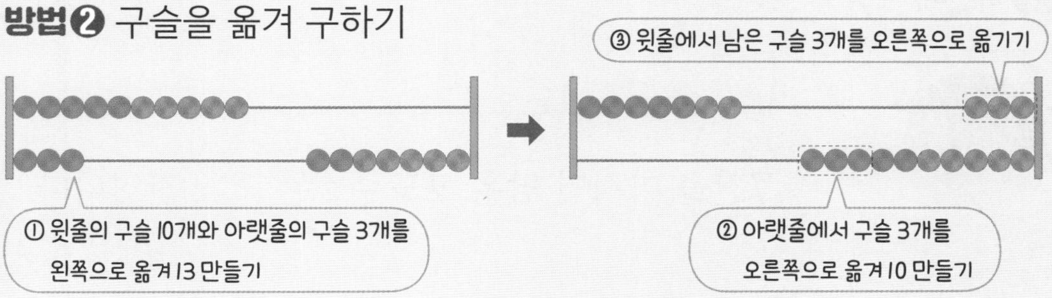
① 윗줄의 구슬 10개와 아랫줄의 구슬 3개를 왼쪽으로 옮겨 13 만들기
② 아랫줄에서 구슬 3개를 오른쪽으로 옮겨 10 만들기
③ 윗줄에서 남은 구슬 3개를 오른쪽으로 옮기기

왼쪽에 남은 구슬은 7개야.

13−6=7 ➡ 캔이 7개 남습니다.

개념 확인하기

1 딸기우유는 초코우유보다 몇 개 더 많은지 바둑돌을 하나씩 짝 지어 구해 보세요.

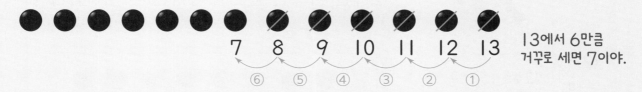

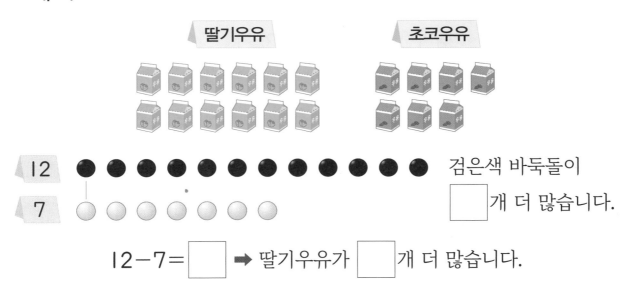

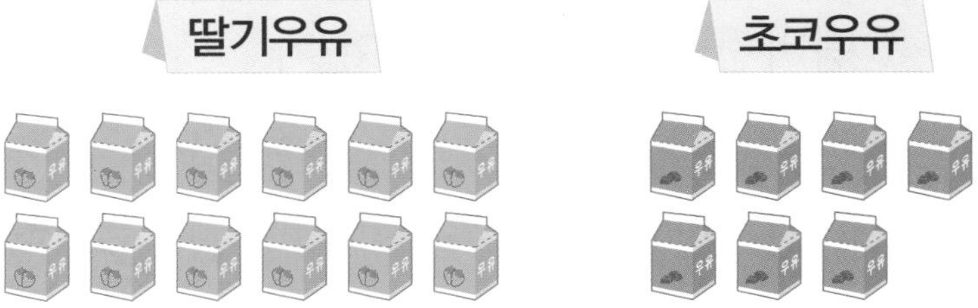
딸기우유
초코우유

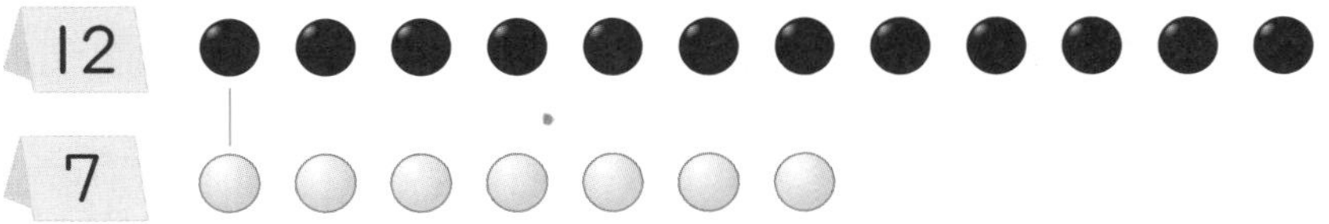
12
7

검은색 바둑돌이 □개 더 많습니다.

12−7=□ ➡ 딸기우유가 □개 더 많습니다.

교과서 따라 풀기

1 □ 안에 알맞은 수를 써넣으세요.

(1)

바나나 11개 중
2개를 먹었어.

2개를 먹으면 남은 바나나는 □개입니다.

(2)

포도주스 15잔 중
7잔을 마셨어.

7잔을 마시면 남은 포도주스는 □잔입니다.

2 어느 것이 몇 개 더 많은지 구해 보세요.

(1)

탬버린 

캐스터네츠 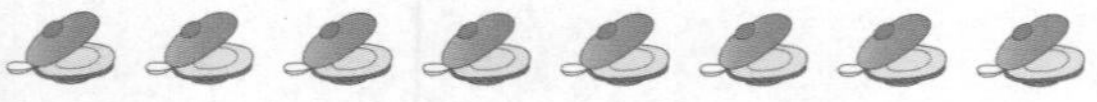

(탬버린 , 캐스터네츠)이/가 □개 더 많습니다.

(2)

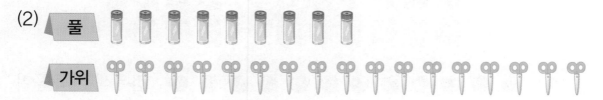

풀 

가위 

(풀 , 가위)이/가 □개 더 많습니다.

3 티셔츠는 바지보다 몇 벌 더 많은지 구해 보세요.

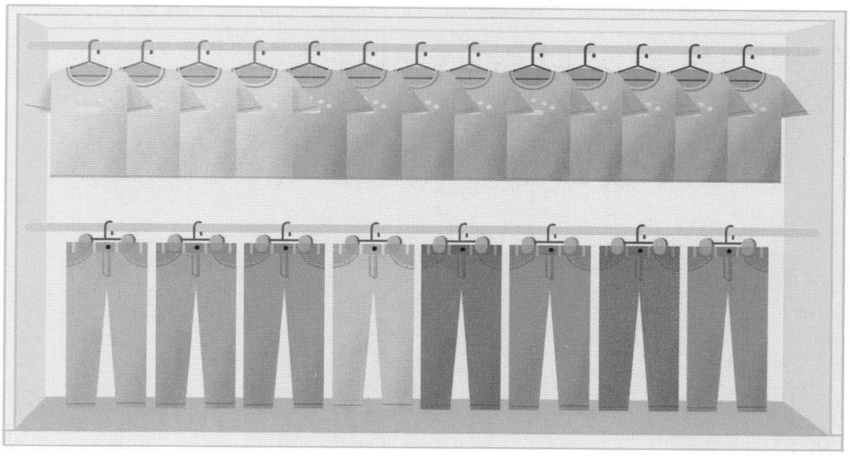

식 ____________________ 답 ____________

4 알뜰 시장에서 팔고 남은 양말은 몇 켤레인지 구해 보세요.

식 ____________________ 답 ____________

5 □ 안에 알맞은 수를 써넣으세요.

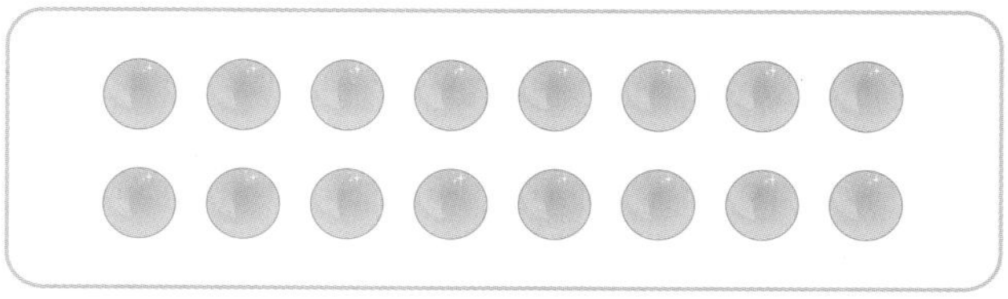

$16-\square=7$

실력 키우기

바른 답 24쪽

1 연우가 15칸이 있는 판에 붙임딱지를 6장 붙였습니다. 빈칸을 모두 채우려면 붙임딱지는 몇 장 더 필요한지 구해 보세요.

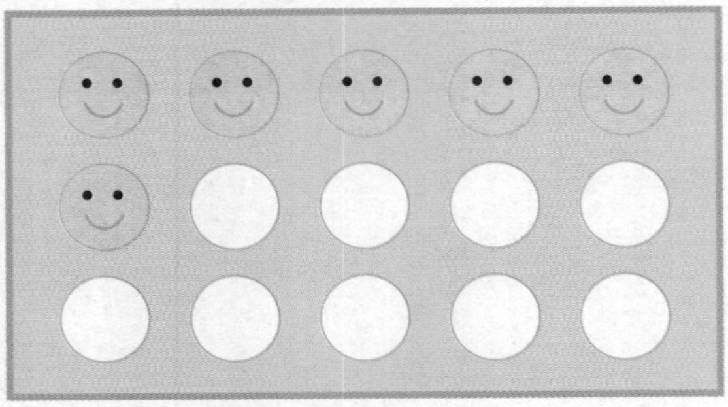

( )

2 그림을 보고 알맞은 뺄셈식을 만들어 보세요.

□ − □ = □

05 뺄셈을 해 볼까요

14−6을 여러 가지 방법으로 계산하기

방법❶ 낱개 4개를 먼저 빼서 계산하기

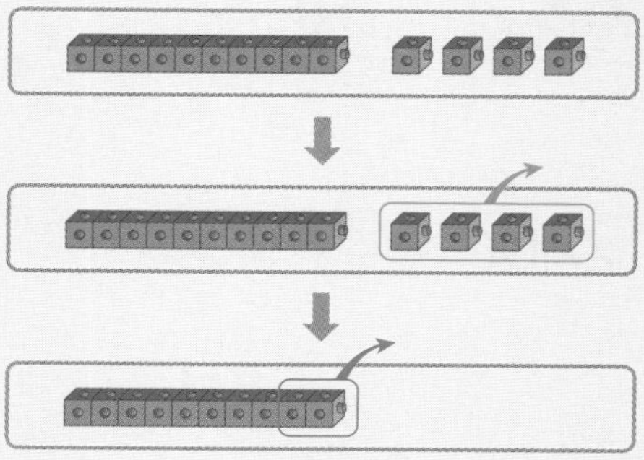

14−6=8

4 2

방법❷ 10개씩 묶음에서 6개를 빼서 계산하기

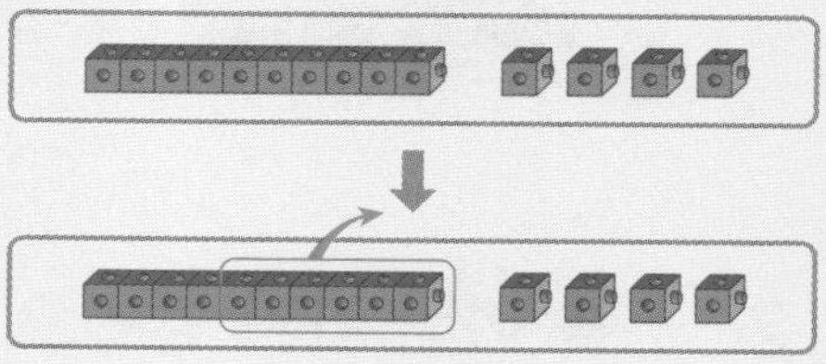

14−6=8

10 4

개념 확인하기

1 12−3을 여러 가지 방법으로 계산해 보세요.

방법❶ 낱개 2개를 먼저 빼서 계산하기

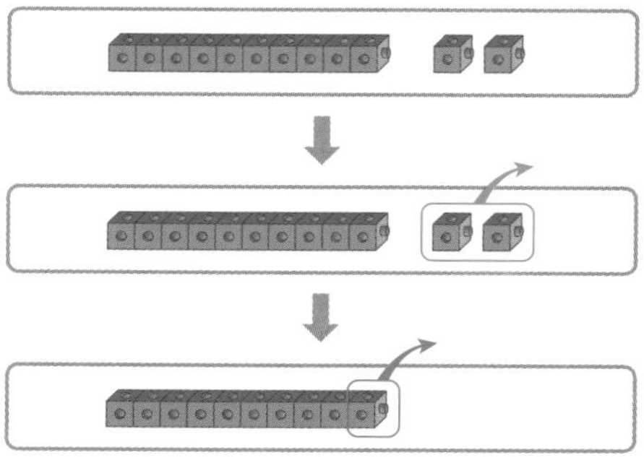

12−3=□

2 □

방법❷ 10개씩 묶음에서 3개를 빼서 계산하기

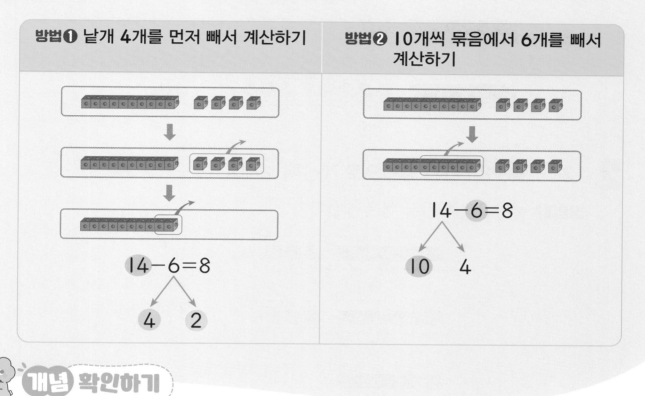

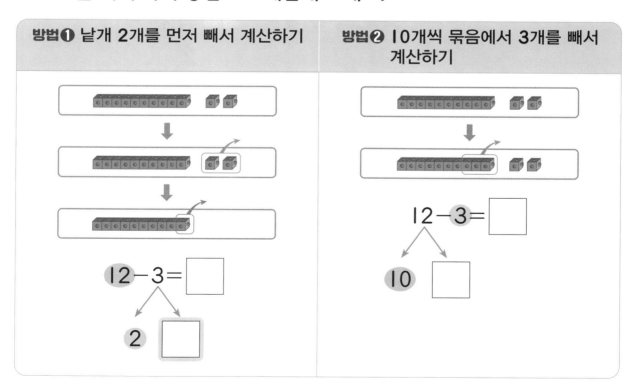

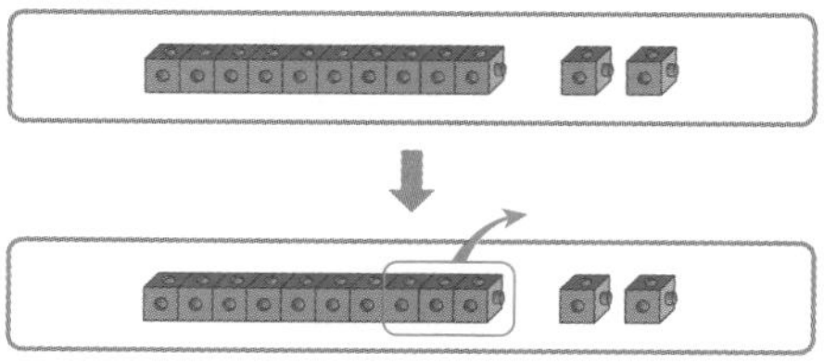

12−3=□

10 □

1 그림을 보고 □ 안에 알맞은 수를 써넣으세요.

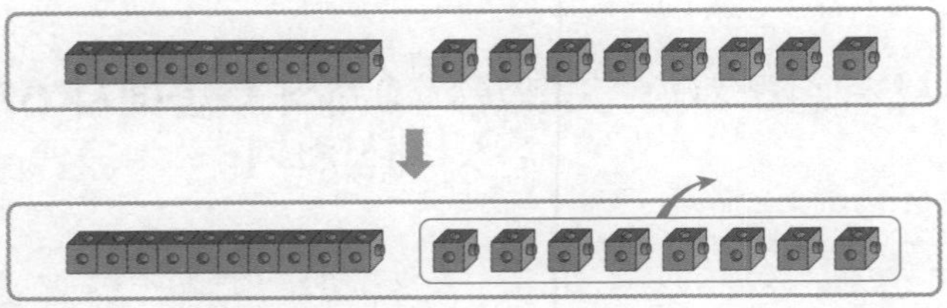

$18-8=$ □

10 □

2 13−5를 여러 가지 방법으로 계산해 보세요.

방법❶ 낱개 3개를 먼저 빼서 계산하기

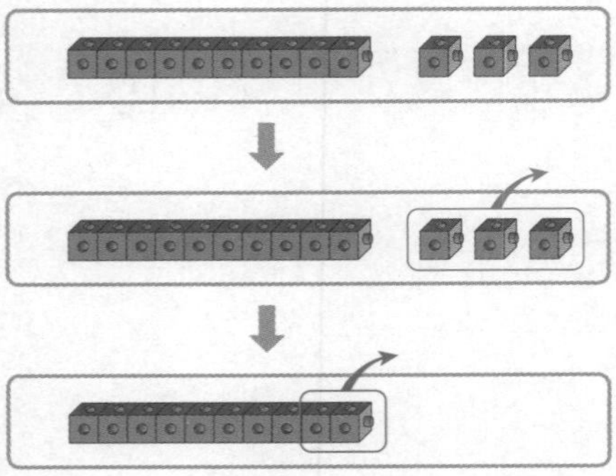

$13-5$

3 □

$13-5=$ □

방법❷ 10개씩 묶음에서 5개를 빼서 계산하기

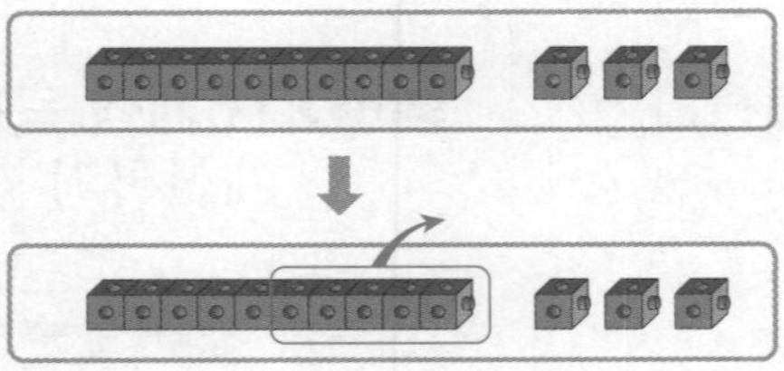

$13-5$

10 □

$13-5=$ □

3 □ 안에 알맞은 수를 써넣으세요.

(1)

5를 먼저 빼서
구해 볼래!

$15-9=$ □

5 □

(2)

10에서 9를 빼서
구해 볼래!

$15-9=$ □

10 □

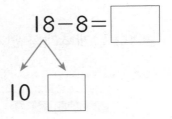

바른 답 25쪽

4 계산 결과를 찾아 이어 보세요.

11−3	12−6	16−9	17−8
6	7	8	9

5 빌려주고 남는 자전거는 몇 대인지 구해 보세요.

자전거가 15대 있었는데
이 중 7대를 빌려주려고 해요!
자전거 대여

식

답

6 야구공이 14개, 야구 방망이가 8개 있습니다. 야구공은 야구 방망이보다 몇 개 더 많은지 구해 보세요.

식

답

실력 키우기

바른 답 25쪽

1 두 가지 색 열기구에서 수를 하나씩 골라 뺄셈식을 만들고 계산해 보세요.

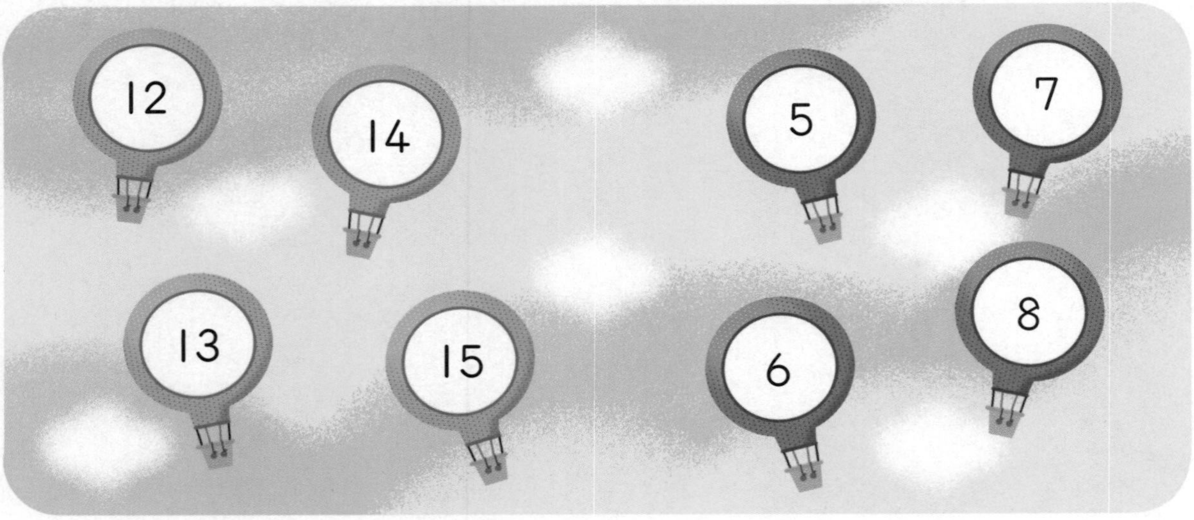

15 − 8 = □   ○ − ○ = □

2 수 카드 2장을 골라 뺄셈식을 완성해 보세요.

8	6	5	4	3

11 − □ = □

06 여러 가지 뺄셈을 해 볼까요

뺄셈에서의 규칙 찾기

(1) 빼는 수가 1씩 커지면 차는 1씩 작아집니다.

1씩 커지면

$11-6=5$

$11-7=4$

$11-8=3$

$11-9=2$

차는 1씩 작아져.

(2) 빼어지는 수가 1씩 커지면 차도 1씩 커집니다.

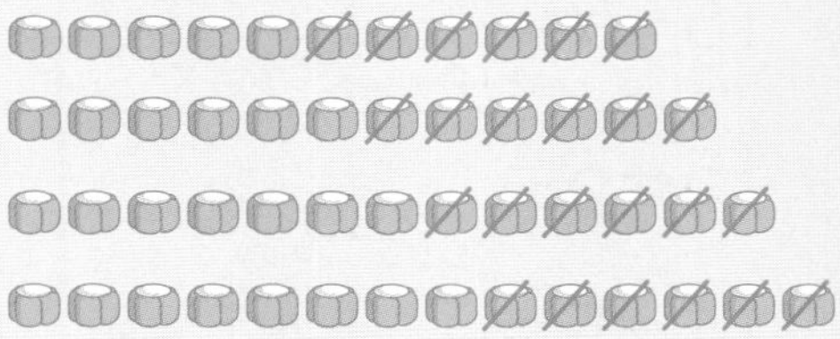

1씩 커지면

$11-6=5$

$12-6=6$

$13-6=7$

$14-6=8$

차도 1씩 커져.

(3) 빼어지는 수와 빼는 수가 모두 1씩 커지면 차는 같습니다.

두 수가 모두 1씩 커지면

$12-3=9$

$13-4=9$

$14-5=9$

$15-6=9$

차는 같아.

(4) 빼어지는 수와 빼는 수가 모두 1씩 작아지면 차는 같습니다.

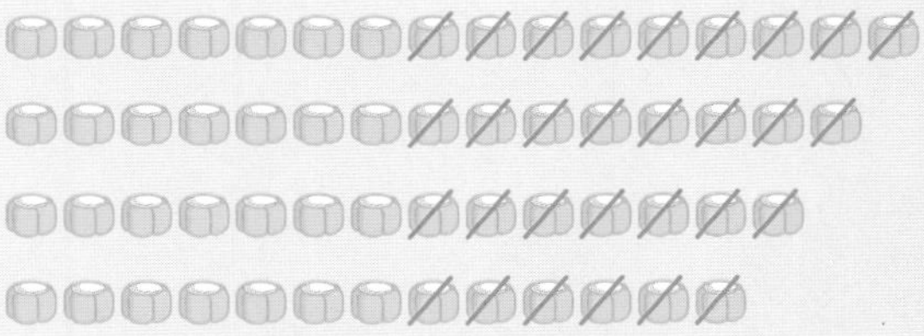

두 수가 모두 1씩 작아지면

$16-9=7$

$15-8=7$

$14-7=7$

$13-6=7$

차는 같아.

개념 확인하기

뺄셈을 해 보세요.

(1) $13-6=7$

$13-7=6$

$13-8=\square$

$13-9=\square$

(2) $12-7=5$

$13-7=6$

$14-7=\square$

$15-7=\square$

(3) $14-6=8$

$15-7=8$

$16-8=\square$

$17-9=\square$

(4) $16-7=9$

$15-6=9$

$14-5=\square$

$13-4=\square$

교과서 따라 풀기

1 빨셈을 해 보세요.

(1)
15－6＝9
15－7＝□
15－8＝□
15－9＝□

(2)
14－8＝6
13－8＝□
12－8＝□
11－8＝□

(3)
12－4＝8
13－5＝□
14－6＝□
15－7＝□

(4)
17－8＝9
16－7＝□
15－6＝□
14－5＝□

2 차가 7이 되도록 □ 안에 알맞은 수를 써넣으세요.

바른 답 26쪽

3 공에 적힌 수를 한 번씩만 사용하여 서로 다른 뺄셈식을 만들어 보세요.

(1) 5 6

11−□=□

11−□=□

(2) 7 9

16−□=□

16−□=□

4 보기 와 차가 같은 식을 모두 찾아 ◯, △, □를 해 보세요.

보기

(13−4) △12−4 [11−4]

(14−5)	14−6	14−7
15−6	15−7	15−8
16−7	16−8	16−9

실력 키우기

바른 답 26쪽

1 차가 5인 뺄셈식을 찾아 색칠해 보세요.

11−6			
12−6	12−7		
13−6	13−7	13−8	
14−6	14−7	14−8	14−9

2 차가 가장 작은 식을 찾아 △표 하세요.

( ) ( ) ( )

단원 마무리하기

1 그림을 보고 덧셈을 해 보세요.

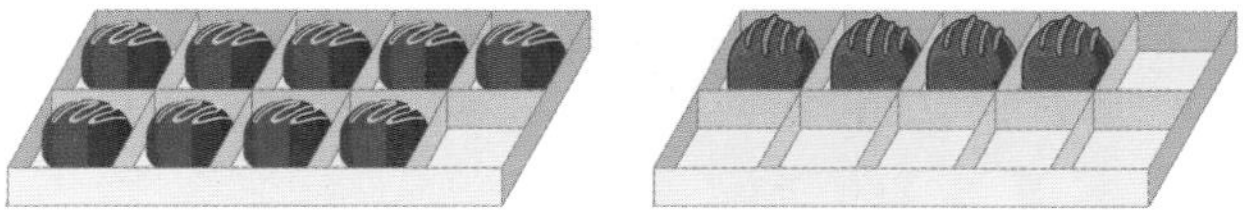

$$9+4=\boxed{}$$

2 그림을 보고 뺄셈을 해 보세요.

$$11-5=\boxed{}$$

3 ☐ 안에 알맞은 수를 써넣으세요.

(1) $7+8=\boxed{}$

$\boxed{}$ 5

(2) $12-9=\boxed{}$

$\boxed{}$ 7

4 ☐ 안에 알맞은 수를 써넣으세요.

(1) $5+6=\boxed{}$

$5+7=\boxed{}$

$5+8=\boxed{}$

$5+9=\boxed{}$

(2) $14-5=\boxed{}$

$15-6=\boxed{}$

$16-7=\boxed{}$

$17-8=\boxed{}$

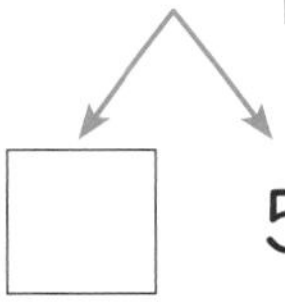

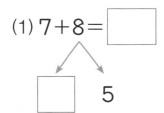

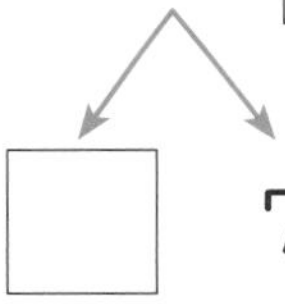

5 합이 같도록 점을 그리고 □ 안에 알맞은 수를 써넣으세요.

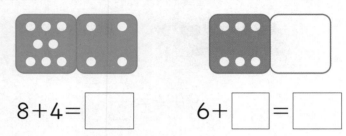

8+4=□　　6+□=□

6 관계있는 것끼리 선으로 이어 보세요.

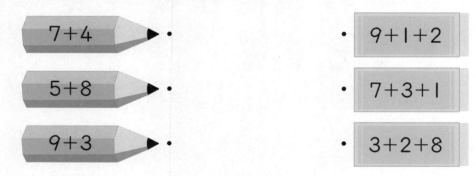

7 편지 봉투 14장에 붙임딱지를 1개씩 모두 붙이려고 합니다. 붙임딱지가 7개 있다면 붙임딱지는 몇 개 더 필요한지 구해 보세요.

(　　　　　　　)

8 계산 결과를 비교하여 ○ 안에 >, =, <를 알맞게 써넣으세요.

12−4 ○ 15−8

바른 답 27쪽

9 4장의 수 카드 중에서 2장을 뽑아 합이 가장 큰 덧셈식을 만들고 합을 구해 보세요.

2 4 6 8

□ + □ = □

10 화살표를 따라가며 차가 1씩 커지는 식을 써 보세요.

출발

13−9=4 → 13−8=5 → 13−□=6

↓

13−□=7 → 13−□=□ → 13−□=□

빠른 개념 찾기

틀린 문제는 개념을 다시 확인해 보세요.

개념	문제 번호
01 덧셈을 알아볼까요	1, 5
02 덧셈을 해 볼까요	3, 6, 9
03 여러 가지 덧셈을 해 볼까요	4
04 뺄셈을 알아볼까요	2, 7
05 뺄셈을 해 볼까요	3, 8
06 여러 가지 뺄셈을 해 볼까요	4, 10

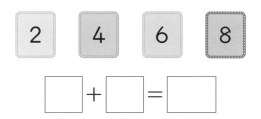

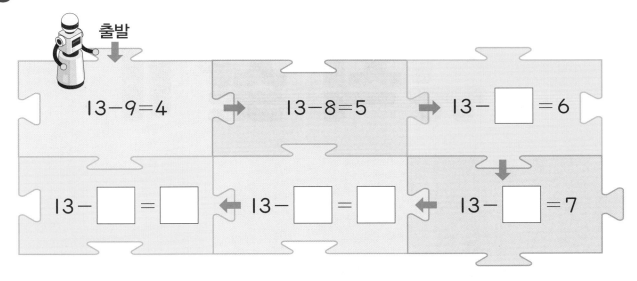

5

규칙 찾기

개념	공부 계획
01 규칙을 찾아볼까요	월 일
02 규칙을 만들어 볼까요(1)	월 일
03 규칙을 만들어 볼까요(2)	월 일
04 수 배열에서 규칙을 찾아볼까요	월 일
05 수 배열표에서 규칙을 찾아볼까요	월 일
06 규칙을 여러 가지 방법으로 나타내 볼까요	월 일
단원 마무리하기	월 일

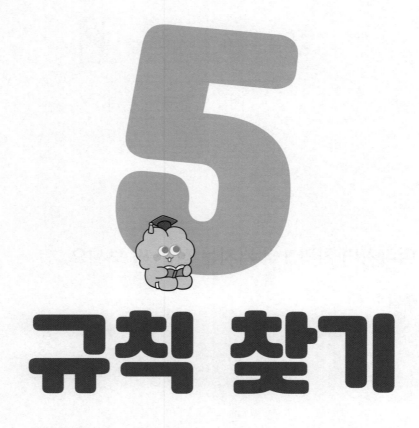

01 규칙을 찾아볼까요

반복되는 규칙 찾기

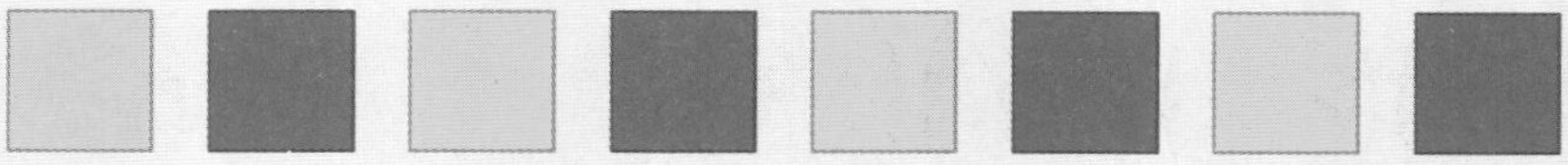

노란색, 초록색이 반복됩니다.

규칙 찾아 빈칸 채우기

사과, 사과, 배가 반복됩니다. ➡ 빈칸은 사과, 사과 다음이므로 배입니다.

개념 확인하기

1 규칙을 바르게 말한 것에 ○표 하세요.

주황색, 보라색이 반복됩니다. (　　　)

주황색, 보라색, 보라색이 반복됩니다. (　　　)

2 규칙을 찾아 빈칸에 알맞은 것에 ○표 하세요.

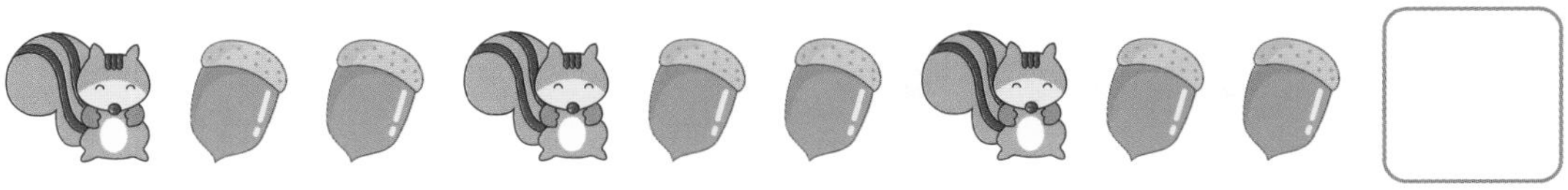

()

교과서 따라 풀기

1 규칙을 찾아 빈칸에 알맞은 색을 칠해 보세요.

2 규칙을 찾아 빈칸에 알맞은 그림을 그리고 색칠해 보세요.

(1)

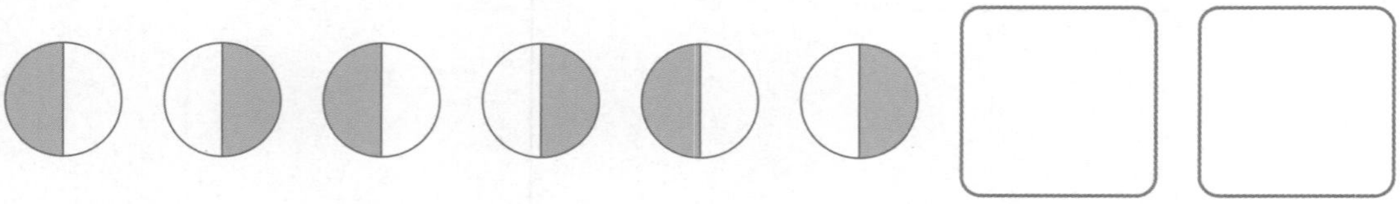

(2)

(3)

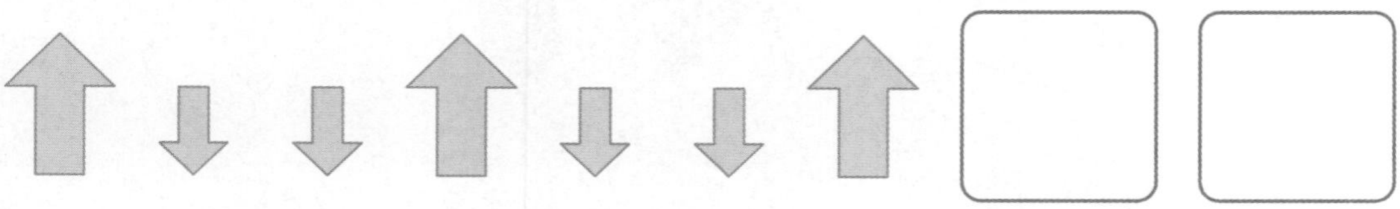

3 반복되는 부분에 ◯ 표시하고 규칙을 찾아 써 보세요.

나무는

_____

이/가 반복됩니다.

4 규칙을 바르게 말한 사람을 찾아 ◯표 하세요.

색이 노란색, 노란색, 빨간색으로 반복돼.

개수가 3개, 1개, 3개로 반복돼.

(   )　　　　　　　(   )

바른 답 28쪽

1 규칙을 찾아 빈칸에 알맞은 그림을 그려 보세요.

2 인형, 로봇, 로봇이 반복되는 규칙으로 물건을 놓았습니다. 잘못 놓은 물건에 ×표 하세요.

공부한 날 월 일

02 규칙을 만들어 볼까요 (1)

두 가지 색으로 다양한 규칙 만들기

• 빨간색, 파란색이 반복되는 규칙 만들기

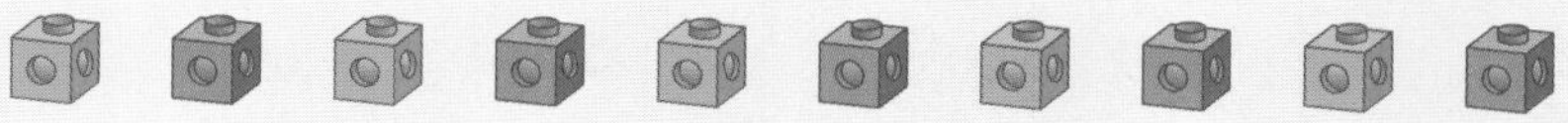

• 노란색, 보라색, 보라색이 반복되는 규칙 만들기

두 가지 물건으로 다양한 규칙 만들기

• 축구공, 테니스공이 반복되는 규칙 만들기

• 야구공, 글러브, 야구공이 반복되는 규칙 만들기

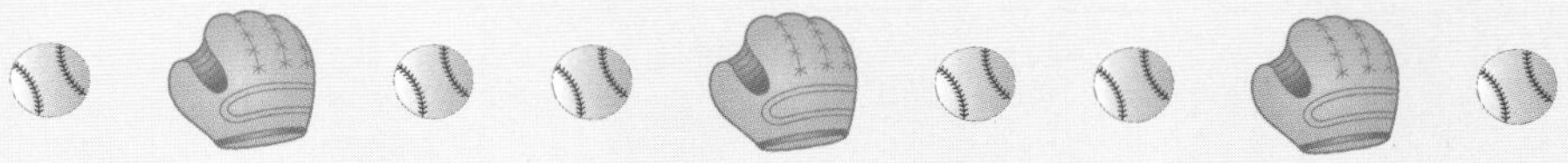

개념 확인하기

1 주황색, 초록색이 반복되는 규칙을 만든 것에 ○표 하세요.

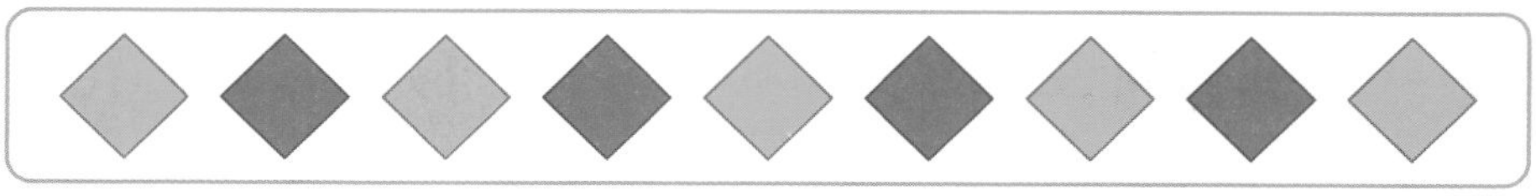

(　　　)

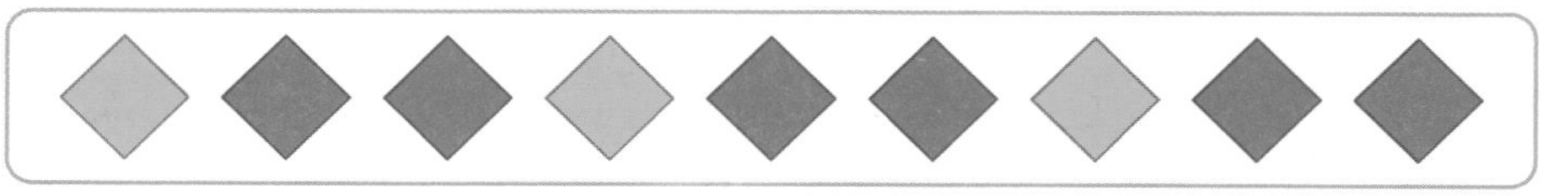

(　　　)

2 탁구채, 탁구공, 탁구공이 반복되는 규칙을 만든 것에 ○표 하세요.

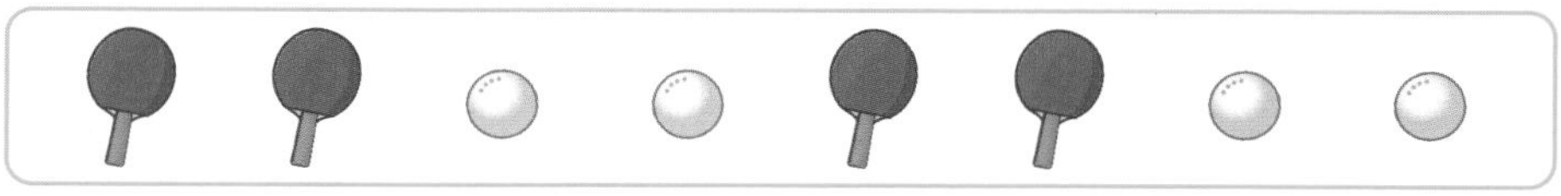

(　　　)

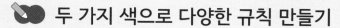

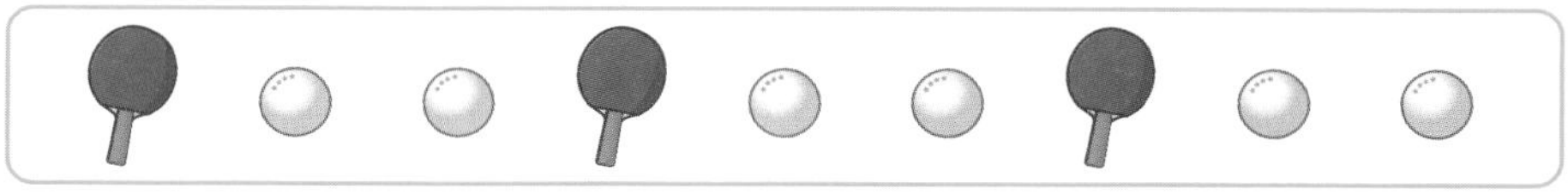

(　　　)

교과서 따라 풀기

1 두 가지 색의 크레파스로 규칙을 만들어 색칠해 보세요.

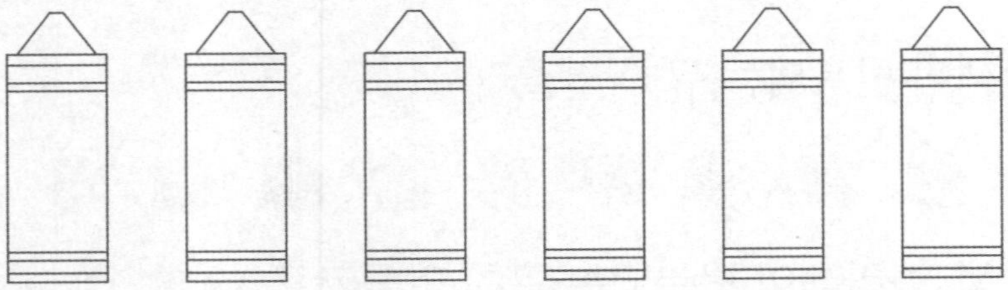

2 바둑돌 ●과 ○로 규칙을 만들어 그려 보세요.

(1)

(2)

3 규칙을 만들어 물건을 색칠해 보세요.

(1)

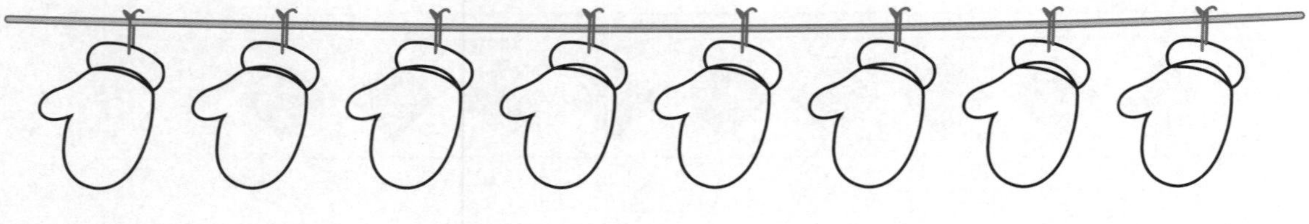

(2)

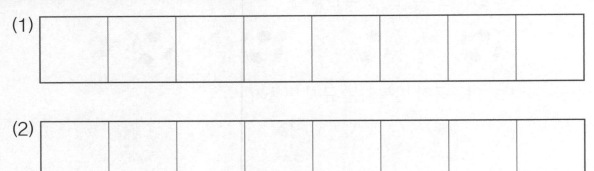

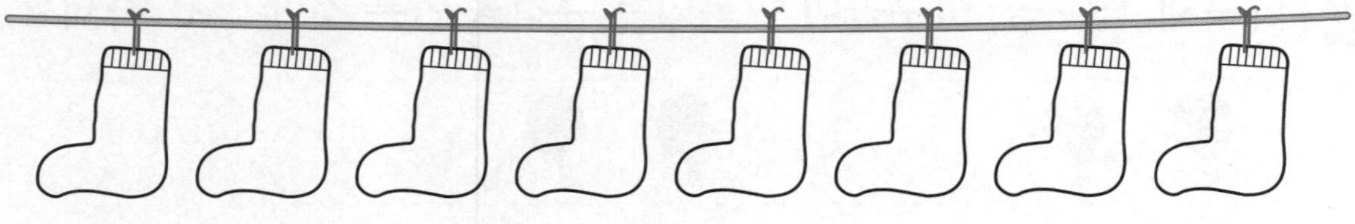

4 보기 와 다른 규칙을 만들어 물건을 그려 보세요.

(1)

보기

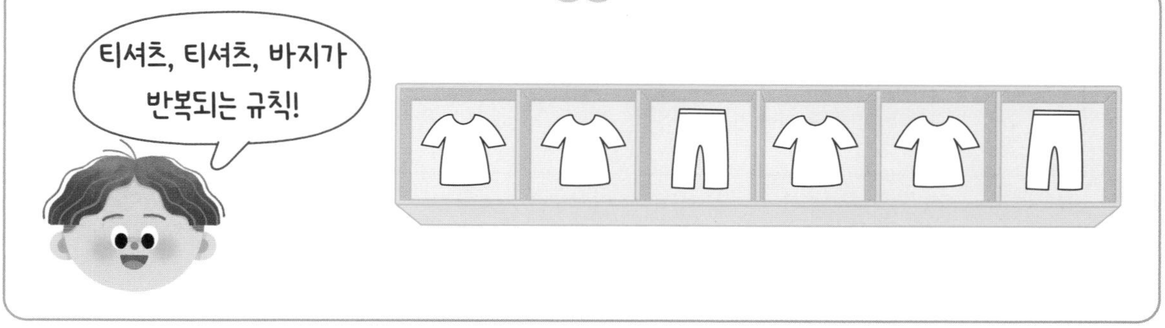

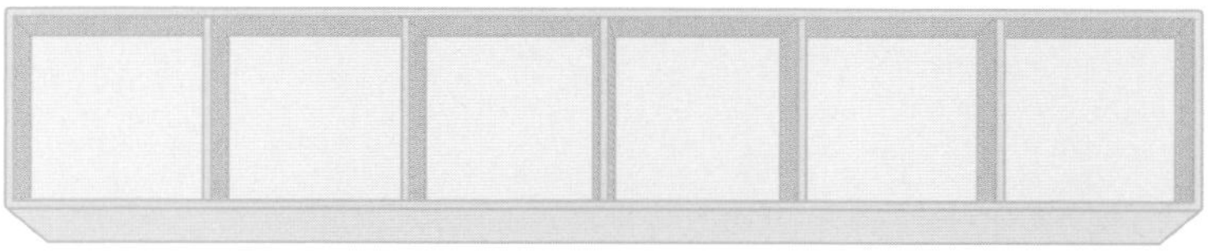

(2)

보기

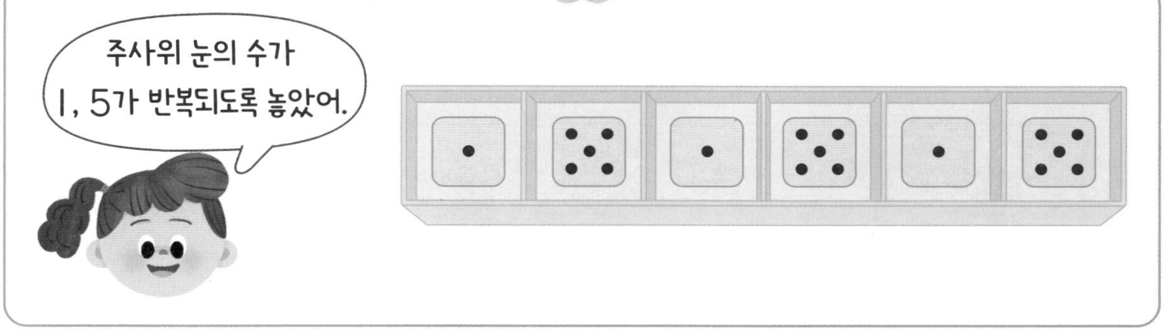

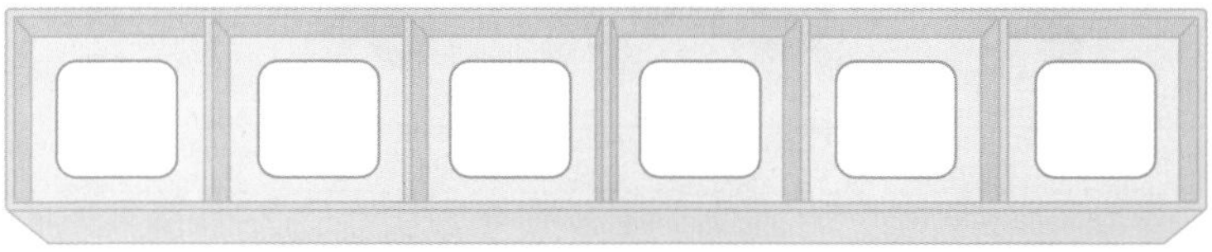

5 긴 연필( )과 짧은 연필( )로 규칙을 만들어 필통에 그려 보세요.

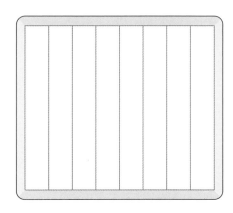

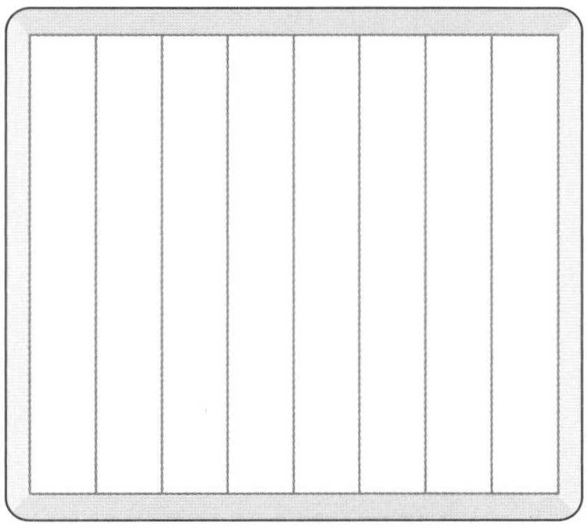

바른 답 29쪽

1 사탕(), 아이스크림()이 반복되는 규칙으로 물건을 그려 보세요.

2 만든 규칙이 다른 하나를 찾아 △표 하세요.

(　　　)

(　　　)

(　　　)

공부한 날 월 일

03 규칙을 만들어 볼까요(2)

색으로 규칙을 만들어 무늬 꾸미기

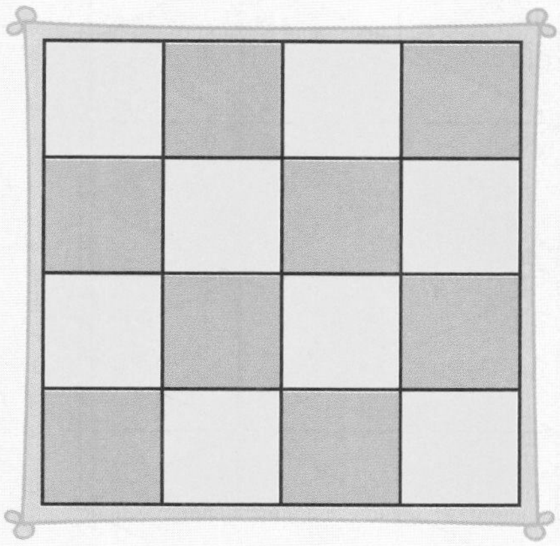

• 첫째 줄, 셋째 줄은 노란색, 파란색이 반복됩니다.
• 둘째 줄, 넷째 줄은 파란색, 노란색이 반복됩니다.

모양으로 규칙을 만들어 무늬 꾸미기

♥, ●, ●가 반복되는 규칙으로 무늬를 꾸미면 다음과 같습니다.

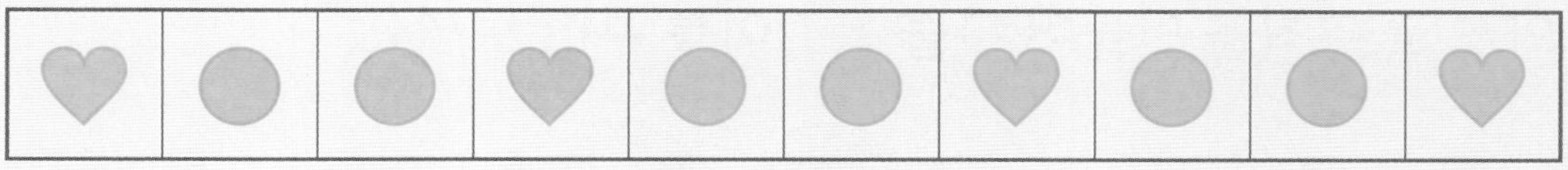

개념 확인하기

1 규칙에 따라 빈칸에 알맞은 색을 칠해 보세요.

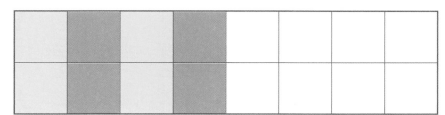

2 ▼, ■, ▼가 반복되는 규칙으로 무늬를 꾸며 보세요.

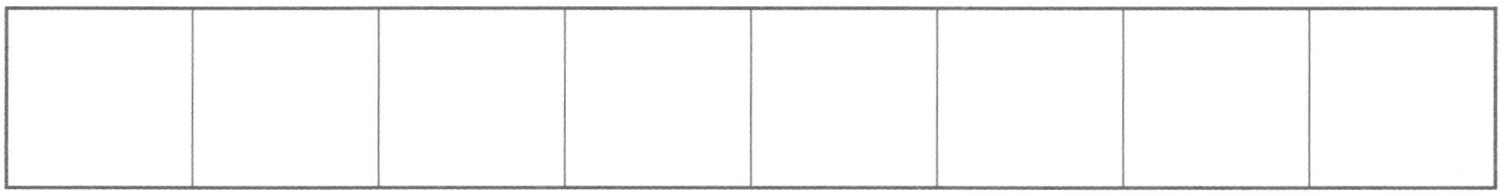

1 규칙에 따라 빈칸에 알맞은 색을 칠해 보세요.

(1)

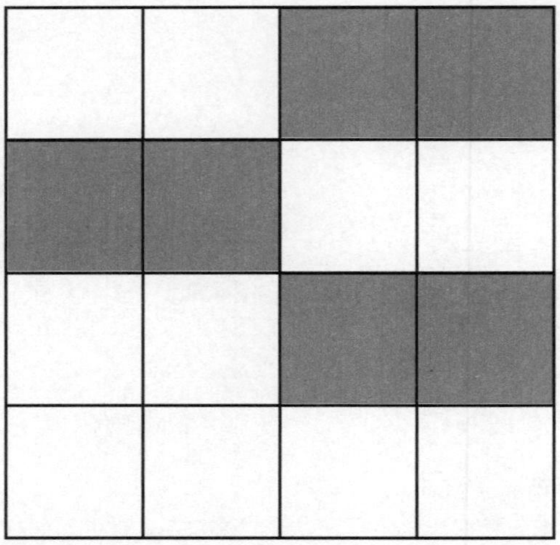

(2)

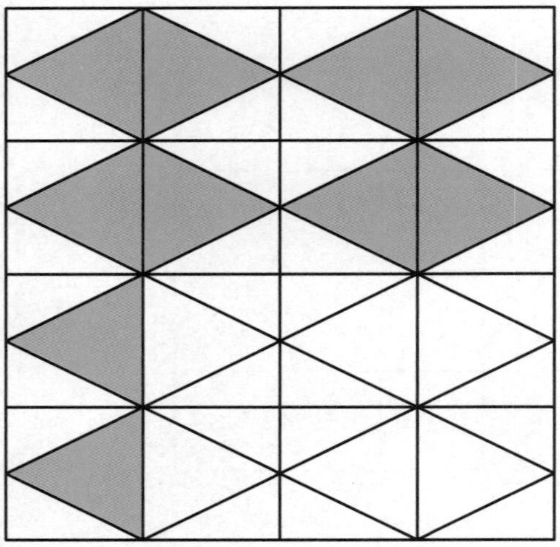

2 □와 ♡로 규칙을 만들어 구슬 목걸이를 꾸며 보세요.

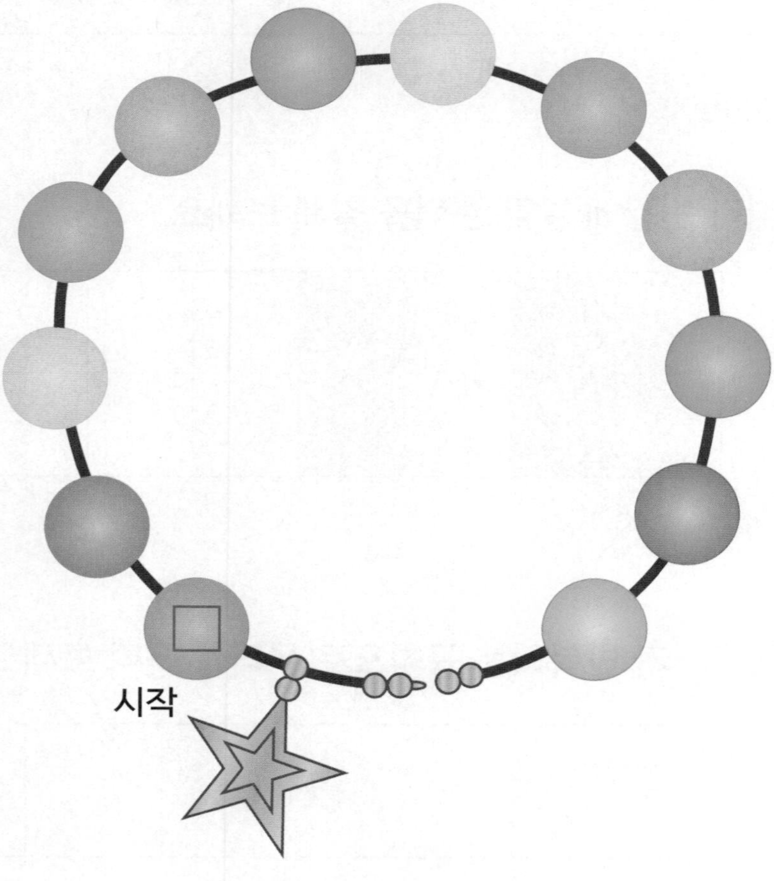

바른 답 30쪽

3 주어진 색으로 규칙을 만들어 벽에 걸린 액자를 색칠해 보세요.

(1)

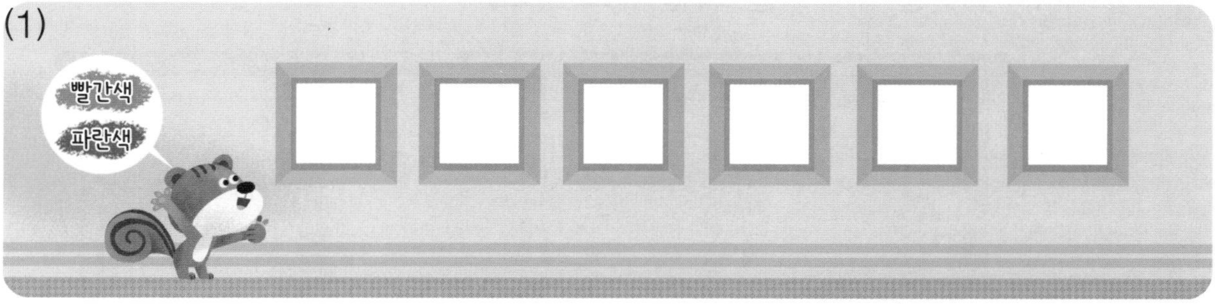

(2)

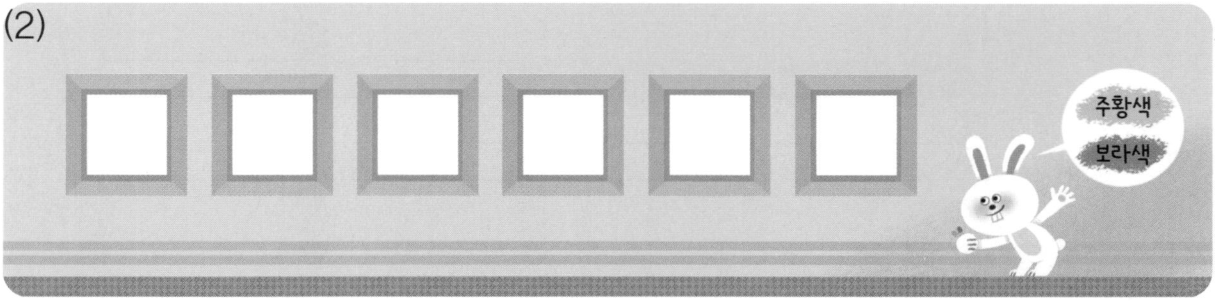

4 ○와 △로 규칙을 만들고 깃발을 꾸며 보세요.

(1)

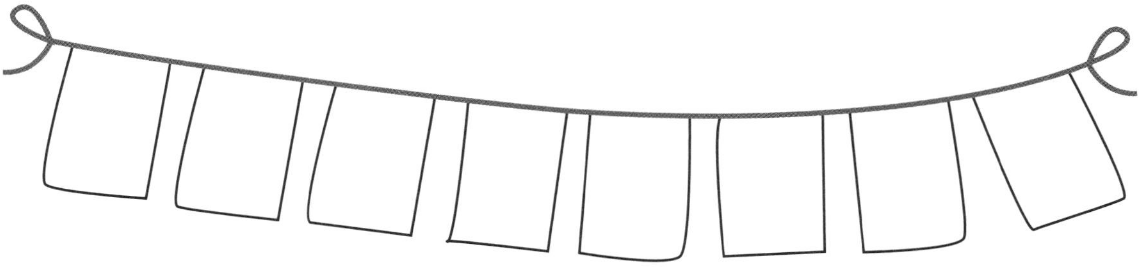

(2)

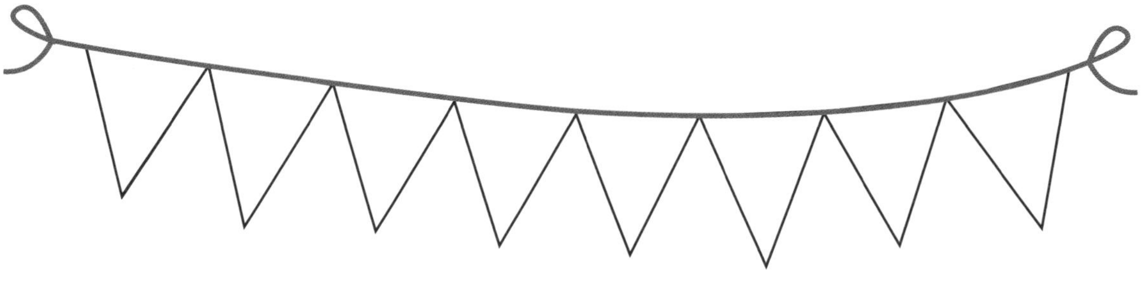

실력 키우기

바른 답 30쪽

1 규칙에 따라 놀이기구를 색칠해 보세요.

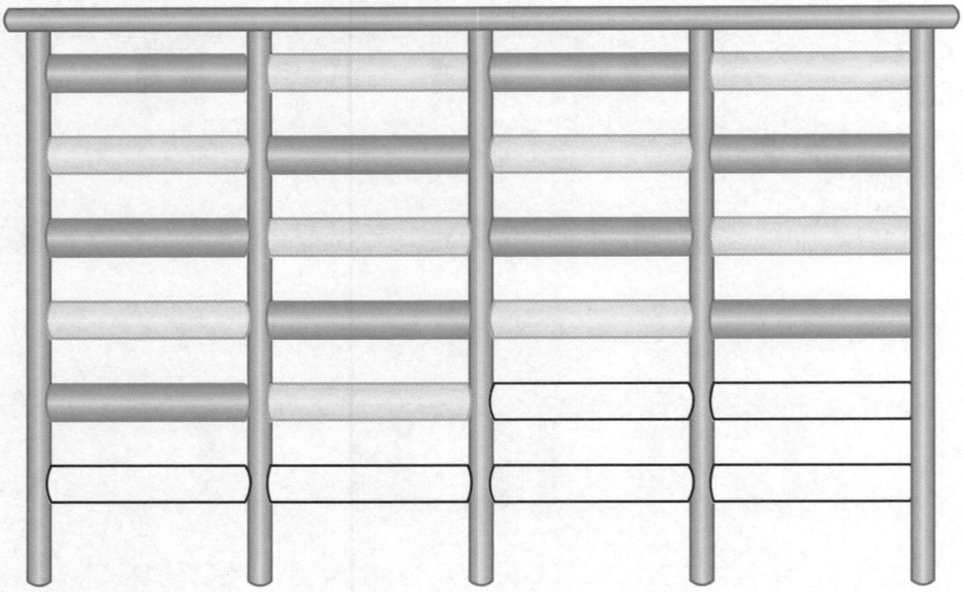

2 두 가지 모양을 골라 ○표 하고 고른 모양으로 규칙을 만들어 보세요.

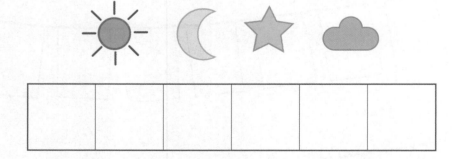

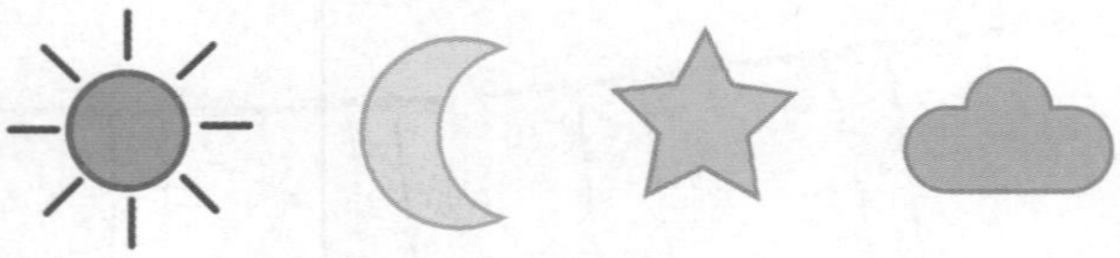

04 수 배열에서 규칙을 찾아볼까요

수 배열에서 규칙 찾기

• 수가 반복되는 규칙 찾기

2 — 5 — 2 — 5 — 2 — 5 — 2 — 5

2, 5가 반복됩니다.

• 수가 커지는 규칙 찾기

1 — 3 — 5 — 7 — 9 — 11 — 13 — 15

1부터 시작하여 2씩 커집니다.

• 수가 작아지는 규칙 찾기

10 — 9 — 8 — 7 — 6 — 5 — 4 — 3

10부터 시작하여 1씩 작아집니다.

개념 확인하기

1 규칙을 찾아 □ 안에 알맞은 수를 써넣으세요.

(1) 3 — 6 — 3 — 6 — 3 — 6 — 3

➡ □, □ 이/가 반복됩니다.

(2) 2 — 4 — 6 — 8 — 10 — 12 — 14

➡ 2부터 시작하여 □ 씩 커집니다.

(3) 40 — 35 — 30 — 25 — 20 — 15 — 10

➡ 40부터 시작하여 □ 씩 작아집니다.

교과서 따라 풀기

1 수 배열에서 규칙을 찾아 써 보세요.

(1)

규칙 ______________________

(2)

규칙 ______________________

2 규칙을 찾아 빈칸에 알맞은 수를 써넣으세요.

(1)

(2)

(3)

바른 답 31쪽

3 규칙을 찾아 빈칸에 알맞은 수를 써넣으세요.

(1) 8, 1, 5, 8, ☐, ☐, 8, 1, 5, ☐

(2) 1, 6, 11, 16, 21, ☐, ☐, 36, ☐, 46

(3) 30, 27, 24, ☐, 18, 15, ☐, ☐, 6, 3

4 수 배열에서 여러 가지 규칙을 찾아 써 보세요.

4부터 시작하여 ↑ 방향으로 ☐씩 작아져.

4부터 시작하여 → 방향으로 ☐씩 커져.

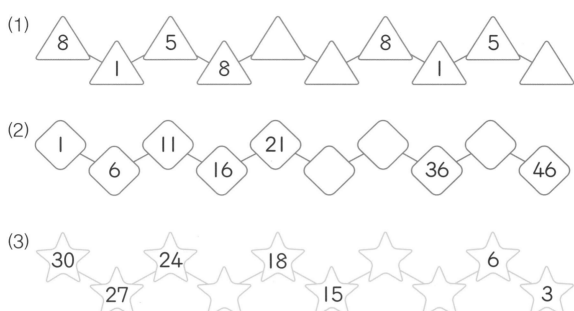

실력 키우기

바른 답 31쪽

1 규칙을 만들어 □ 안에 알맞은 수를 써넣으세요.

2 수 배열에서 규칙을 찾아 ♥에 알맞은 수를 구해 보세요.

( )

05 수 배열표에서 규칙을 찾아볼까요

수 배열표에서 규칙 찾기

1	2	3	4	5	6	7	8	9	10
11	12	13	14	15	16	17	18	19	20
21	22	23	24	25	26	27	28	29	30
31	32	33	34	35	36	37	38	39	40
41	42	43	44	45	46	47	48	49	50

- 에 있는 수는 21부터 시작하여 → 방향으로 1씩 커집니다.
- 에 있는 수는 6부터 시작하여 ↓ 방향으로 10씩 커집니다.

개념 확인하기

1 수 배열표에서 규칙을 찾아 알맞은 말이나 수에 ◯표 하세요.

51	52	53	54	55	56	57	58	59	60
61	62	63	64	65	66	67	68	69	70
71	72	73	74	75	76	77	78	79	80
81	82	83	84	85	86	87	88	89	90
91	92	93	94	95	96	97	98	99	100

- 에 있는 수는 71부터 시작하여 → 방향으로 1씩 (커집니다 , 작아집니다).
- 에 있는 수는 56부터 시작하여 ↓ 방향으로 (1 , 10)씩 커집니다.

교과서 따라 풀기

1~3 사물함에 있는 수를 보고 물음에 답하세요.

1	2	3	4	5	6	7	8	9	10
11	12	13	14	15	16	17	18	19	20
21	22	23	24	25	26	27	28	29	30
31	32	33	34	35	36	37			
41	42	43	44	45	46	47			

1 □에 있는 수에는 어떤 규칙이 있는지 □ 안에 알맞은 수를 써넣으세요.

□부터 시작하여 → 방향으로 □씩 커집니다.

2 □에 있는 수에는 어떤 규칙이 있는지 □ 안에 알맞은 수를 써넣으세요.

□부터 시작하여 ↓ 방향으로 □씩 커집니다.

3 규칙에 따라 빈칸에 알맞은 수를 써넣으세요.

4 규칙을 찾아 ♥과 ★에 알맞은 수를 각각 구해 보세요.

51	52	53	54	55
56	57		59	
		63	64	
♥				★

♥ (   )

★ (   )

5 규칙에 따라 색칠하고 규칙을 완성해 보세요.

71	72	73	74	75	76	77	78	79	80
81	82	83	84	85	86	87	88	89	90
91	92	93	94	95	96	97	98	99	100

규칙 ____________ 씩 커집니다.

6 엘리베이터에 있는 수를 보고 수의 규칙이 어떻게 다른지 써 보세요.

규칙 ____

____

실력 키우기

바른 답 32쪽

1 규칙을 찾아 빈칸에 알맞은 수를 써넣으세요.

21	25		33	
22	26	30		38
23		31		39
	28		36	

2 규칙을 만들어 색칠하고 규칙을 써 보세요.

100	99	98	97	96	95	94	93	92	91
90	89	88	87	86	85	84	83	82	81
80	79	78	77	76	75	74	73	72	71
70	69	68	67	66	65	64	63	62	61
60	59	58	57	56	55	54	53	52	51

규칙 ________________________________

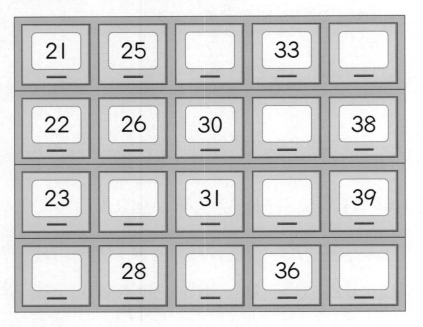

06 규칙을 여러 가지 방법으로 나타내 볼까요

규칙을 여러 가지 방법으로 나타내기

• 규칙을 모양으로 나타내기

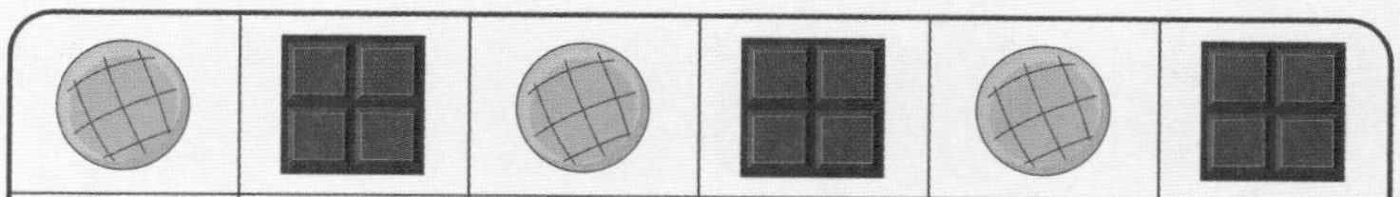

○	□	○	□	○	□

, 가 반복되는 규칙을 는 ○로, 은 □로 나타내었습니다.

• 규칙을 수로 나타내기

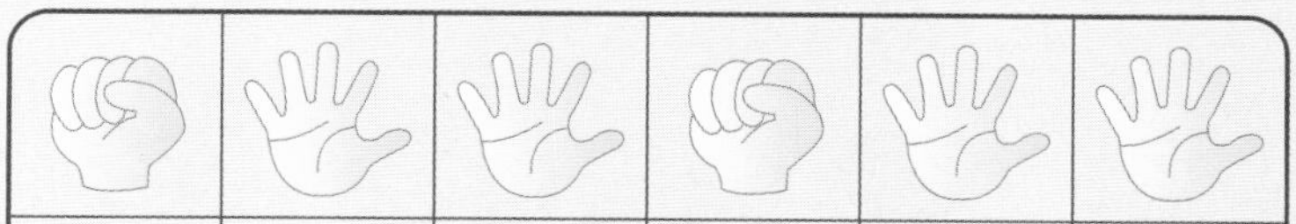

0	5	5	0	5	5

, , 이 반복되는 규칙을 은 0으로, 은 5로 나타내었습니다.

개념 확인하기

1 규칙을 찾아 ◎와 △로 나타내 보세요.

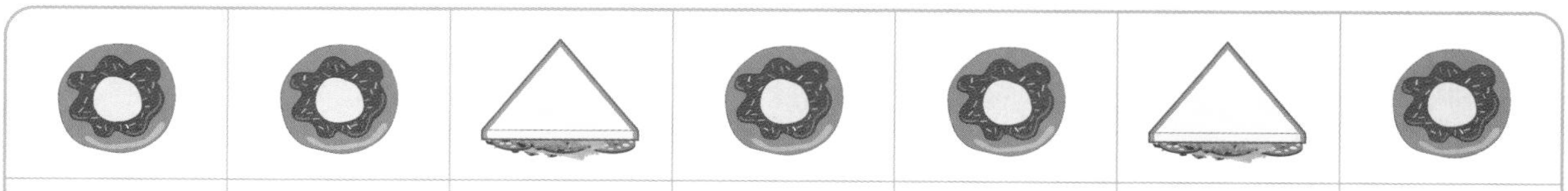

◎	◎	△	◎	◎		

2 규칙을 찾아 빈칸에 알맞은 수를 써넣으세요.

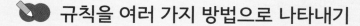

2	4	2	4	2		

교과서 따라 풀기

1 규칙을 찾아 알맞은 모양으로 나타내 보세요.

(1)

○	×	○	×	○	×		

(2)

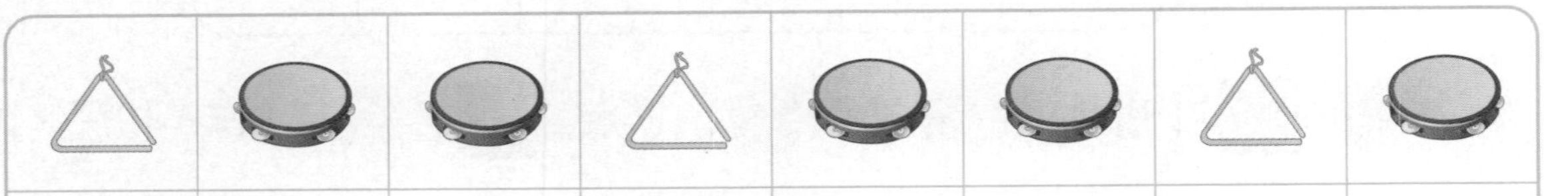

△	○	○	△	○	○		

(3)

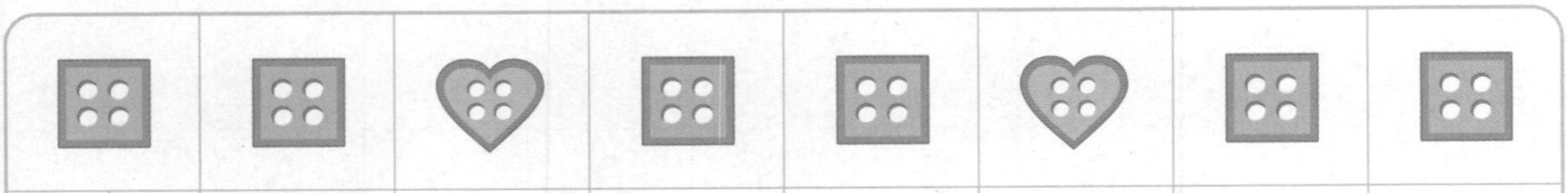

□	□	♡	□	□			

2 규칙을 찾아 빈칸에 알맞은 수를 써넣으세요.

(1)

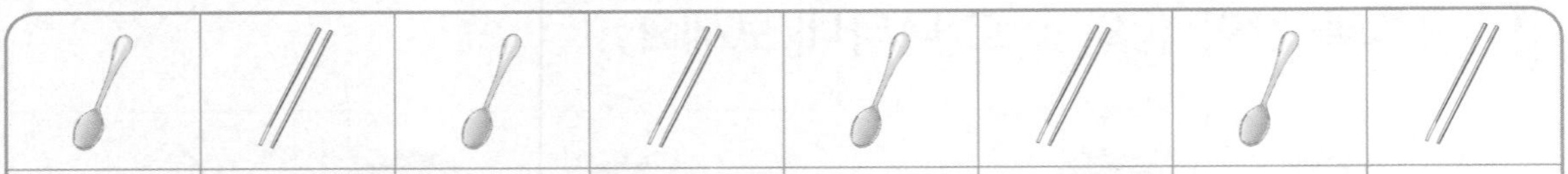

1	2	1	2	1	2		

(2)

4	0	4	4	0	4		

(3)

2	3	3	2	3			

3 규칙을 찾아 빈칸을 완성해 보세요.

(1)

○	×	○	×	○			

(2)

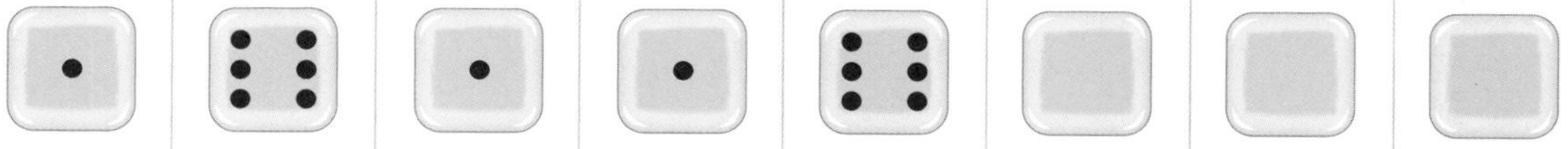

1	6	1	1	6			

4 규칙에 따라 물음에 답하세요.

(1) 위 빈칸에 들어갈 동작을 바르게 나타낸 친구를 찾아 ○표 하세요.

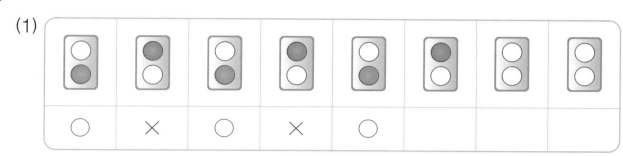

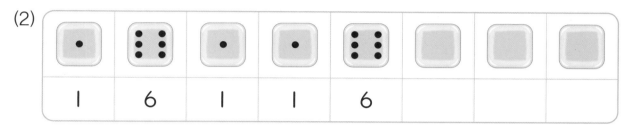

( ) ( ) ( )

(2) 몸으로 나타낸 규칙을 알맞은 모양으로 나타내 보세요.

ㅣ	＋	ㅓ	ㅣ	＋				

실력 키우기

바른 답 33쪽

1 규칙을 찾아 알맞은 모양으로 나타내 보세요.

○	△	○	○			

2 규칙을 찾아 여러 가지 방법으로 나타내 보세요.

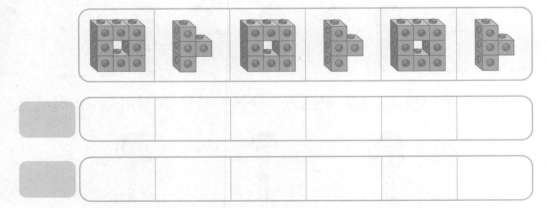

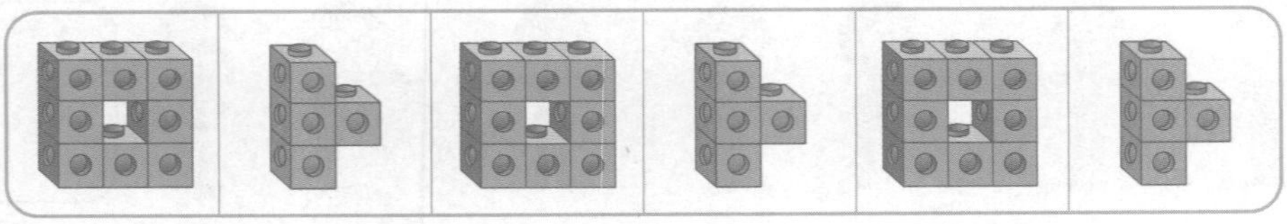

단원 마무리하기

1 규칙을 찾아 빈칸에 알맞은 것에 ○표 하세요.

( , 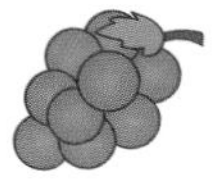)

2 규칙을 만들어 스케치북을 색칠해 보세요.

3 규칙을 찾아 빈칸에 알맞은 수를 써넣으세요.

4 규칙을 찾아 빈칸에 알맞은 수를 써넣으세요.

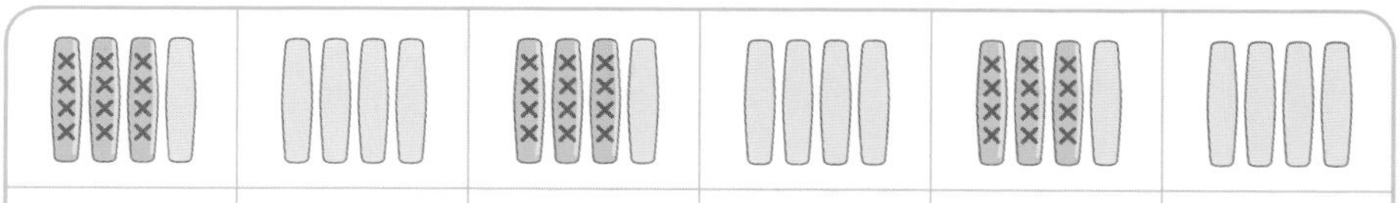

1	4	1			

5 규칙을 바르게 말한 친구를 찾아 이름을 써 보세요.

빨간색, 파란색, 빨간색으로 반복되는 규칙이야.

지우

◇, ○, ○가 반복되는 규칙이야.

규호

(   )

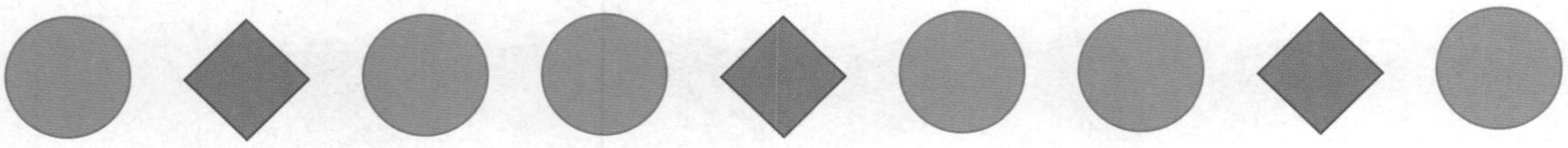

6 규칙에 따라 무늬를 꾸몄을 때 알맞은 모양이 다른 하나를 찾아 기호를 써 보세요.

(   )

7 보기와 같은 규칙에 따라 빈칸에 알맞은 수를 써넣으세요.

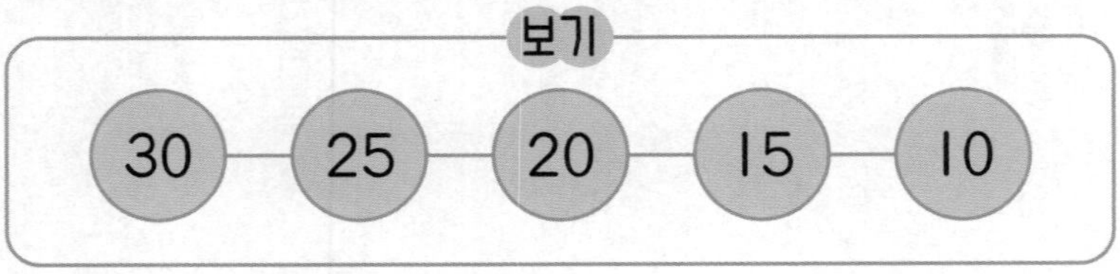

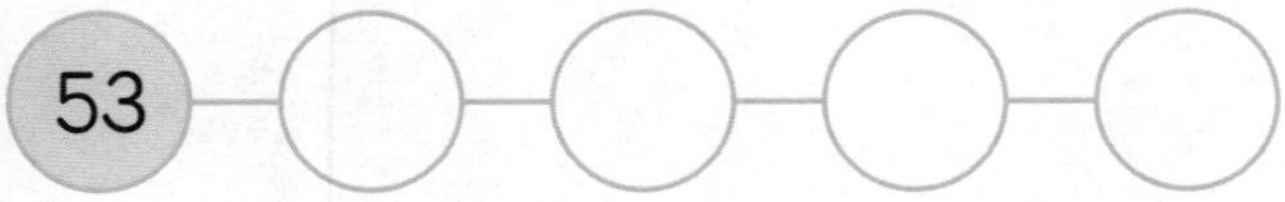

8 찢어진 수 배열표를 보고 △에 알맞은 수를 구해 보세요.

21	22	23	24	25	26
30	31		33		
39					
				△	

(   )

9 보기 의 규칙에 따라 ☆과 ♡로 바르게 나타낸 것을 찾아 ○표 하세요.

보기

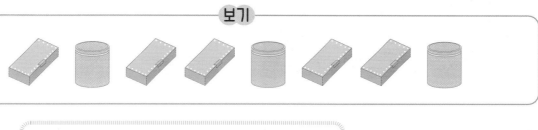

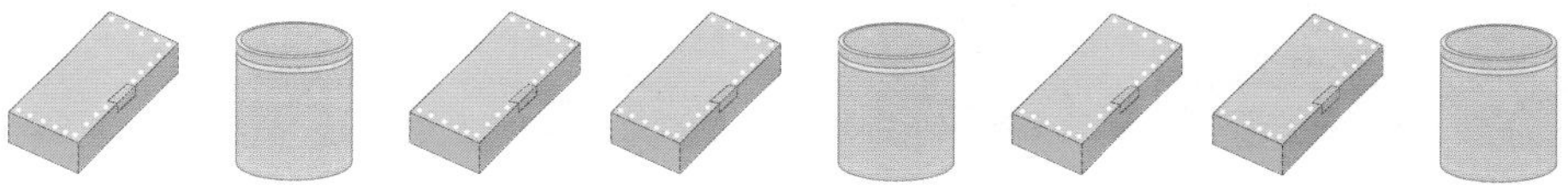

♡☆☆♡☆☆♡☆ (   )

☆♡☆☆♡☆☆♡ (   )

빠른 개념 찾기

틀린 문제는 개념을 다시 확인해 보세요.

개념	문제 번호
01 규칙을 찾아볼까요	1, 5
02 규칙을 만들어 볼까요 (1)	2
03 규칙을 만들어 볼까요 (2)	6
04 수 배열에서 규칙을 찾아볼까요	3, 7
05 수 배열표에서 규칙을 찾아볼까요	8
06 규칙을 여러 가지 방법으로 나타내 볼까요	4, 9

6

덧셈과 뺄셈 (3)

개념	공부 계획
01 덧셈을 알아볼까요	월 일
02 뺄셈을 알아볼까요	월 일
03 덧셈과 뺄셈을 해 볼까요	월 일
단원 마무리하기	월 일

01 덧셈을 알아볼까요

22+4 계산하기

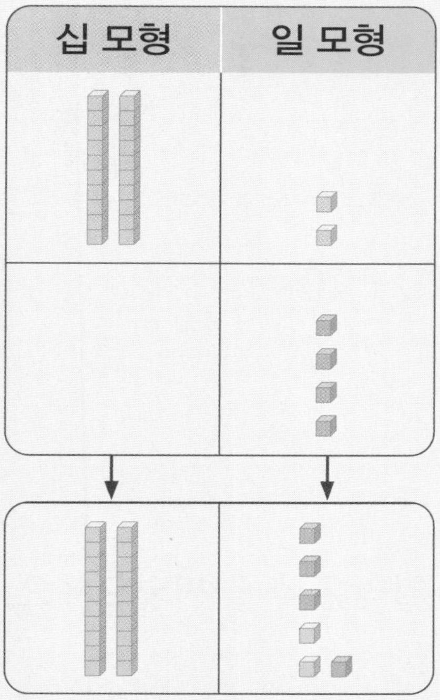

십 모형: 2개
일 모형: 6개
➡ 22+4=26

35+12 계산하기

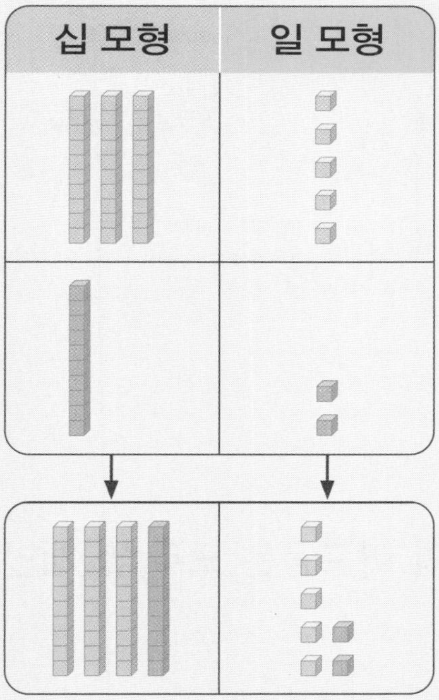

$$\begin{array}{rcc} & 3 & 5 \\ + & 1 & 2 \\ \hline & 4 & 7 \end{array}$$

① 자리를 맞추어 씁니다.
② 일 모형의 수끼리, 십 모형의 수끼리 각각 더합니다.

개념 확인하기

1 16+3을 계산해 보세요.

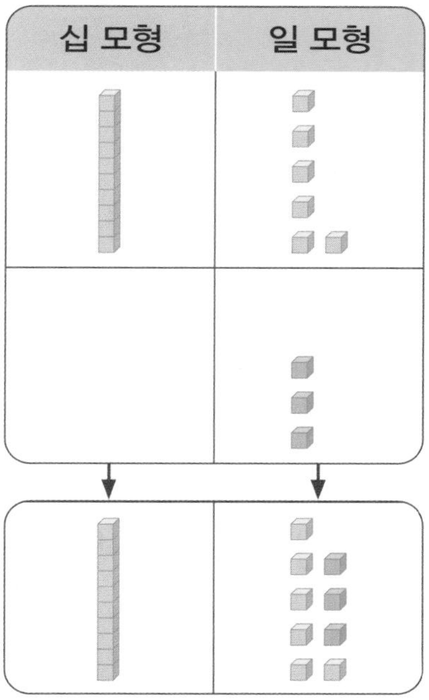

16+3= ☐

2 21+17을 계산해 보세요.

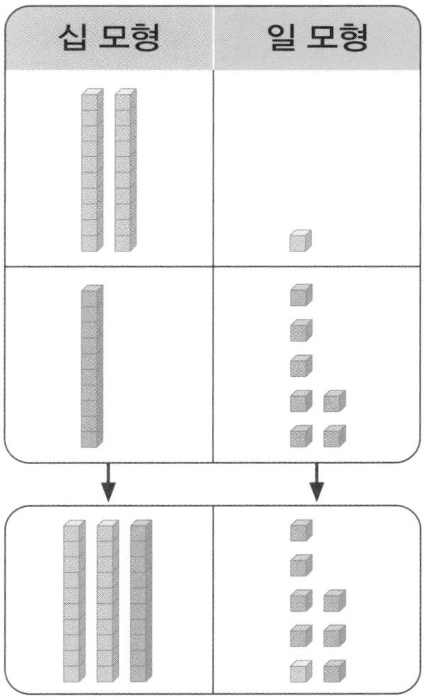

21+17= ☐

교과서 따라 풀기

1 그림을 보고 □ 안에 알맞은 수를 써넣으세요.

(1)

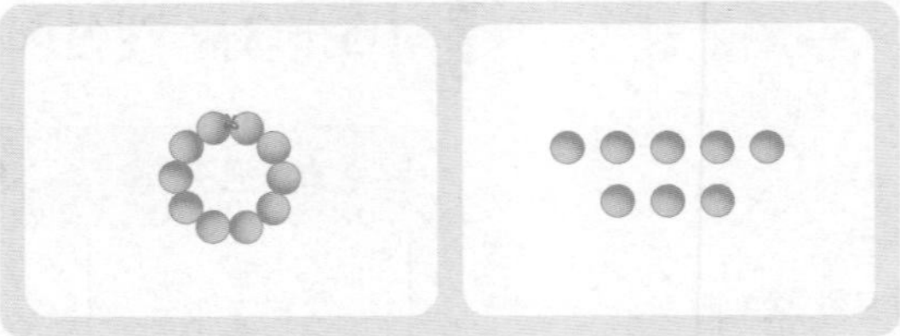

$10+8=$ □

(2)

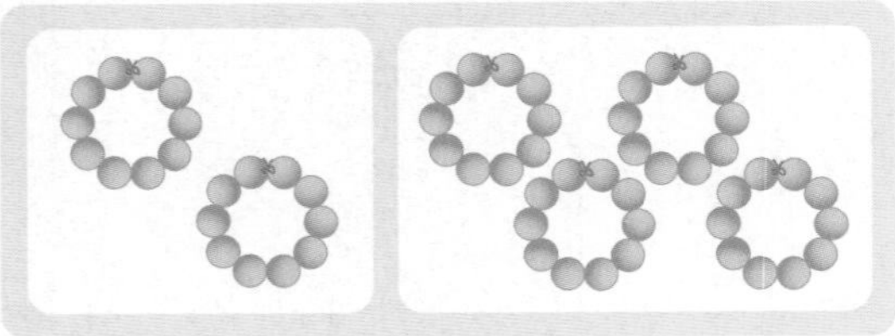

$20+40=$ □

2 팽이가 모두 몇 개인지 구하려고 합니다. □ 안에 알맞은 수를 써넣으세요.

(1)

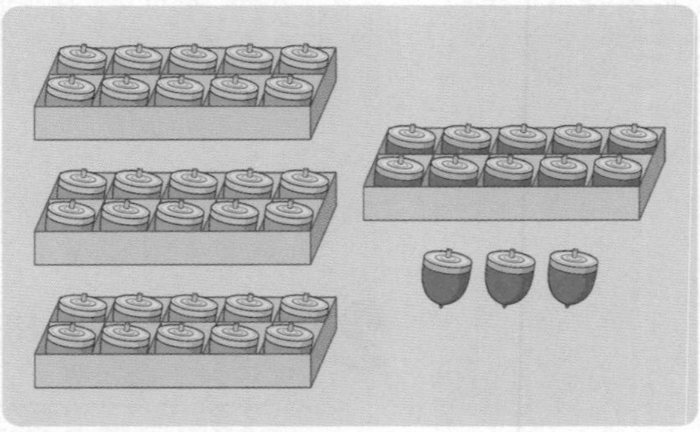

$30+$ □ $=$ □

(2)

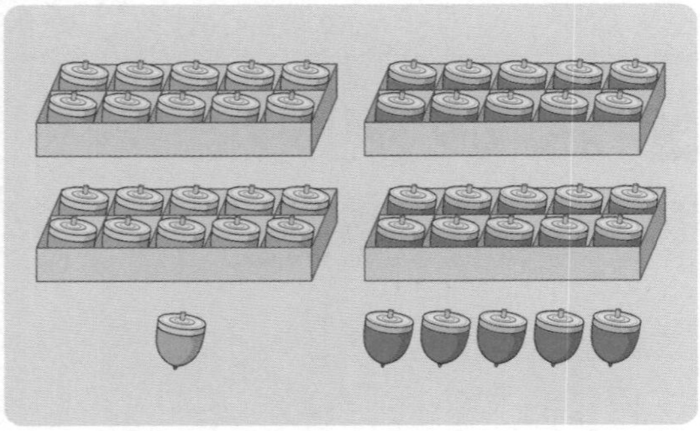

□ $+$ □ $=$ □

3 축구공 20개, 야구공 17개가 있습니다. 축구공과 야구공은 모두 몇 개인가요?

식 ____________________ 답 ____________________

4 현우가 가지고 있는 공깃돌은 42개입니다. 아라는 현우보다 공깃돌 16개를 더 가지고 있다면 아라가 가지고 있는 공깃돌은 모두 몇 개인가요?

$$\begin{array}{r} 4\ 2 \\ +\ \square \\ \hline \square \end{array}$$

답 ________

5 합이 같은 것끼리 이어 보세요.

4+21 •	• 13+12
23+26 •	• 10+37
37+10 •	• 31+18

6 바르게 계산한 친구를 찾아 ○표 하세요.

빨간색 딱지와 파란색 딱지는 모두 73장이야.
2 3 + 5
빨간색 딱지와 파란색 딱지는 모두 28장이야.
2 3 + 5
(　　　)
(　　　)

바른 답 35쪽

1 두 가지 학용품을 골라 더하려고 합니다. 물음에 답하세요.

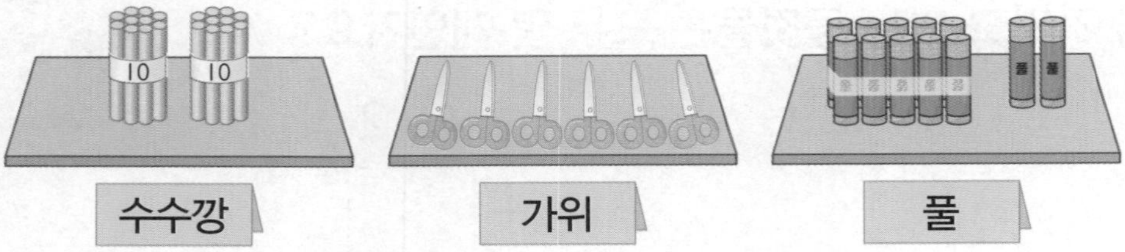

(1) 수수깡과 가위는 모두 몇 개인가요?

( )

(2) 가위와 풀은 모두 몇 개인가요?

( )

2 같은 모양에 있는 수의 합을 구해 보세요.

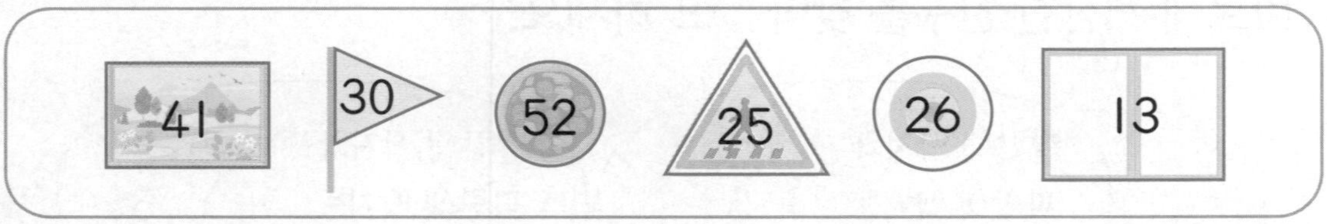

• ■ 모양: ☐ • ▲ 모양: ☐ • ● 모양: ☐

02 뺄셈을 알아볼까요

27－2 계산하기

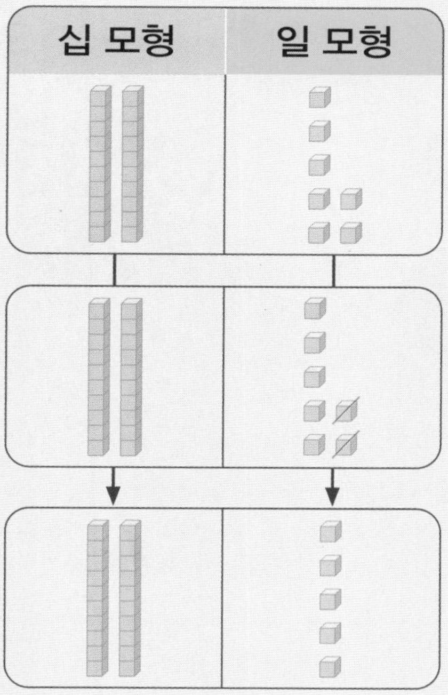

십 모형: 2개
일 모형: 5개
➡ 27－2＝25

34－13 계산하기

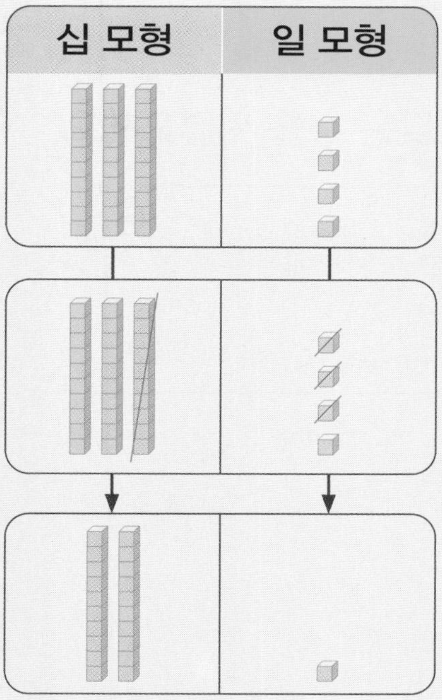

$$\begin{array}{r} 34 \\ -\ 13 \\ \hline 21 \end{array}$$

① 자리를 맞추어 씁니다.
② 일 모형의 수끼리, 십 모형의 수끼리 각각 뺍니다.

개념 확인하기

1 15－3을 계산해 보세요.

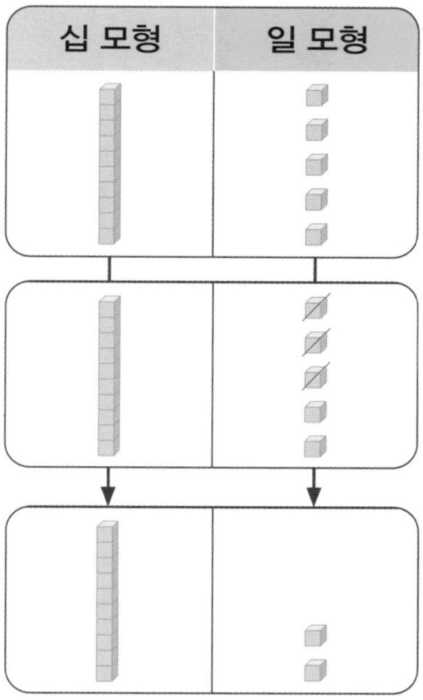

15－3＝[ ]

2 27－11을 계산해 보세요.

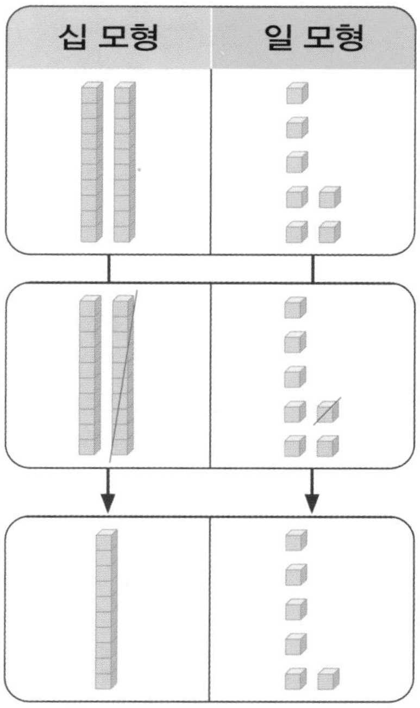

27－11＝[ ]

교과서 따라 풀기

1 그림을 보고 □ 안에 알맞은 수를 써넣으세요.

19마리 중 5마리가 날아갔어.
몇 마리가 남았을까?

19－5＝□

2 남은 떡은 몇 개인지 구하려고 합니다. □ 안에 알맞은 수를 써넣으세요.

(1)

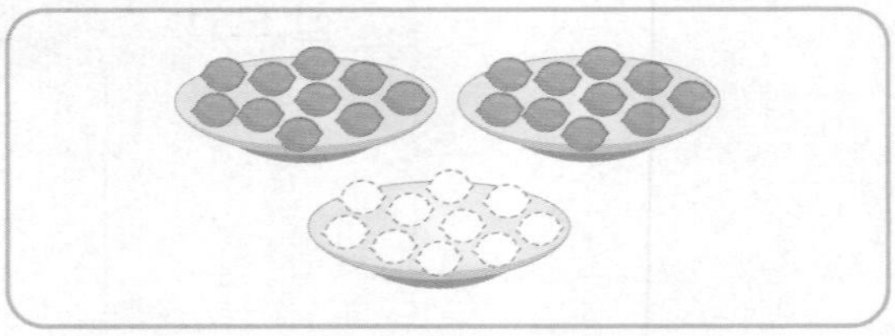

30－□＝□

(2)

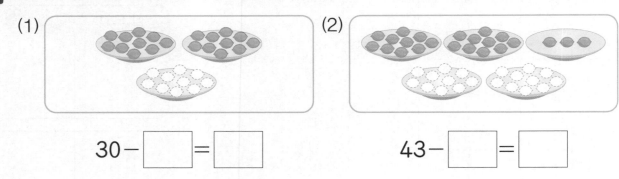

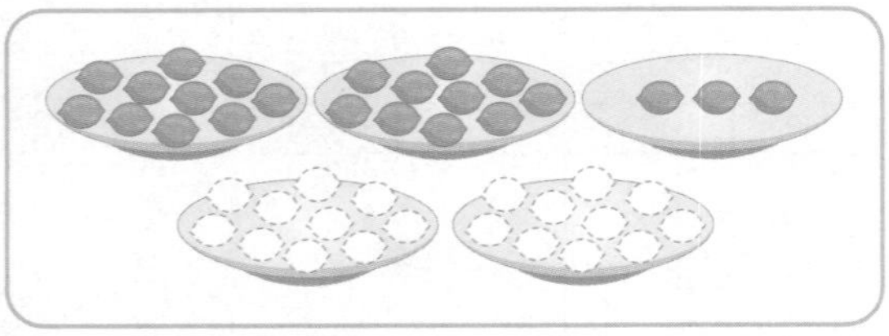

43－□＝□

3 준서는 사탕 26개를, 채은이는 사탕 4개를 가지고 있습니다. 준서는 채은이보다 사탕을 몇 개 더 가지고 있나요?

식 ______________________ 답 ____________

4 유나는 딸기를 28개 땄습니다. 원희는 유나보다 딸기를 17개 더 적게 땄다면 원희가 딴 딸기는 몇 개인가요?

$$\begin{array}{r} 2\ 8 \\ -\ \boxed{} \\ \hline \boxed{} \end{array}$$

답 _____

5 차가 같은 것끼리 이어 보세요.

23−3 •　　　• 25−1

39−15 •　　　• 40−20

45−10 •　　　• 58−23

6 바르게 계산한 친구를 찾아 ○표 하세요.

크로켓은 군옥수수보다 34개 더 많아.

$$\begin{array}{r} 3\ 6 \\ -\ \ 2 \end{array}$$

크로켓은 군옥수수보다 16개 더 많아.

$$\begin{array}{r} 3\ 6 \\ -\ \ 2 \end{array}$$

(　　　)　　　　　　　　　　(　　　)

실력 키우기

바른 답 36쪽

1 빼셈을 하고 알맞게 이어 보세요.

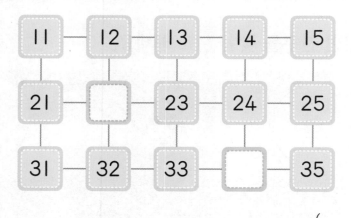

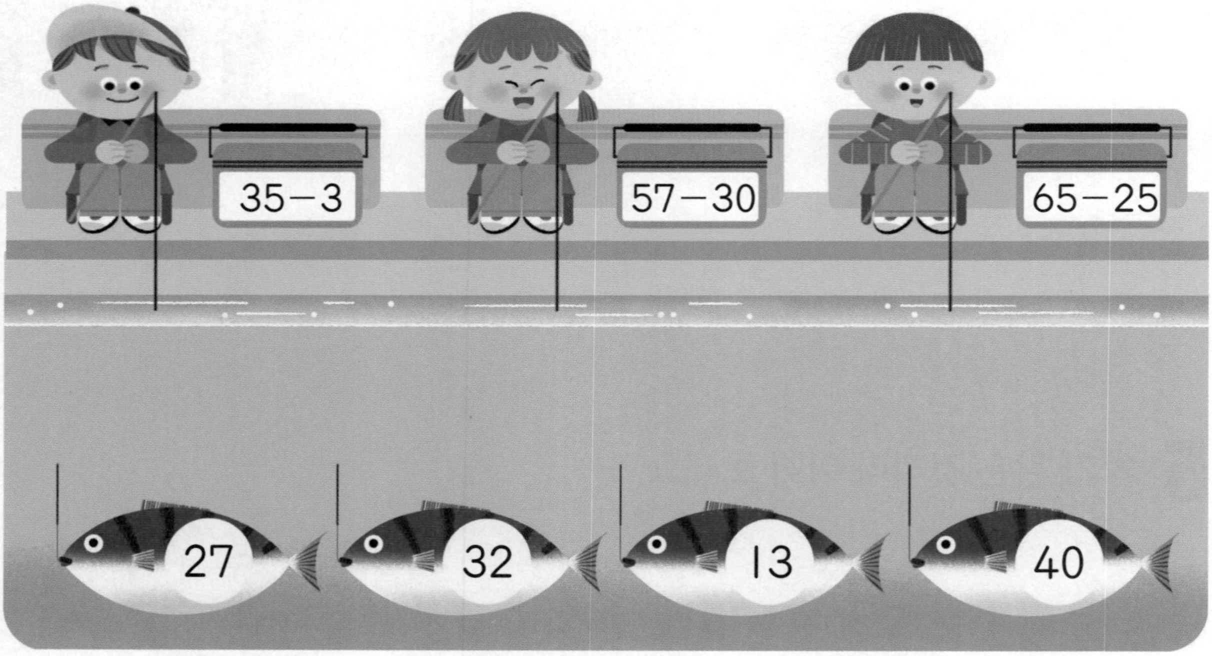

2 규칙에 따라 빈칸에 들어갈 수를 쓰고 두 수의 차를 구해 보세요.

11	12	13	14	15
21		23	24	25
31	32	33		35

( )

03 덧셈과 뺄셈을 해 볼까요

그림을 보고 덧셈식과 뺄셈식으로 나타내기

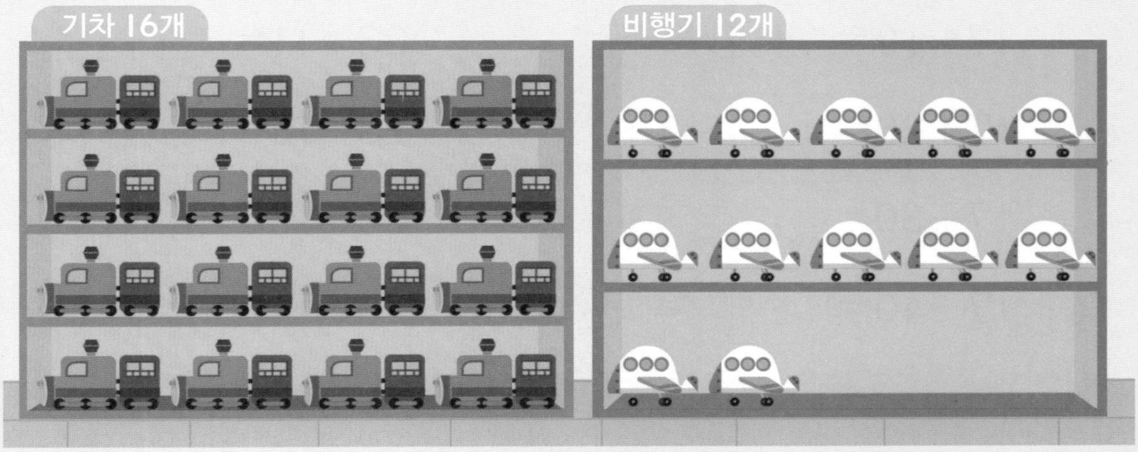

(1) 기차와 비행기는 모두 몇 개인지 덧셈식으로 나타내면 16+12=28입니다.

(2) 기차는 비행기보다 몇 개 더 많은지 뺄셈식으로 나타내면 16−12=4입니다.

모두 몇 개인지 구하려면 덧셈식으로 나타내고
차이, 남는 것을 구하려면 뺄셈식으로 나타냅니다.

개념 확인하기

1 그림을 보고 덧셈식과 뺄셈식으로 나타내 보세요.

(1) 동화책과 만화책은 모두 몇 권인지 덧셈식으로 나타내 보세요.

☐+☐=☐

(2) 동화책은 만화책보다 몇 권 더 많은지 뺄셈식으로 나타내 보세요.

☐−☐=☐

교과서 따라 풀기

1 덧셈과 뺄셈을 해 보세요.

(1)

$17+10=\square$

$17+20=\square$

$17+30=\square$

$17+40=\square$

(2)

$23+11=\square$

$23+12=\square$

$23+13=\square$

$23+14=\square$

(3)

$52-10=\square$

$52-20=\square$

$52-30=\square$

$52-40=\square$

(4)

$46-11=\square$

$46-12=\square$

$46-13=\square$

$46-14=\square$

2 빈칸에 알맞은 수를 써넣으세요.

(1)

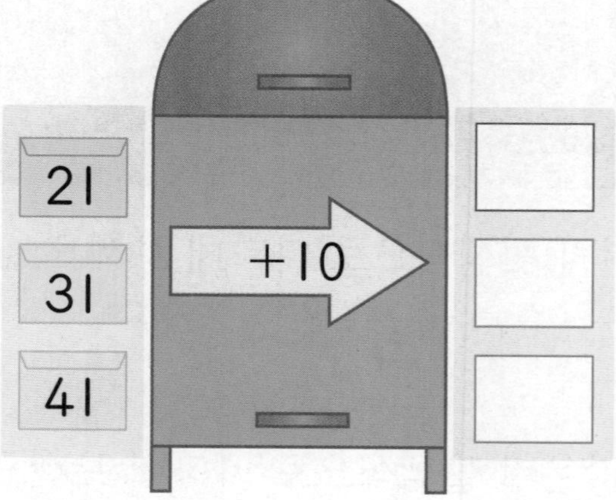

(2)

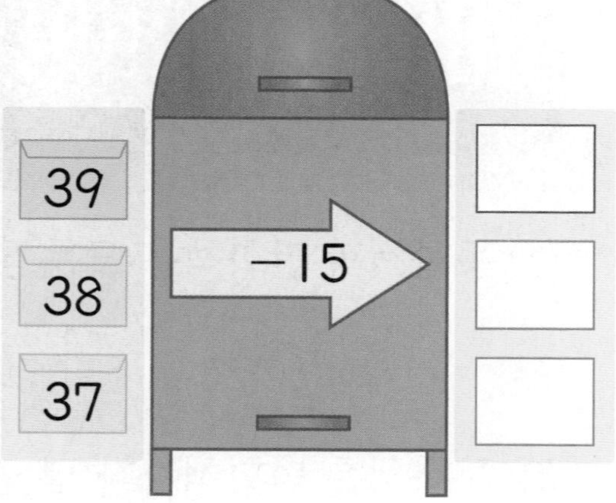

3 그림을 보고 덧셈식과 뺄셈식으로 나타내 보세요.

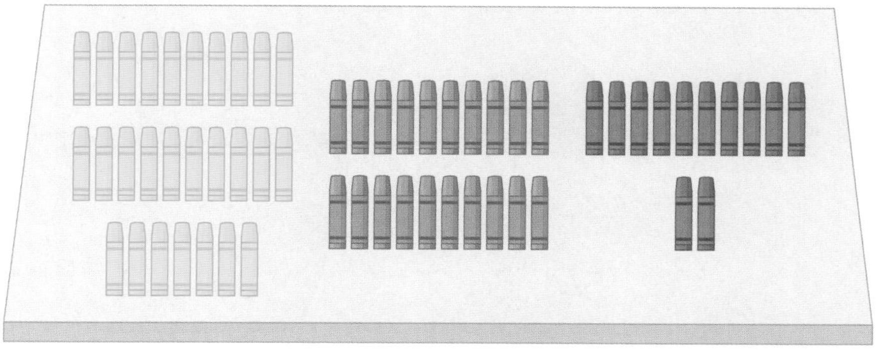

(1)  와  는 모두 몇 개인지 덧셈식으로 나타내 보세요.

$\square + \square = \square$

(2)  는  보다 몇 개 더 많은지 뺄셈식으로 나타내 보세요.

$\square - \square = \square$

4 친구들이 말하는 수를 구해 보세요.

(1)

(   )

(2)

(   )

바른 답 37쪽

1 두 바구니에서 수를 하나씩 골라 식을 써 보세요.

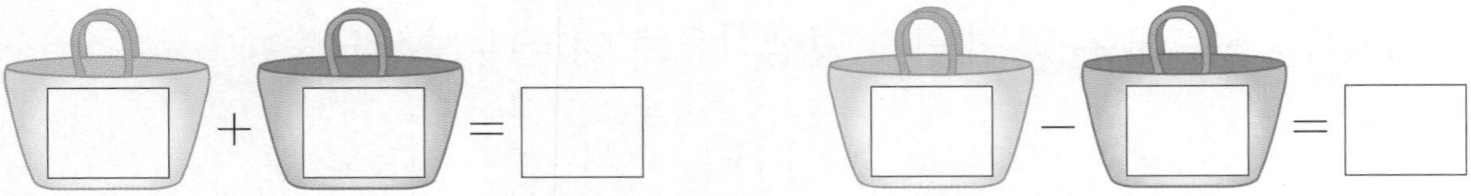

2 연우와 예서가 콩 주머니 던지기 놀이를 하고 있습니다. 연우는 콩 주머니 24개를, 예서는 콩 주머니 14개를 넣었습니다. 물음에 답하세요.

(1) 연우와 예서가 넣은 콩 주머니는 모두 몇 개인가요?

( )

(2) 연우는 예서보다 콩 주머니를 몇 개 더 넣었나요?

( )

단원 마무리하기

1 그림을 보고 덧셈을 해 보세요.

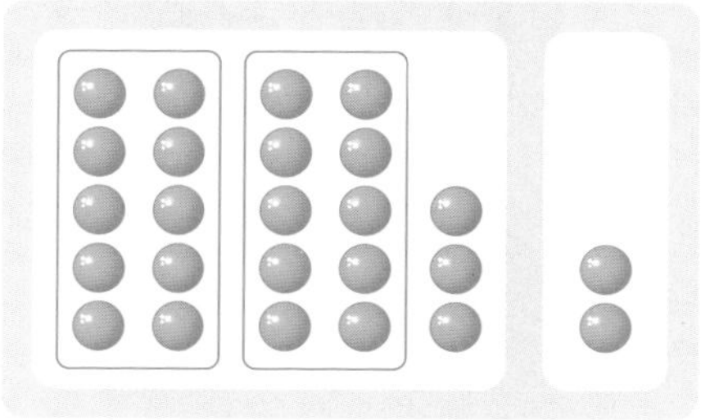

23+2=□

2 남은 단추가 몇 개인지 뺄셈을 해 보세요.

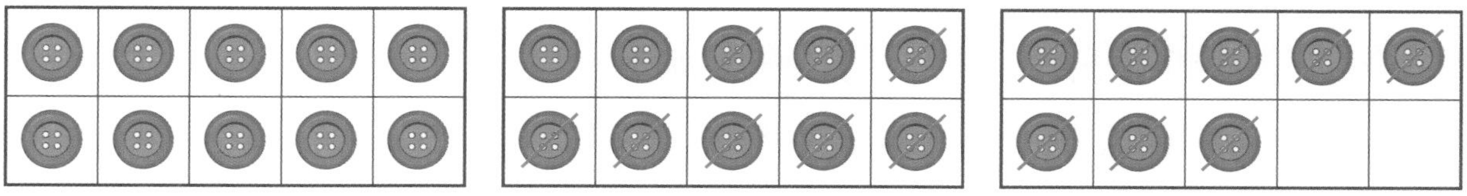

28−16=□

3 계산해 보세요.

(1) 20+30=□

(2) 32−10=□

(3) 25+14=□

(4) 47−35=□

4 계산해 보세요.

(1) 12+5=□

12+4=□

12+3=□

12+2=□

(2) 29−8=□

29−7=□

29−6=□

29−5=□

5 두 수의 합과 차를 각각 구해 보세요.

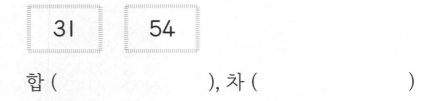

31	54

합 (　　　　　　), 차 (　　　　　　)

6 계산 결과가 가장 큰 것에 ○표, 가장 작은 것에 △표 하세요.

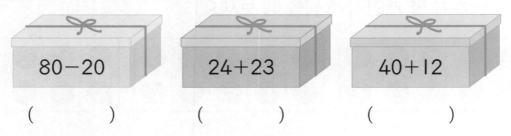

80－20	24＋23	40＋12
(　　)	(　　)	(　　)

7 지한이네 반에서 붙임딱지로 물건을 살 수 있는 학급 시장이 열렸습니다. 학급 시장에 나온 물건을 보고 물음에 답하세요.

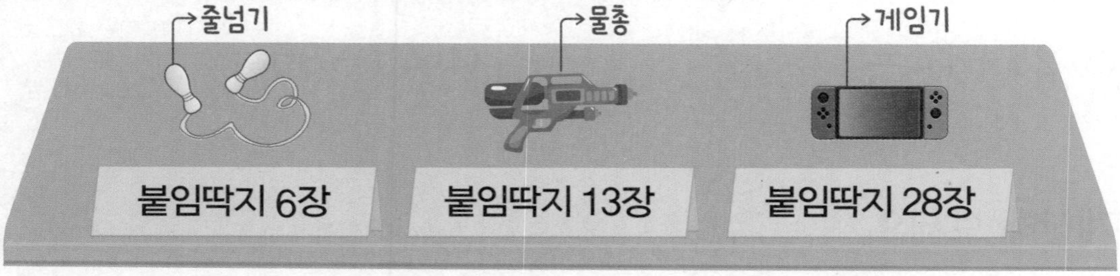

(1) 줄넘기와 물총을 한 개씩 사려면 붙임딱지는 모두 몇 장 필요한가요?

(　　　　　　)

(2) 지한이는 붙임딱지 29장을 가지고 있습니다. 지한이가 게임기를 한 개 사면 붙임딱지는 몇 장 남을까요?

(　　　　　　)

바른 답 38쪽

8 수 카드 두 장을 골라 식을 써 보세요.

20　34　21　45

덧셈식 □ + □ = □　　뺄셈식 □ − □ = □

9 그림을 보고 덧셈식과 뺄셈식으로 나타내 보세요.

(1) 장미와 튤립은 모두 몇 송이인지 덧셈식으로 나타내 보세요.

□ + □ = □

(2) 백합은 국화보다 몇 송이 더 많은지 뺄셈식으로 나타내 보세요.

□ − □ = □

빠른 개념 찾기

틀린 문제는 개념을 다시 확인해 보세요.

개념	문제 번호
01 덧셈을 알아볼까요	1, 3, 5, 6, 7
02 뺄셈을 알아볼까요	2, 3, 5, 6, 7
03 덧셈과 뺄셈을 해 볼까요	4, 8, 9

메모

메모

메모

초등교과 학습서
초코

수학 교과 학습력을 키우는

교과서 달달 풀기

바른 답

초등 수학

1-2

Mirae N 에듀

초등 공부의 핵심 코어를 탄탄하게!

초코

교과서 달달 풀기

01 60, 70, 80, 90을 알아볼까요

개념 확인하기

7쪽

1 (1) 6, 60 (2) 7, 70 (3) 9, 90

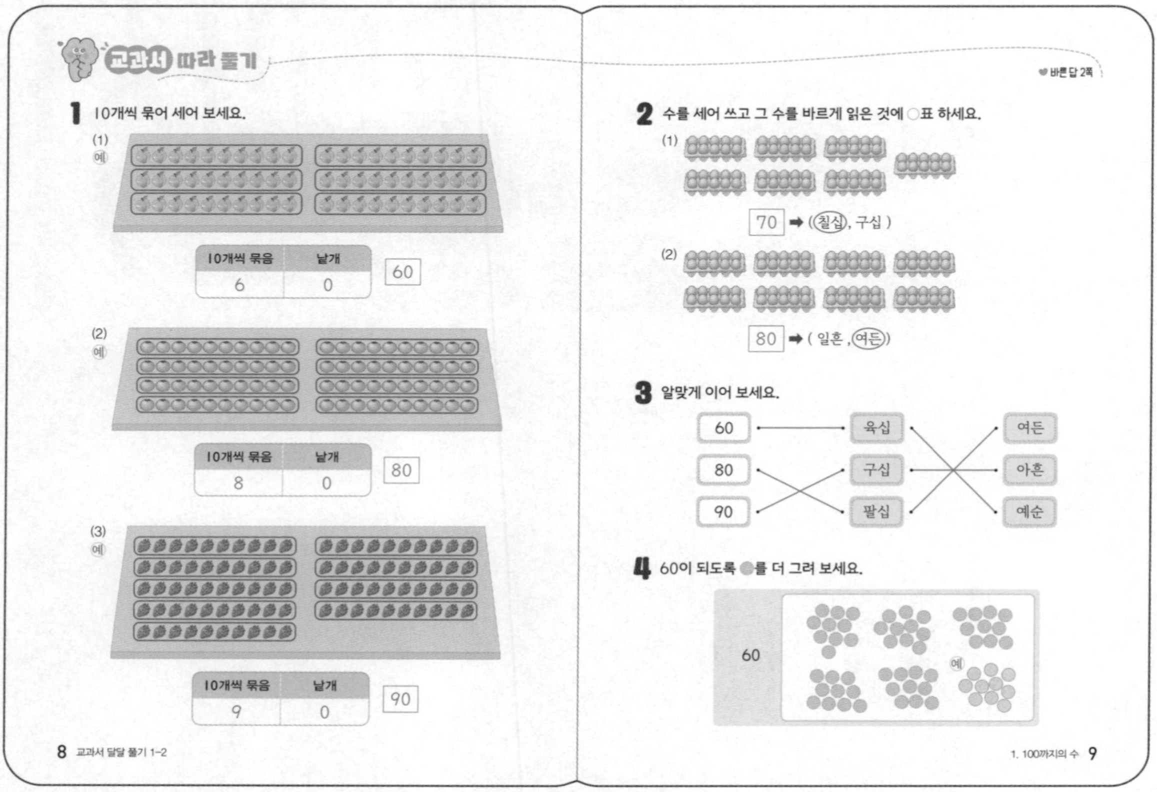

교과서 따라 풀기

1 10개씩 묶어 세어 보세요.

(1) 예

10개씩 묶음	낱개
6	0

60

(2) 예

10개씩 묶음	낱개
8	0

80

(3) 예

10개씩 묶음	낱개
9	0

90

8 교과서 달달 풀기 1-2

바른 답 2쪽

2 수를 세어 쓰고 그 수를 바르게 읽은 것에 ○표 하세요.

(1) 70 ➡ (칠십, 구십)

(2) 80 ➡ (일흔, 여든)

3 알맞게 이어 보세요.

60, 80, 90 / 육십, 구십, 팔십 / 여든, 아흔, 예순

4 60이 되도록 ●를 더 그려 보세요.

60 예

1. 100까지의 수 9

실력 키우기

바른 답 2쪽

1 말하는 수가 다른 친구를 찾아 △표 하세요.

육십 60 여든 예순

( ) ( ) (△) ( )

2 감자를 한 바구니에 10개씩 담으려고 합니다. 감자를 모두 담으려면 바구니는 몇 개 필요한지 구해 보세요.

(9개)

10 교과서 달달 풀기 1-2

교과서 따라 풀기

1 참고 10개씩 묶음 ■개는 ■0입니다.

실력 키우기

1 60: 육십 또는 예순
80: 팔십 또는 여든

2 감자는 10개씩 묶음 9개입니다.
따라서 바구니는 9개 필요합니다.

02 99까지의 수를 알아볼까요

개념 확인하기

11쪽

1 (1) 5, 7, 57 / 5, 8, 58 (2) 8, 2, 82 / 9, 2, 92

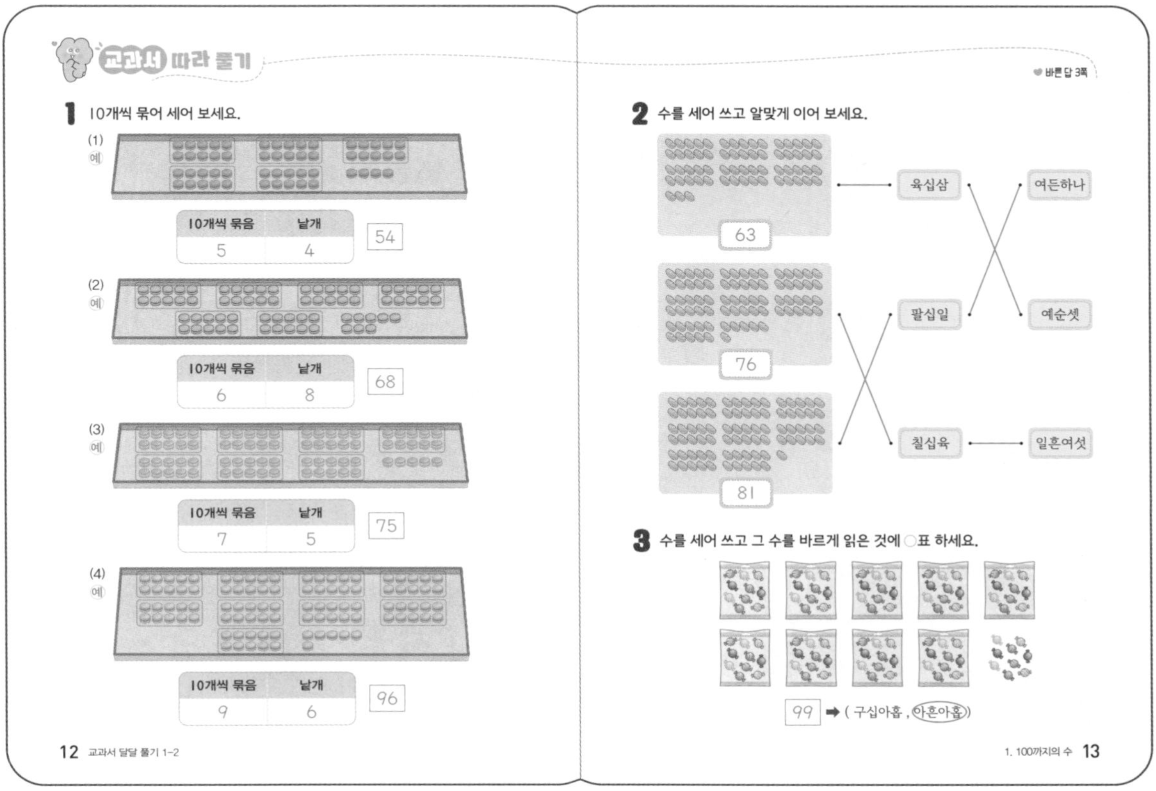

교과서 따라 풀기

바른 답 3쪽

1 10개씩 묶어 세어 보세요.

(1) 예

10개씩 묶음	낱개
5	4

54

(2) 예

10개씩 묶음	낱개
6	8

68

(3) 예

10개씩 묶음	낱개
7	5

75

(4) 예

10개씩 묶음	낱개
9	6

96

2 수를 세어 쓰고 알맞게 이어 보세요.

63, 76, 81

육십삼, 팔십일, 칠십육

여든하나, 예순셋, 일흔여섯

3 수를 세어 쓰고 그 수를 바르게 읽은 것에 ○표 하세요.

99 ➡ (구십아홉 , 아흔아홉)

12 교과서 달달 풀기 1-2

1. 100까지의 수 13

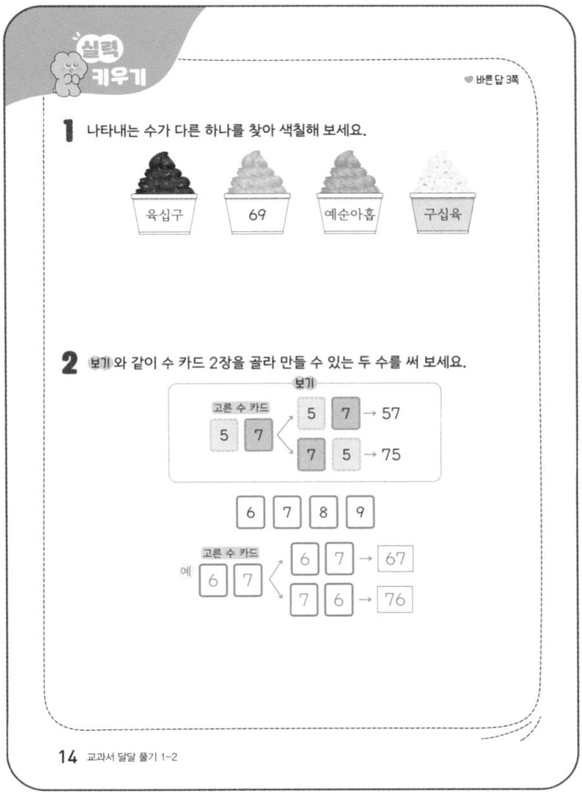

실력 키우기

바른 답 3쪽

1 나타내는 수가 다른 하나를 찾아 색칠해 보세요.

육십구 / 69 / 예순아홉 / 구십육

2 보기 와 같이 수 카드 2장을 골라 만들 수 있는 두 수를 써 보세요.

보기

고른 수 카드 5 7 → 5 7 → 57, 7 5 → 75

6 7 8 9

예 고른 수 카드 6 7 → 6 7 → 67, 7 6 → 76

14 교과서 달달 풀기 1-2

교과서 따라 풀기

1 참고 10개씩 묶음 ■개와 낱개 ▲개는 ■▲입니다.

실력 키우기

1 육십구: 69, 예순아홉: 69, 구십육: 96
따라서 나타내는 수가 다른 하나는 구십육입니다.

2 고른 수 카드 2장이 6, 7이면 만들 수 있는 두 수는 67, 76입니다.

03 수를 넣어 이야기를 해 볼까요

개념 확인하기

15쪽

1 (1) 육십에 ○표 (2) 오십칠에 ○표

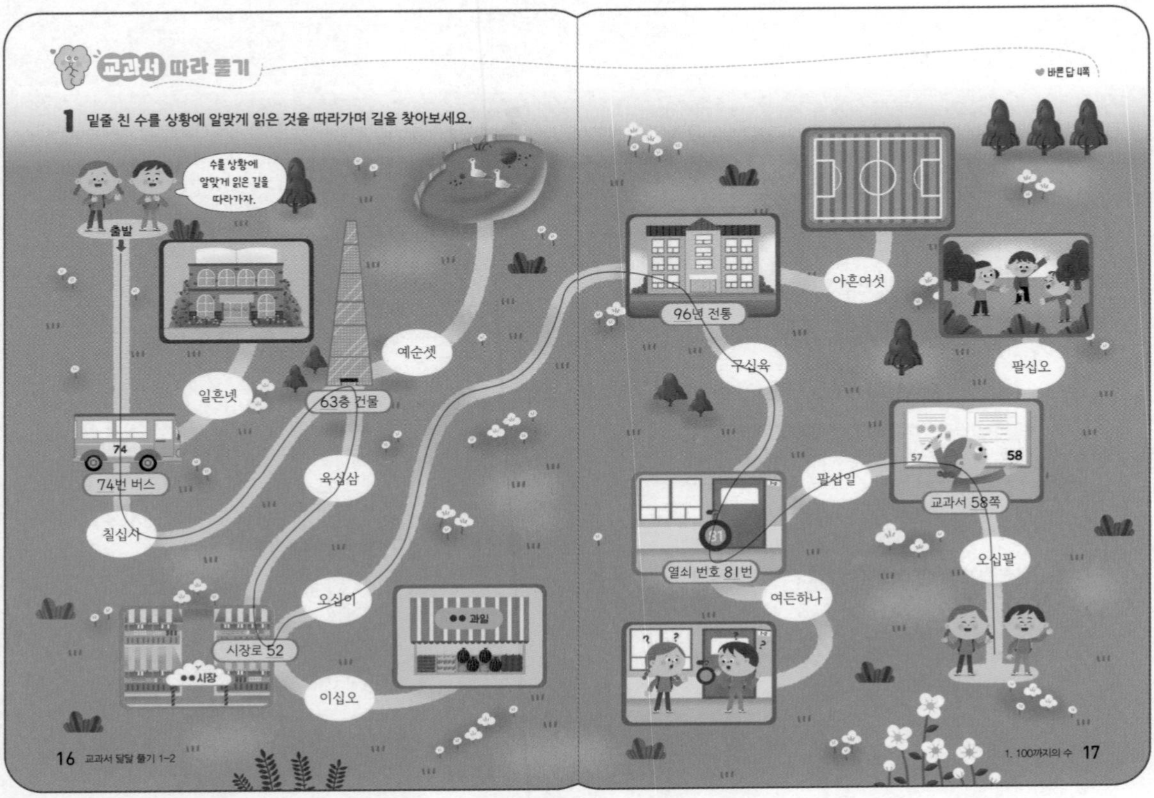

교과서 따라 풀기
바른 답 4쪽
1 밑줄 친 수를 상황에 알맞게 읽은 것을 따라가며 길을 찾아보세요.
수를 상황에 알맞게 읽은 길을 따라가자.
출발
일흔넷
63층 건물
예순셋
74번 버스
칠십사
육십삼
오십이
시장로 52
이십오
96번 전통
아흔여섯
구십육
팔십오
팔십일
교과서 58쪽
열쇠 번호 81번
여든하나
오십팔
16 교과서 달달 풀기 1-2
1. 100까지의 수 17

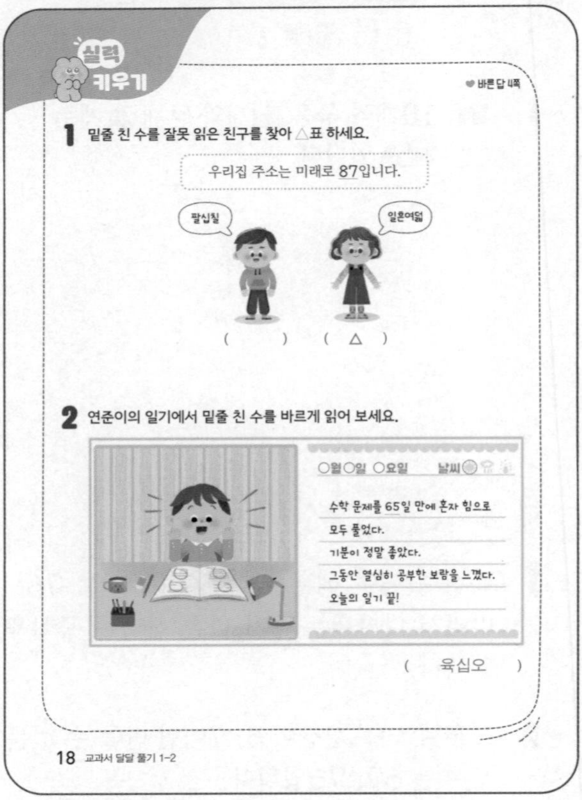

실력 키우기
바른 답 4쪽
1 밑줄 친 수를 잘못 읽은 친구를 찾아 △표 하세요.
우리집 주소는 미래로 87입니다.
팔십칠
일흔여덟
( ) (△)
2 연준이의 일기에서 밑줄 친 수를 바르게 읽어 보세요.
○월○일 ○요일 날씨
수학 문제를 65일 만에 혼자 힘으로
모두 풀었다.
기분이 정말 좋았다.
그동안 열심히 공부한 보람을 느꼈다.
오늘의 일기 끝!
(육십오)
18 교과서 달달 풀기 1-2

실력 키우기

1 도로명 주소를 읽을 때에는 팔십칠이라고 읽어야 합니다.

2 날수를 읽을 때에는 육십오 일이라고 읽어야 합니다.

04 수의 순서를 알아볼까요

개념 확인하기

19쪽

1 56, 59 / 64, 67, 70 / 71, 75, 78 / 83, 89 / 92, 100

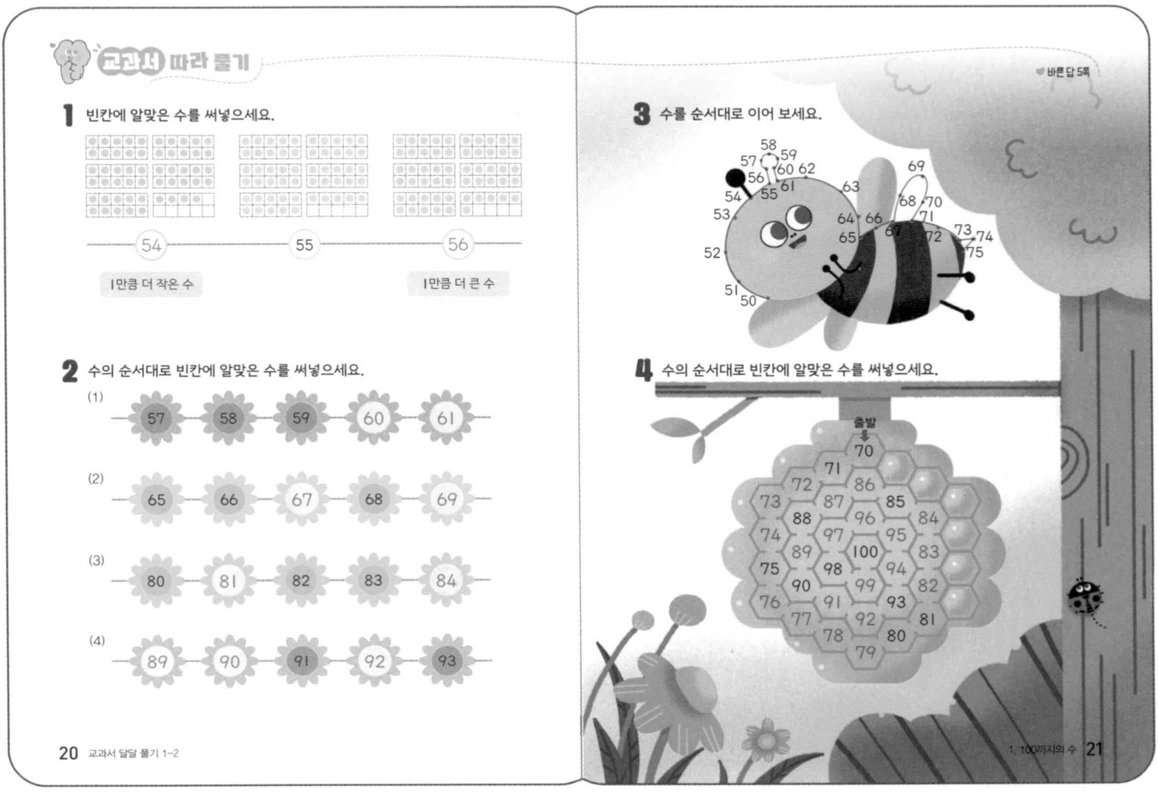

교과서 따라 풀기

1 빈칸에 알맞은 수를 써넣으세요.

54 55 56

1만큼 더 작은 수 1만큼 더 큰 수

2 수의 순서대로 빈칸에 알맞은 수를 써넣으세요.

(1) 57 58 59 60 61

(2) 65 66 67 68 69

(3) 80 81 82 83 84

(4) 89 90 91 92 93

바른 답 5쪽

3 수를 순서대로 이어 보세요.

4 수의 순서대로 빈칸에 알맞은 수를 써넣으세요.

출발 70

20 교과서 달달 풀기 1-2

1. 100까지의 수 21

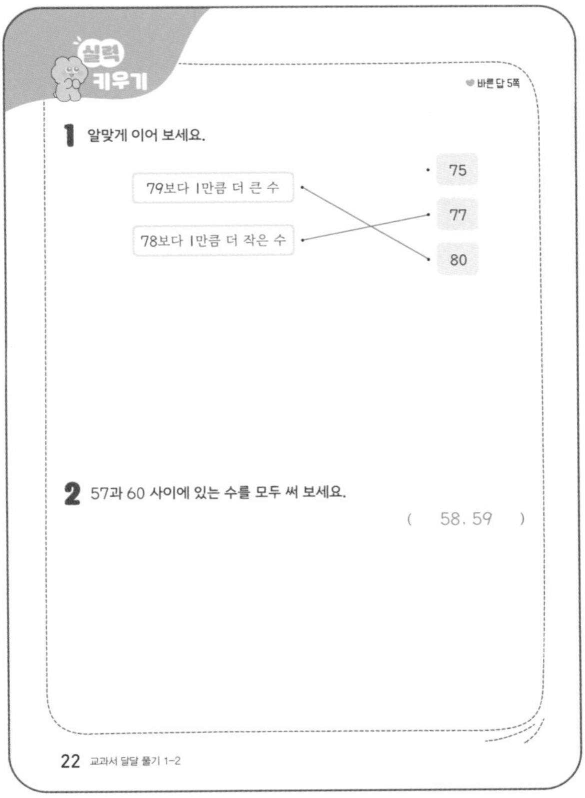

실력 키우기

바른 답 5쪽

1 알맞게 이어 보세요.

79보다 1만큼 더 큰 수 · · 75

78보다 1만큼 더 작은 수 · · 77

· 80

2 57과 60 사이에 있는 수를 모두 써 보세요.

(58, 59)

22 교과서 달달 풀기 1-2

실력 키우기

2 57부터 60까지의 수를 순서대로 쓰면 57, 58, 59, 60 이므로 57과 60 사이에 있는 수는 58, 59입니다.

참고 □와 △ 사이에 있는 수에는 □와 △가 포함되지 않습니다.

05 수의 크기를 비교해 볼까요

개념 확인하기

23쪽

1 (1) < (2) >

교과서 따라 풀기

♥ 바른답 6쪽

1 수를 세어 크기를 비교해 보세요.

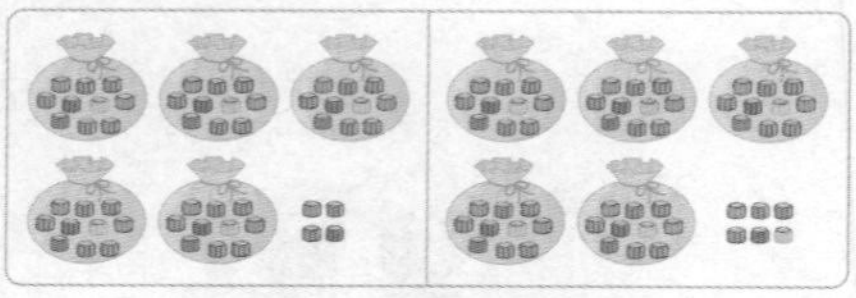

• 54는 [56] 보다 (큽니다 , (작습니다)).

• [56] 은/는 54보다 ((큽니다), 작습니다).

2 두 수의 크기를 비교하여 ○ 안에 >, <를 알맞게 써넣으세요.

(1)

82 (>) 69

(2)

73 (<) 78

3 두 수의 크기를 비교하여 ○ 안에 >, <를 알맞게 써넣으세요.

(1) 60 (>) 57 (2) 85 (<) 89

4 가장 큰 수에 ○표, 가장 작은 수에 △표 하세요.

(86) 77 △68

5 훌라후프를 가장 많이 돌린 친구를 찾아 ○표 하세요.

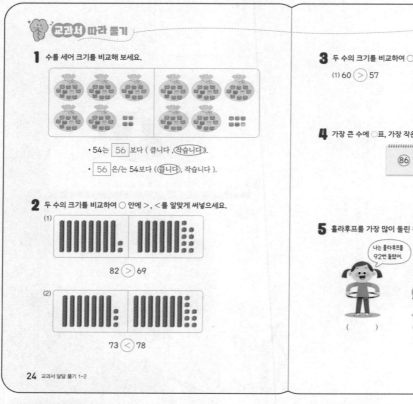

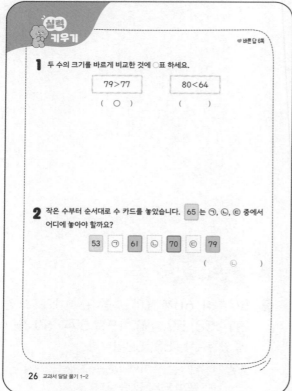

나는 훌라후프를 92번 돌렸어.
나는 훌라후프를 90번 돌렸어.
나는 훌라후프를 96번 돌렸어.

( ) ( ) (○)

실력 키우기

♥ 바른답 6쪽

1 두 수의 크기를 바르게 비교한 것에 ○표 하세요.

79>77	80<64
(○)	( )

2 작은 수부터 순서대로 수 카드를 놓았습니다. [65] 는 ㉠, ㉡, ㉢ 중에서 어디에 놓아야 할까요?

[53] [㉠] [61] [㉡] [70] [㉢] [79]

(㉡)

교과서 따라 풀기

4 10개씩 묶음의 수를 비교하면 8이 가장 크고 6이 가장 작습니다.
➡ 86이 가장 큰 수이고 68이 가장 작은 수입니다.

5 92, 90, 96의 10개씩 묶음의 수가 9로 같으므로 낱개의 수를 비교하면 6이 가장 큽니다.
➡ 96이 가장 큰 수입니다.

실력 키우기

1 10개씩 묶음의 수가 클수록 더 큰 수입니다.
➡ 80>64

2 65>53, 65>61, 65<70, 65<79
따라서 65는 61보다 크고 70보다 작으므로 ㉡에 놓아야 합니다.

06 짝수와 홀수를 알아볼까요

개념 확인하기

27쪽

1 (1) 짝수에 ○표 (2) 홀수에 ○표

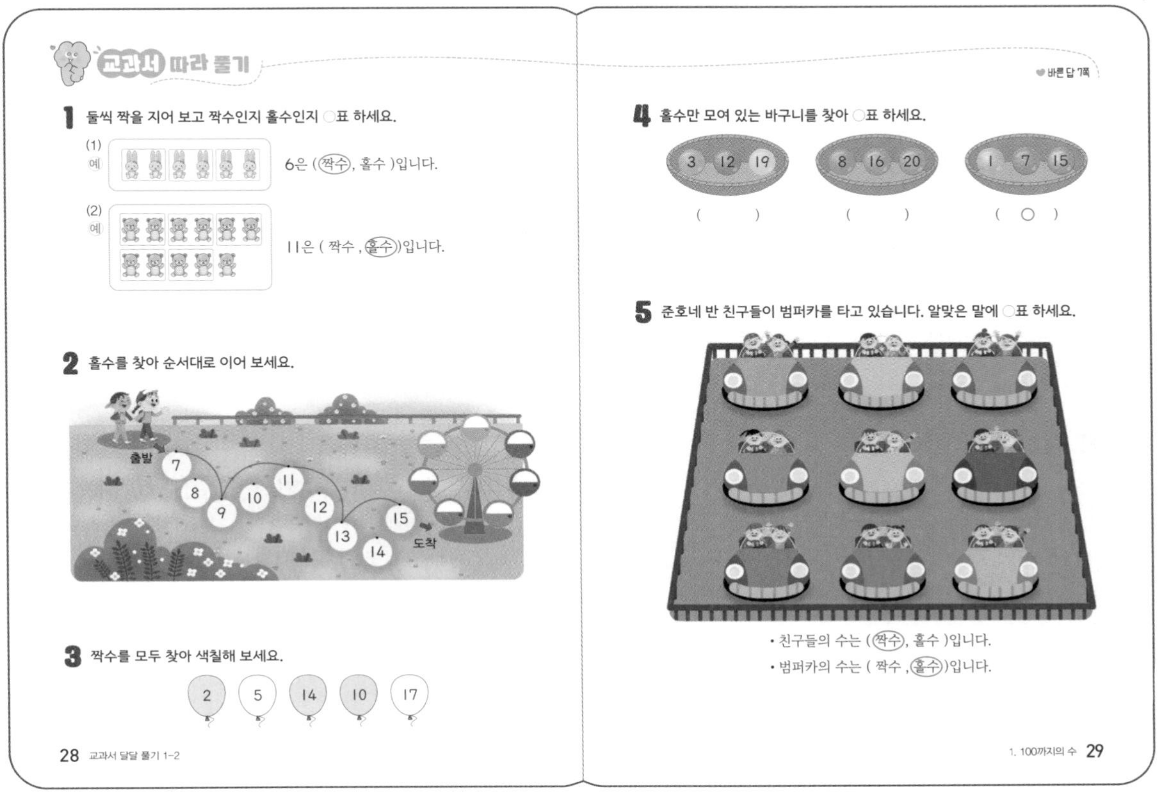

교과서 따라 풀기

바른답 7쪽

1 둘씩 짝을 지어 보고 짝수인지 홀수인지 ○표 하세요.

(1) 예 6은 (짝수, 홀수)입니다.

(2) 예 11은 (짝수, 홀수)입니다.

2 홀수를 찾아 순서대로 이어 보세요.

3 짝수를 모두 찾아 색칠해 보세요.

28 교과서 달달 풀기 1-2

4 홀수만 모여 있는 바구니를 찾아 ○표 하세요.

( ) ( ) (○)

5 준호네 반 친구들이 범퍼카를 타고 있습니다. 알맞은 말에 ○표 하세요.

• 친구들의 수는 (짝수, 홀수)입니다.

• 범퍼카의 수는 (짝수, 홀수)입니다.

1. 100까지의 수 29

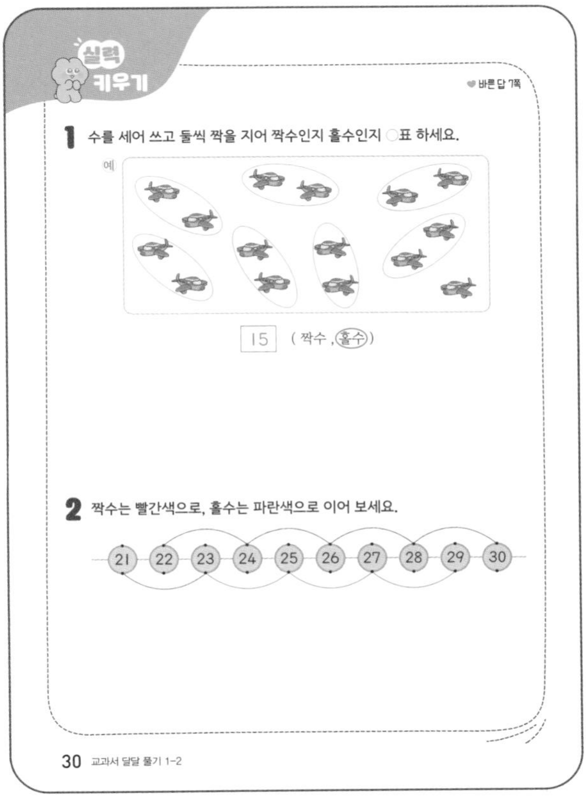

실력 키우기

바른답 7쪽

1 수를 세어 쓰고 둘씩 짝을 지어 짝수인지 홀수인지 ○표 하세요.

예

15 (짝수, 홀수)

2 짝수는 빨간색으로, 홀수는 파란색으로 이어 보세요.

30 교과서 달달 풀기 1-2

교과서 따라 풀기

4 • 첫 번째 바구니: 3, 19는 홀수이고 12는 짝수입니다.

• 두 번째 바구니: 8, 16, 20은 모두 짝수입니다.

• 세 번째 바구니: 1, 7, 15는 모두 홀수입니다.

5 • 모든 친구가 짝이 있으므로 친구들의 수는 짝수입니다.

• 범퍼카는 둘씩 짝을 지을 때 남는 것이 있으므로 홀수입니다.

실력 키우기

1 비행기 15대는 둘씩 짝을 지을 때 남는 것이 있으므로 15는 홀수입니다.

단원 마무리하기

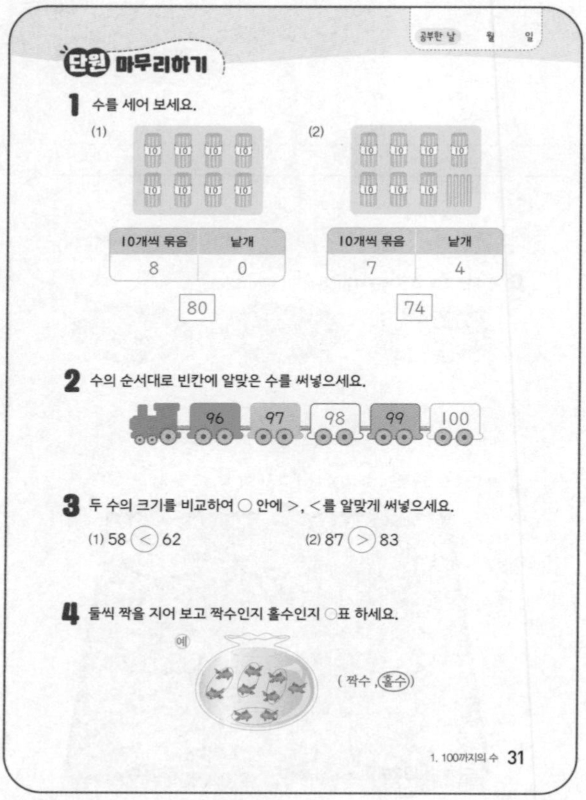

단원 마무리하기

공부한 날 월 일

1 수를 세어 보세요.

(1)

10개씩 묶음	낱개
8	0

80

(2)

10개씩 묶음	낱개
7	4

74

2 수의 순서대로 빈칸에 알맞은 수를 써넣으세요.

96, 97, 98, 99, 100

3 두 수의 크기를 비교하여 ○ 안에 >, <를 알맞게 써넣으세요.

(1) 58 < 62 (2) 87 > 83

4 둘씩 짝을 지어 보고 짝수인지 홀수인지 ○표 하세요.

예

(짝수 , 홀수)

1. 100까지의 수 31

7 ㉡ 층수를 읽을 때에는 팔십구 층이라고 읽어야 합니다.

8 78부터 82까지의 수를 순서대로 쓰면 78, 79, 80, 81, 82 이므로 78과 82 사이에 있는 수는 79, 80, 81입니다.
따라서 78과 82 사이에 있는 수는 모두 3개입니다.

9 □ 안에 8을 넣으면 58=58이 되므로 5□가 58보다 크려면 □ 안에 8보다 큰 수를 넣어야 합니다.
따라서 □ 안에 들어갈 수 있는 수는 9입니다.

10 홀수는 낱개의 수가 1, 3, 5, 7, 9인 수입니다.
따라서 홀수는 27, 31, 43, 35로 모두 4개입니다.

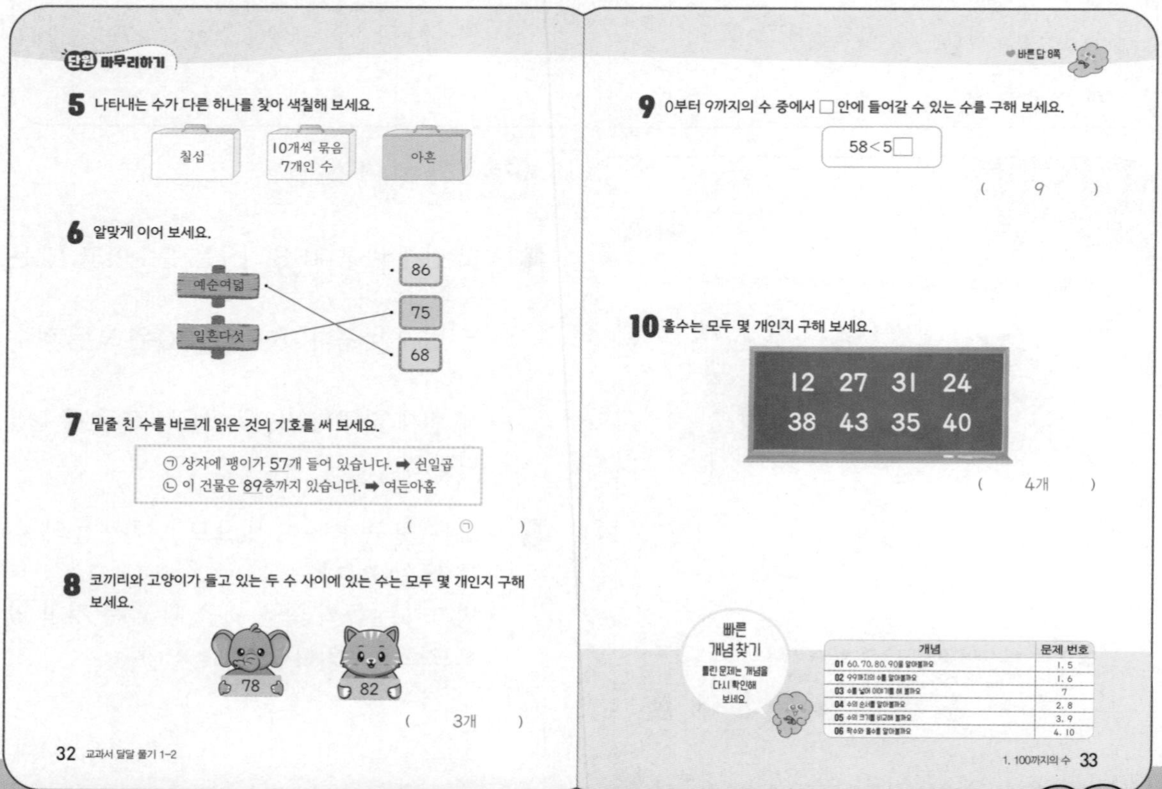

단원 마무리하기

5 나타내는 수가 다른 하나를 찾아 색칠해 보세요.

칠십 / 10개씩 묶음 7개인 수 / 아흔

6 알맞게 이어 보세요.

예순여덟 — 68
일흔다섯 — 75
86

7 밑줄 친 수를 바르게 읽은 것의 기호를 써 보세요.

㉠ 상자에 팽이가 57개 들어 있습니다. ➡ 쉰일곱
㉡ 이 건물은 89층까지 있습니다. ➡ 여든아홉

(㉠)

8 코끼리와 고양이가 들고 있는 두 수 사이에 있는 수는 모두 몇 개인지 구해 보세요.

78 82

(3개)

32 교과서 달달 풀기 1-2

바른답 8쪽

9 0부터 9까지의 수 중에서 □ 안에 들어갈 수 있는 수를 구해 보세요.

58<5□

(9)

10 홀수는 모두 몇 개인지 구해 보세요.

12 27 31 24
38 43 35 40

(4개)

빠른 개념 찾기
틀린 문제는 개념을 다시 확인해 보세요.

개념	문제 번호
01 60, 70, 80, 90을 알아볼까요	1, 5
02 99까지의 수를 알아볼까요	1, 6
03 수를 넣어 이야기를 해 볼까요	7
04 수의 순서를 알아볼까요	2, 8
05 수의 크기를 비교해 볼까요	3, 9
06 짝수와 홀수를 알아볼까요	4, 10

1. 100까지의 수 33

07 세 수의 덧셈을 해 볼까요

개념 확인하기

35쪽

1 5, 5, 8 / 8　**2** (1) 2, 1, 2　(2) 1, 2, 5(또는 2, 1, 5)

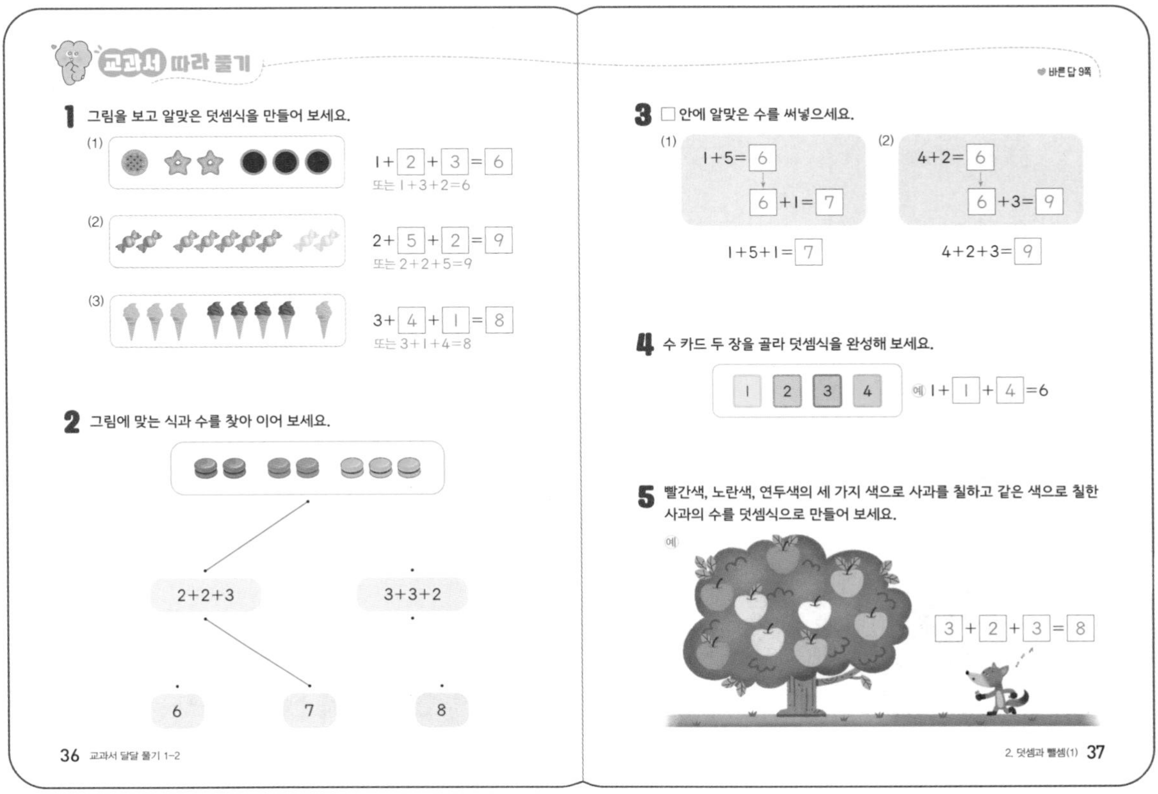

교과서 따라 풀기

바른 답 9쪽

1 그림을 보고 알맞은 덧셈식을 만들어 보세요.

(1) 1+ 2 + 3 = 6
또는 1+3+2=6

(2) 2+ 5 + 2 = 9
또는 2+2+5=9

(3) 3+ 4 + 1 = 8
또는 3+1+4=8

2 그림에 맞는 식과 수를 찾아 이어 보세요.

2+2+3　3+3+2

6　7　8

36 교과서 달달 풀기 1-2

3 □ 안에 알맞은 수를 써넣으세요.

(1) 1+5= 6
6 +1= 7
1+5+1= 7

(2) 4+2= 6
6 +3= 9
4+2+3= 9

4 수 카드 두 장을 골라 덧셈식을 완성해 보세요.

1　2　3　4

예 1+ 1 + 4 =6

5 빨간색, 노란색, 연두색의 세 가지 색으로 사과를 칠하고 같은 색으로 칠한 사과의 수를 덧셈식으로 만들어 보세요.

예

3 + 2 + 3 = 8

2. 덧셈과 뺄셈(1) 37

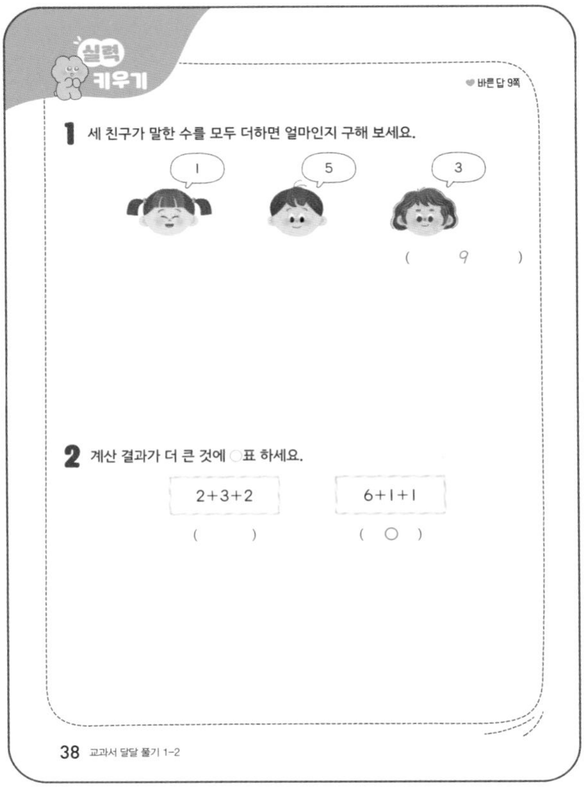

실력 키우기

바른 답 9쪽

1 세 친구가 말한 수를 모두 더하면 얼마인지 구해 보세요.

1　5　3

(9)

2 계산 결과가 더 큰 것에 ○표 하세요.

2+3+2　6+1+1

(　)　(○)

38 교과서 달달 풀기 1-2

교과서 따라 풀기

4 1+1+4=6, 1+4+1=6,
1+2+3=6, 1+3+2=6

5 세 가지 색으로 사과를 칠하고 같은 색으로 칠한 사과의 수를 세어서 덧셈식으로 나타냅니다.

실력 키우기

1 (세 친구가 말한 수의 합)
=1+5+3=6+3=9

2 •2+3+2=5+2=7
•6+1+1=7+1=8
➡ 7<8

02 세 수의 뺄셈을 해 볼까요

개념 확인하기

39쪽

1 3, 3, 1 / 1 **2** (1) 1, 2 (2) 1, 2, 3(또는 2, 1, 3)

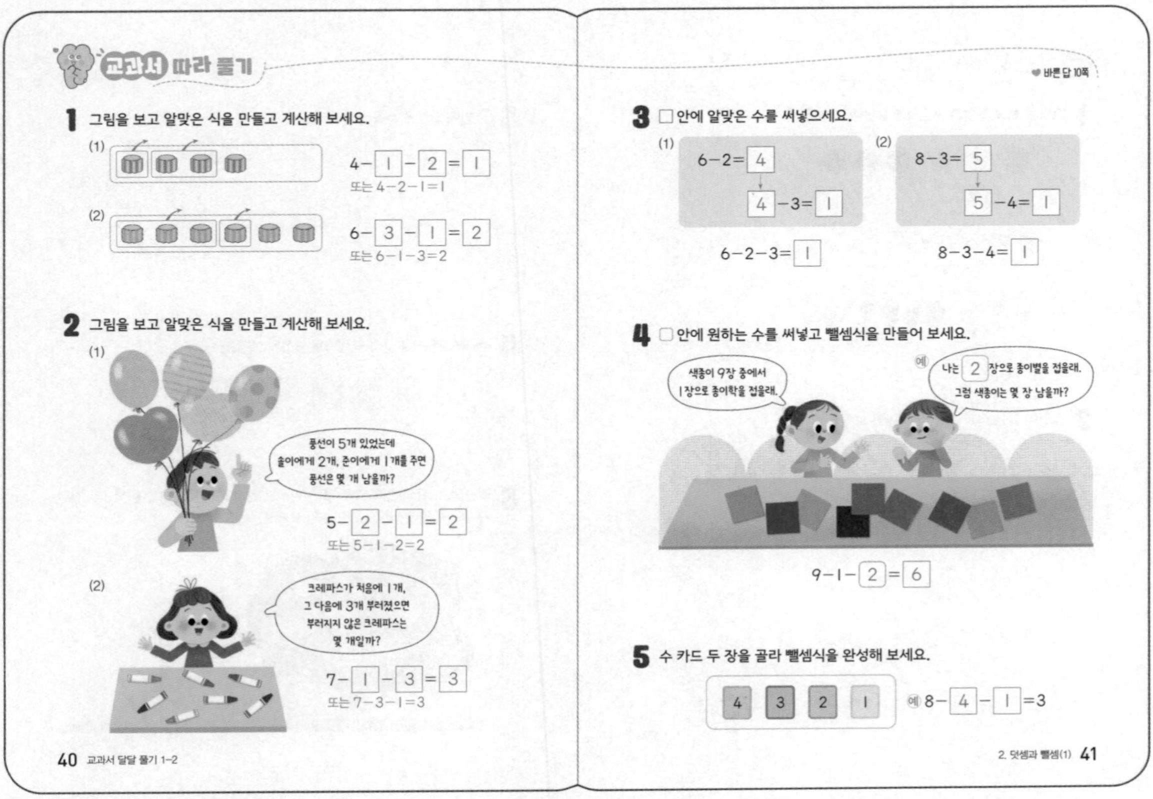
교과서 따라 풀기

바른 답 10쪽

1 그림을 보고 알맞은 식을 만들고 계산해 보세요.

(1) 4−1−2=1 또는 4−2−1=1

(2) 6−3−1=2 또는 6−1−3=2

2 그림을 보고 알맞은 식을 만들고 계산해 보세요.

(1) 풍선이 5개 있었는데 솔이에게 2개, 준이에게 1개를 주면 풍선은 몇 개 남을까?

5−2−1=2 또는 5−1−2=2

(2) 크레파스가 처음에 1개, 그 다음에 3개 부러졌으면 부러지지 않은 크레파스는 몇 개일까?

7−1−3=3 또는 7−3−1=3

40 교과서 달달 풀기 1-2

3 □안에 알맞은 수를 써넣으세요.

(1) 6−2=4, 4−3=1, 6−2−3=1

(2) 8−3=5, 5−4=1, 8−3−4=1

4 □안에 원하는 수를 써넣고 뺄셈식을 만들어 보세요.

색종이 9장 중에서 1장으로 종이학을 접을래.

예 나는 2 장으로 종이별을 접을래. 그럼 색종이는 몇 장 남을까?

9−1−2=6

5 수 카드 두 장을 골라 뺄셈식을 완성해 보세요.

4 3 2 1

예 8−4−1=3

2. 덧셈과 뺄셈(1) 41

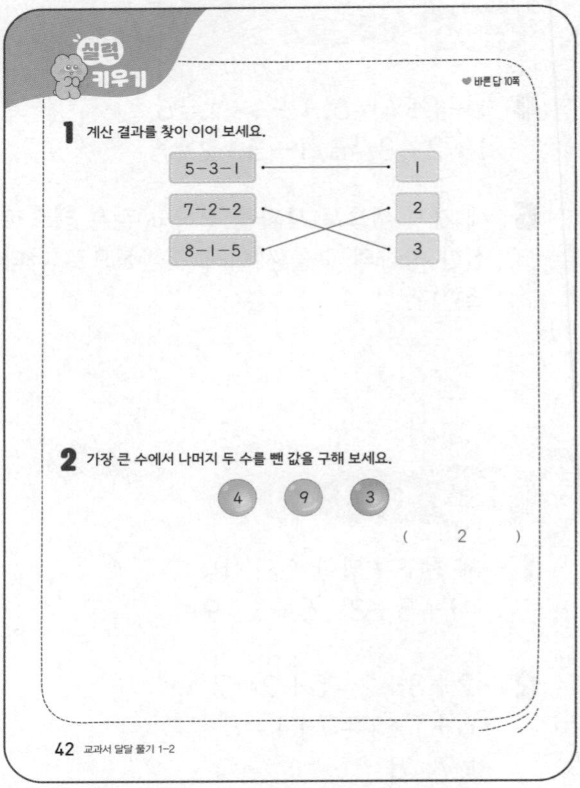
실력 키우기

바른 답 10쪽

1 계산 결과를 찾아 이어 보세요.

5−3−1 — 1

7−2−2 — 3

8−1−5 — 2

2 가장 큰 수에서 나머지 두 수를 뺀 값을 구해 보세요.

4 9 3

(2)

42 교과서 달달 풀기 1-2

교과서 따라 풀기

4 색종이 9장 중에서 종이학을 접을 때 사용한 색종이 수와 종이별을 접을 때 사용한 색종이 수를 순서대로 뺍니다.

5 8−4−1=3, 8−1−4=3,
8−3−2=3, 8−2−3=3

실력 키우기

1 • 5−3−1=2−1=1
• 7−2−2=5−2=3
• 8−1−5=7−5=2

2 9>4>3
따라서 가장 큰 수에서 나머지 두 수를 뺀 값은 9−4−3=5−3=2입니다.

03 10이 되는 더하기를 해 볼까요

개념 확인하기

43쪽

1 **방법❶** 10 **방법❷**

○	○	○	○	○
○	○	○	○	○

/ 10

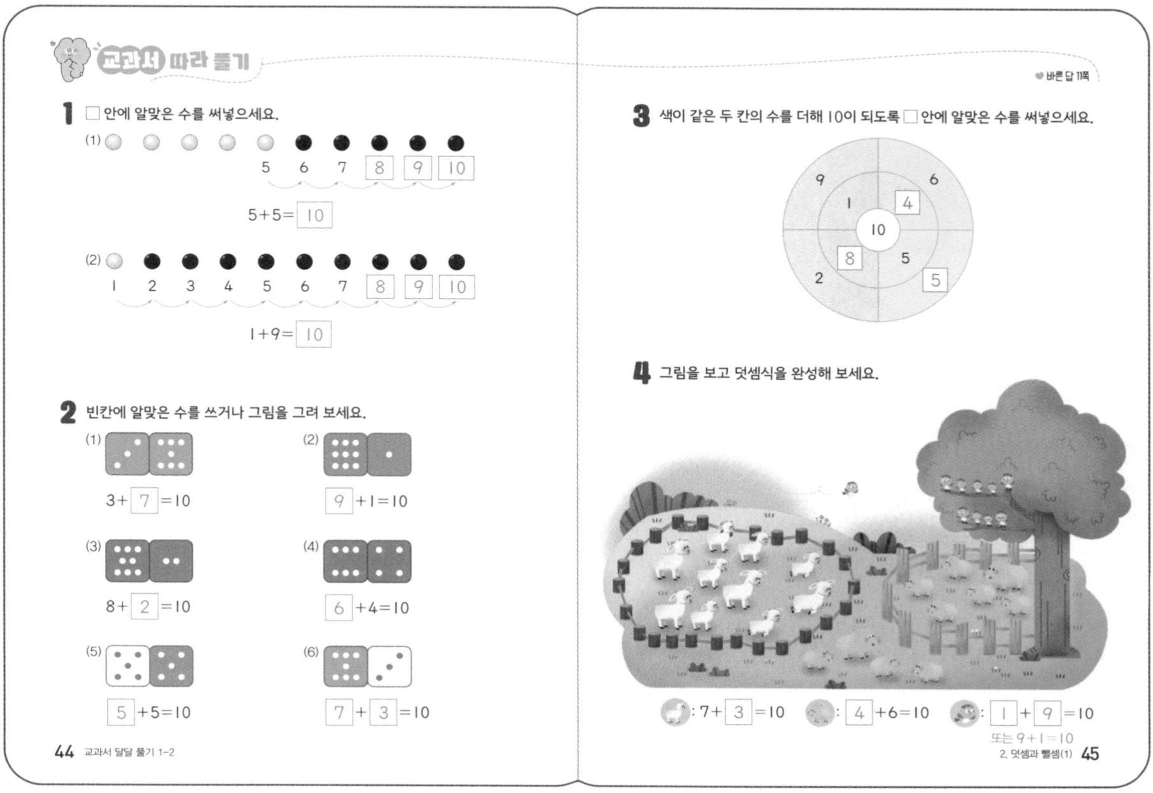

교과서 따라 풀기

바른 답 11쪽

1 □ 안에 알맞은 수를 써넣으세요.

(1) 5 6 7 8 9 10

5+5=10

(2) 1 2 3 4 5 6 7 8 9 10

1+9=10

2 빈칸에 알맞은 수를 쓰거나 그림을 그려 보세요.

(1) 3+7=10

(2) 9+1=10

(3) 8+2=10

(4) 6+4=10

(5) 5+5=10

(6) 7+3=10

44 교과서 달달 풀기 1-2

3 색이 같은 두 칸의 수를 더해 10이 되도록 □ 안에 알맞은 수를 써넣으세요.

9, 6, 1, 4, 10, 8, 5, 2, 5

4 그림을 보고 덧셈식을 완성해 보세요.

: 7+3=10 : 4+6=10 : 1+9=10

또는 9+1=10

2. 덧셈과 뺄셈(1) 45

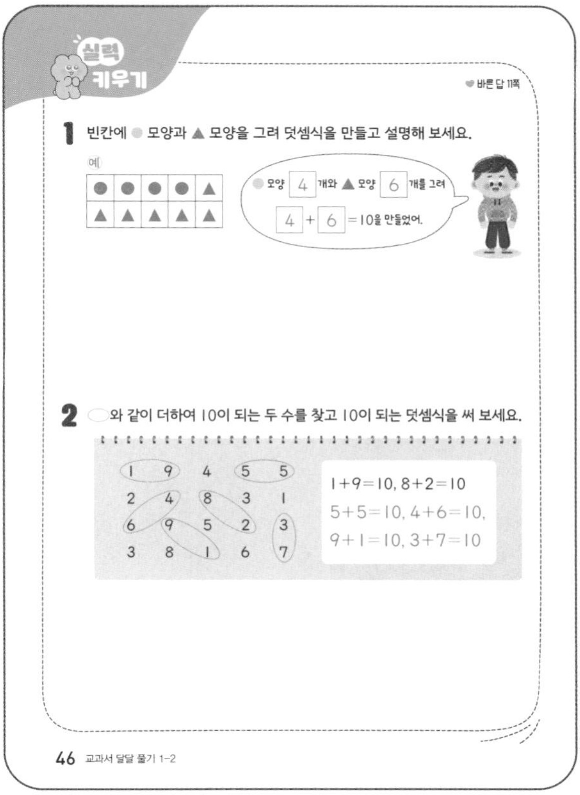

실력 키우기

바른 답 11쪽

1 빈칸에 ● 모양과 ▲ 모양을 그려 덧셈식을 만들고 설명해 보세요.

예

●	●	●	●	▲
▲	▲	▲	▲	▲

● 모양 4 개와 ▲ 모양 6 개를 그려 4 + 6 = 10을 만들었어.

2 ◯와 같이 더하여 10이 되는 두 수를 찾고 10이 되는 덧셈식을 써 보세요.

1	9	4	5	5
2	4	8	3	1
6	9	5	2	3
3	8	1	6	7

1+9=10, 8+2=10

5+5=10, 4+6=10,

9+1=10, 3+7=10

46 교과서 달달 풀기 1-2

교과서 따라 풀기

3 • 6+[4]=10

• 2+[8]=10

• [5]+5=10

실력 키우기

1 더하여 10이 되도록 ● 모양과 ▲ 모양을 그리고 만든 덧셈식을 설명합니다.

2 여러 가지 방향으로 두 수를 더하여 10이 되는 경우를 찾습니다.

참고 10이 되는 덧셈식은 1+9=10, 2+8=10, 3+7=10, 4+6=10, 5+5=10, 6+4=10, 7+3=10, 8+2=10, 9+1=10입니다.

04 10에서 빼기를 해 볼까요

개념 확인하기

47쪽

1 방법① (앞에서부터) 2, 3, 4 / 2 **방법②** 예

○	○	⌀	⌀	⌀
⌀	⌀	⌀	⌀	⌀

/ 2

교과서 따라 풀기

바른 답 12쪽

1 그림을 보고 알맞은 뺄셈식을 써 보세요.

(1)

10−4=6
또는 10−6=4

(2)

10−2=8
또는 10−8=2

2 보기와 같이 그림에 ／을 그어 뺄셈식을 만들고 설명해 보세요.

보기

모양 10개에서 6개를 빼면 4개가 남아. 10−6=4야.

예

모양 10개에서 7개를 빼면 3개가 남아. 10−7=3(이)야.

3 축구공은 농구공보다 몇 개 더 많은지 구해 보세요.

10−9=1

4 그림을 보고 뺄셈식을 완성해 보세요.

(1)

다른 손에는 구슬이 몇 개 있을까?
구슬이 모두 10개니까…….

10−3=7

(2)

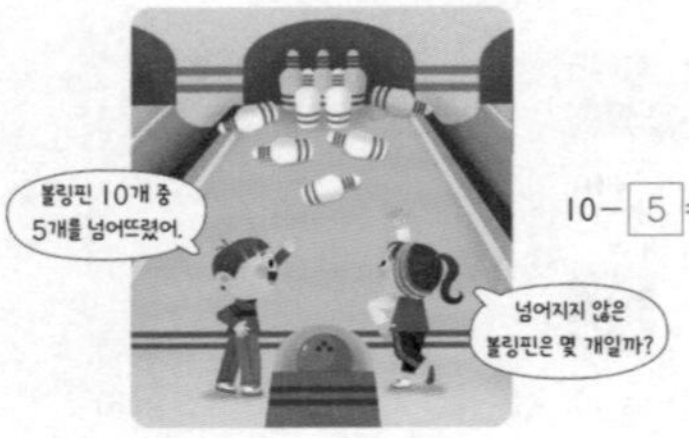
볼링핀 10개 중 5개를 넘어뜨렸어.
넘어지지 않은 볼링핀은 몇 개일까?

10−5=5

실력 키우기

바른 답 12쪽

1 지우개 10개 중 8개가 남도록 ／을 긋고 □ 안에 알맞은 수를 써넣으세요.

예

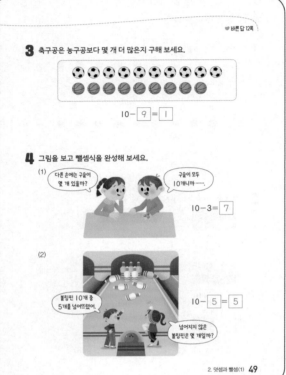

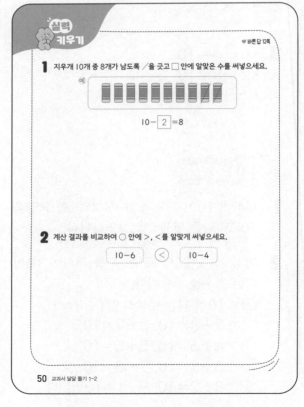

10−2=8

2 계산 결과를 비교하여 ○ 안에 >, <를 알맞게 써넣으세요.

10−6 (<) 10−4

교과서 따라 풀기

3 축구공은 10개, 농구공은 9개 있으므로 축구공이 농구공보다 10−9=1(개) 더 많습니다.

4 (1) 한 손에 구슬이 3개 있으므로 다른 손에 있는 구슬은 10−3=7(개)입니다.
(2) 볼링핀 10개 중 5개를 넘어뜨렸으므로 넘어지지 않은 볼링핀은 10−5=5(개)입니다.

실력 키우기

1 10개 중 8개가 남으려면 ／을 2개 그어야 합니다.

2 • 10−6=4 • 10−4=6
➡ 4<6

05 10을 만들어 더해 볼까요

개념 확인하기

51쪽

1 방법❶ 11 / 11 방법❷ 11 / 11

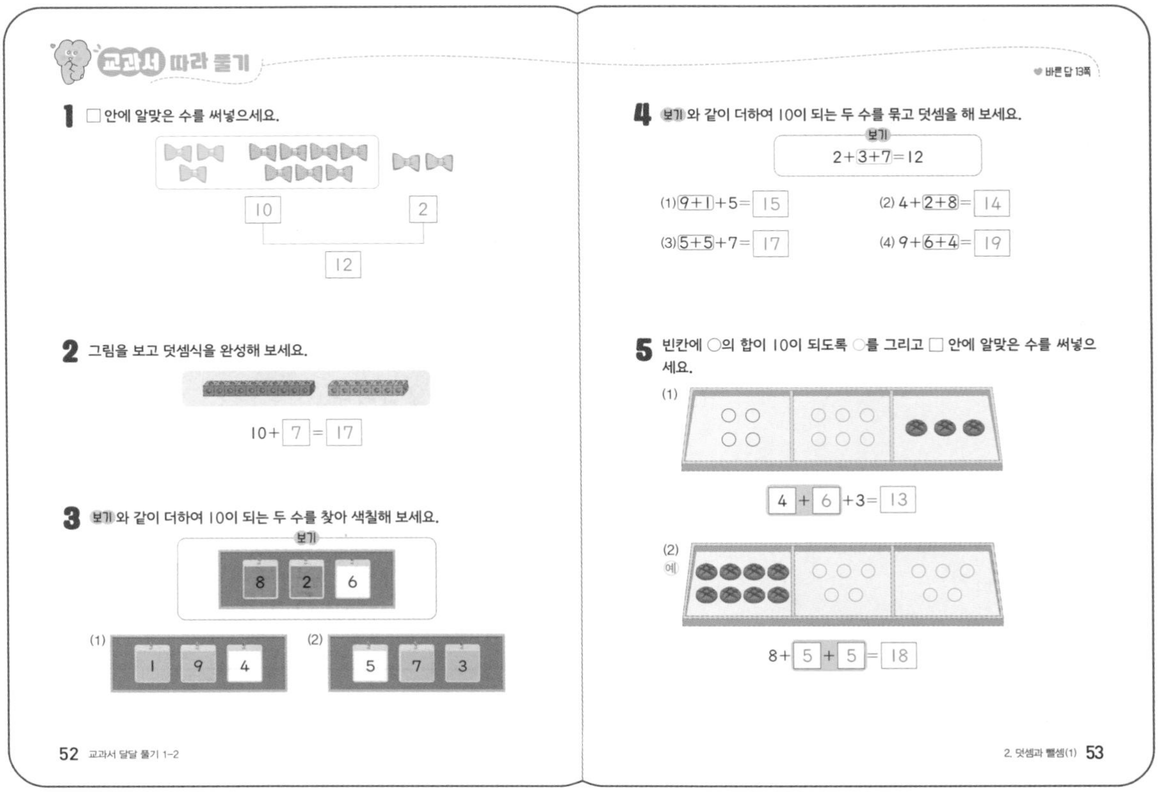
교과서 따라 풀기

바른 답 13쪽

1 □ 안에 알맞은 수를 써넣으세요.

10 2

12

2 그림을 보고 덧셈식을 완성해 보세요.

10+ 7 = 17

3 보기 와 같이 더하여 10이 되는 두 수를 찾아 색칠해 보세요.

보기

8 2 6

(1) 1 9 4 (2) 5 7 3

4 보기 와 같이 더하여 10이 되는 두 수를 묶고 덧셈을 해 보세요.

보기

2+3+7=12

(1) 9+1+5= 15 (2) 4+2+8= 14

(3) 5+5+7= 17 (4) 9+6+4= 19

5 빈칸에 ○의 합이 10이 되도록 ○를 그리고 □ 안에 알맞은 수를 써넣으세요.

(1)

4 + 6 +3= 13

(2) 예

8+ 5 + 5 = 18

52 교과서 달달 풀기 1-2

2. 덧셈과 뺄셈(1) 53

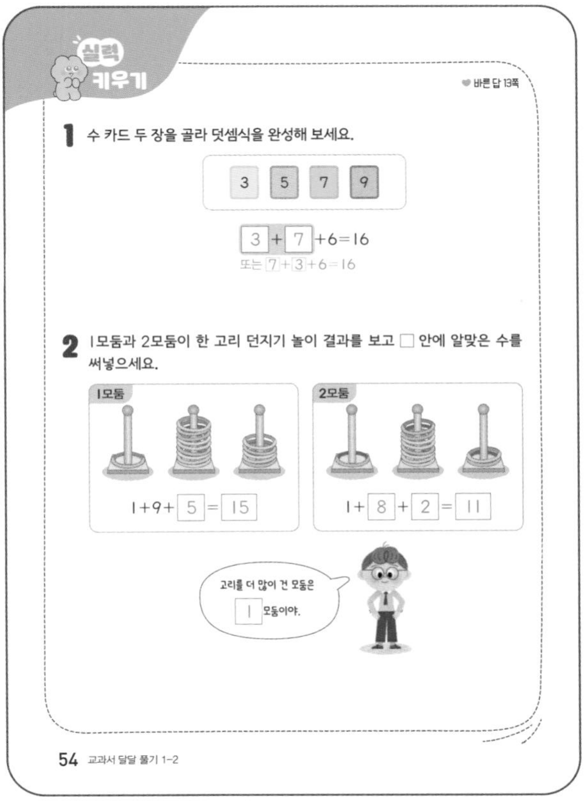
실력 키우기

바른 답 13쪽

1 수 카드 두 장을 골라 덧셈식을 완성해 보세요.

3 5 7 9

3 + 7 +6=16

또는 7 + 3 +6=16

2 1모둠과 2모둠이 한 고리 던지기 놀이 결과를 보고 □ 안에 알맞은 수를 써넣으세요.

1모둠

1+9+ 5 = 15

2모둠

1+ 8 + 2 = 11

고리를 더 많이 건 모둠은 1 모둠이야.

54 교과서 달달 풀기 1-2

실력 키우기

1 더하여 10이 되는 두 수를 골라야 하므로 수 카드 3과 7을 골라 덧셈식을 완성합니다.

2 • 1모둠: 1+9 +5=15(개)
• 2모둠: 1+ 8+2 =11(개)
➡ 15>11이므로 고리를 더 많이 건 모둠은 1모둠입니다.

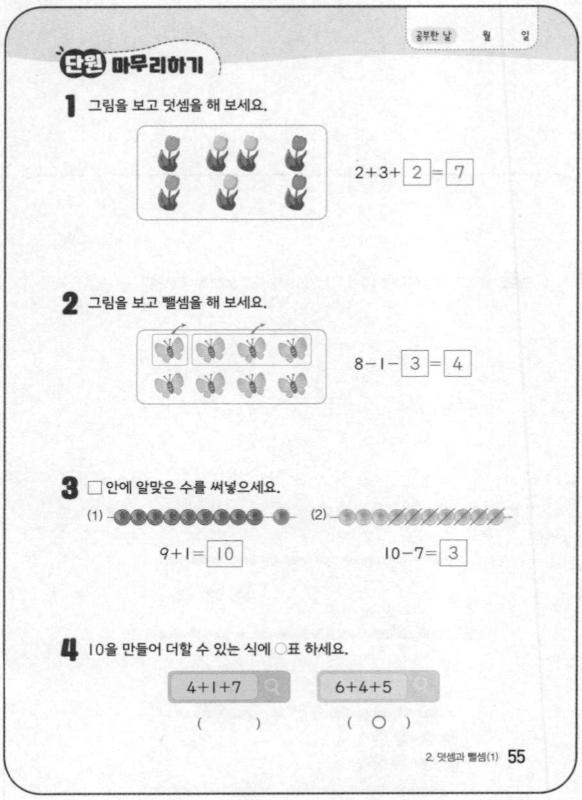

단원 마무리하기

공부한 날 월 일

1 그림을 보고 덧셈을 해 보세요.

2+3+ 2 = 7

2 그림을 보고 뺄셈을 해 보세요.

8−1− 3 = 4

3 □ 안에 알맞은 수를 써넣으세요.

(1) 9+1= 10

(2) 10−7= 3

4 10을 만들어 더할 수 있는 식에 ○표 하세요.

4+1+7 ( )

6+4+5 (○)

2. 덧셈과 뺄셈(1) 55

4 $\boxed{6+4}+5=15$

5 ㉠ $5+2+2=7+2=9$

㉡ $6-3-3=3-3=0$

따라서 계산 결과가 잘못된 것은 ㉡입니다.

6 두 가지 색으로 색칠하고 색칠한 수를 세어 10이 되는 덧셈식을 만듭니다.

7 • $10-9=1$ • $10-5=5$

• $10-4=6$

9 $2+4+3=6+3=9$이므로

(토마토)$=9$입니다.

$9-1-2=8-2=6$이므로

(멜론)$=6$입니다.

10 ★ 모양: $4+\boxed{8+2}=14$(개)

♥ 모양: $\boxed{5+5}+5=15$(개)

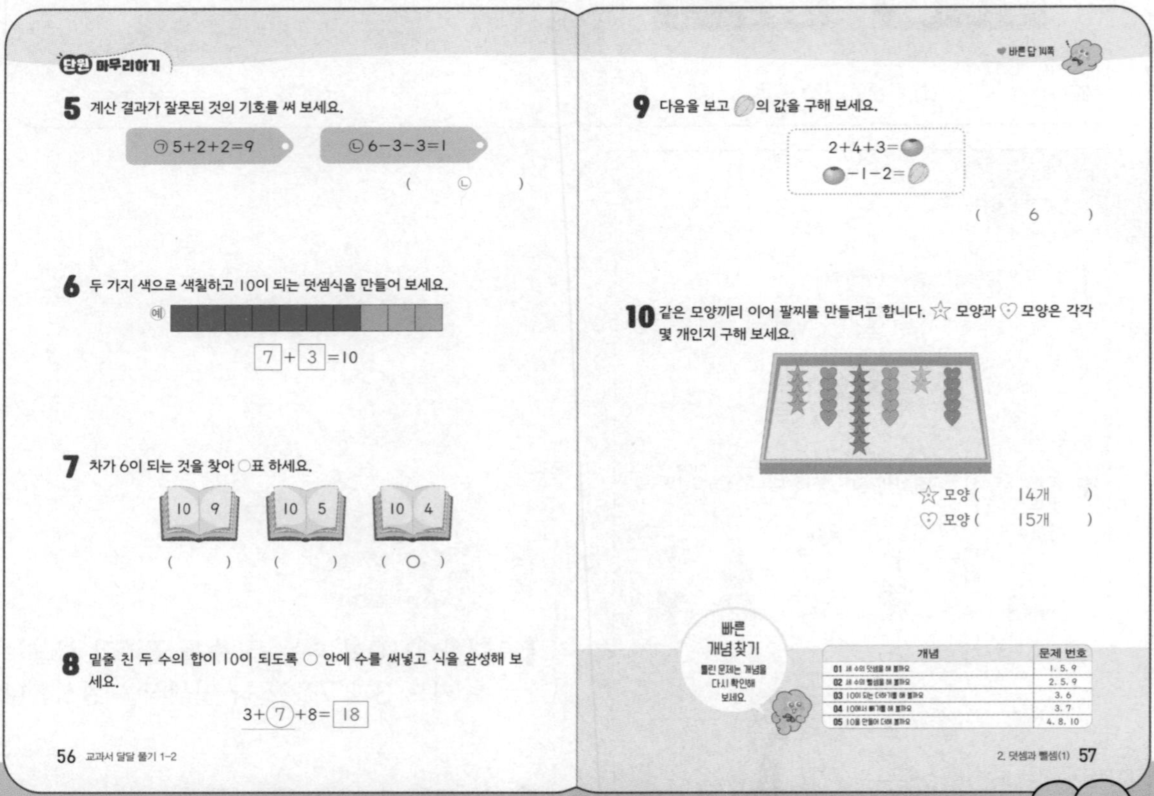

단원 마무리하기

5 계산 결과가 잘못된 것의 기호를 써 보세요.

㉠ 5+2+2=9 ㉡ 6−3−3=1

(㉡)

6 두 가지 색으로 색칠하고 10이 되는 덧셈식을 만들어 보세요.

예 7 + 3 =10

7 차가 6이 되는 것을 찾아 ○표 하세요.

10 9 ( ) 10 5 ( ) 10 4 (○)

8 밑줄 친 두 수의 합이 10이 되도록 ○ 안에 수를 써넣고 식을 완성해 보세요.

3+ 7 +8= 18

56 교과서 달달 풀기 1-2

바른답 체크

9 다음을 보고 ◯의 값을 구해 보세요.

2+4+3=◯

◯−1−2=◯

(6)

10 같은 모양끼리 이어 팔찌를 만들려고 합니다. ☆ 모양과 ♡ 모양은 각각 몇 개인지 구해 보세요.

☆ 모양 (14개)

♡ 모양 (15개)

빠른 개념찾기

틀린 문제는 개념을 다시 확인해 보세요.

개념	문제 번호
01 세 수의 덧셈을 해 볼까요	1, 5, 9
02 세 수의 뺄셈을 해 볼까요	2, 5, 9
03 10이 되는 더하기를 해 볼까요	3, 6
04 10에서 빼기를 해 볼까요	3, 7
05 10을 만들어 더해 볼까요	4, 8, 10

2. 덧셈과 뺄셈(1) 57

01 ■, ▲, ● 모양을 찾아볼까요

개념 확인하기

59쪽

1 (1) ㉠, ㉤ (2) ㉡, ㉥ (3) ㉢, ㉣

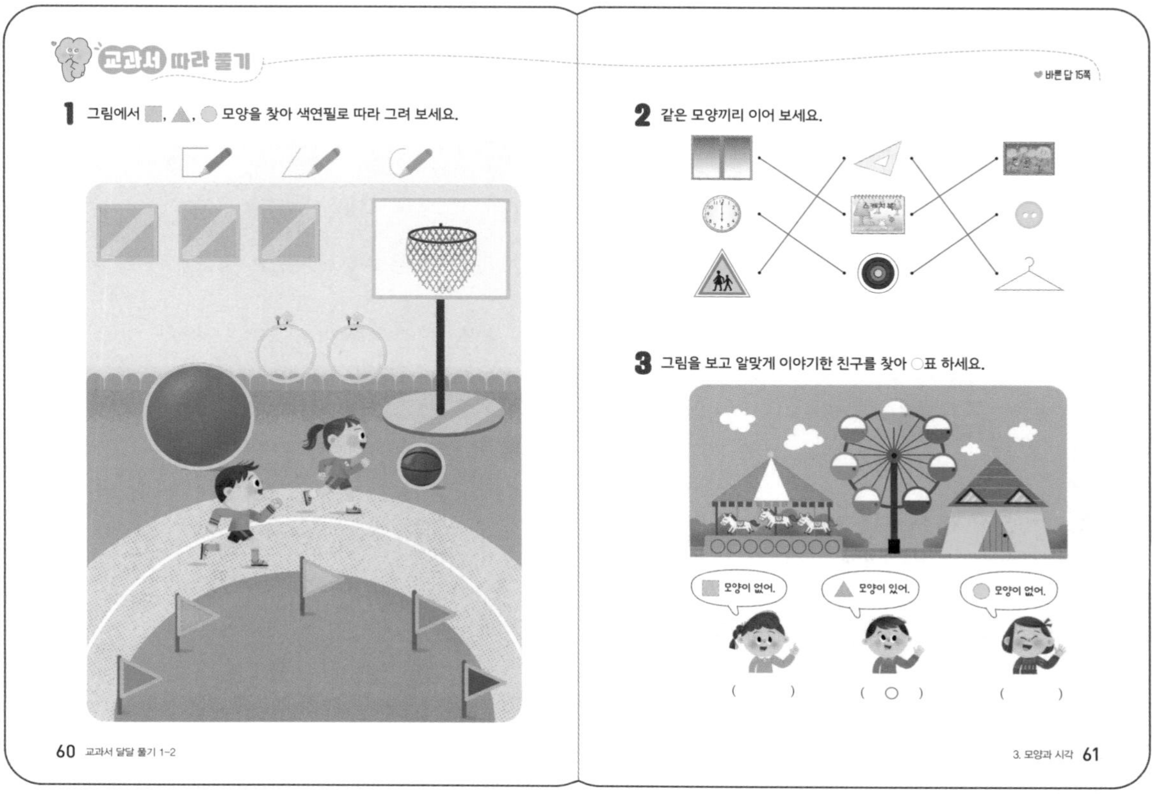

교과서 따라 풀기

♥ 바른 답 15쪽

1 그림에서 ■, ▲, ● 모양을 찾아 색연필로 따라 그려 보세요.

2 같은 모양끼리 이어 보세요.

3 그림을 보고 알맞게 이야기한 친구를 찾아 ○표 하세요.

■ 모양이 없어.
▲ 모양이 있어.
● 모양이 없어.

( ) (○) ( )

60 교과서 달달 풀기 1-2

3. 모양과 시각 61

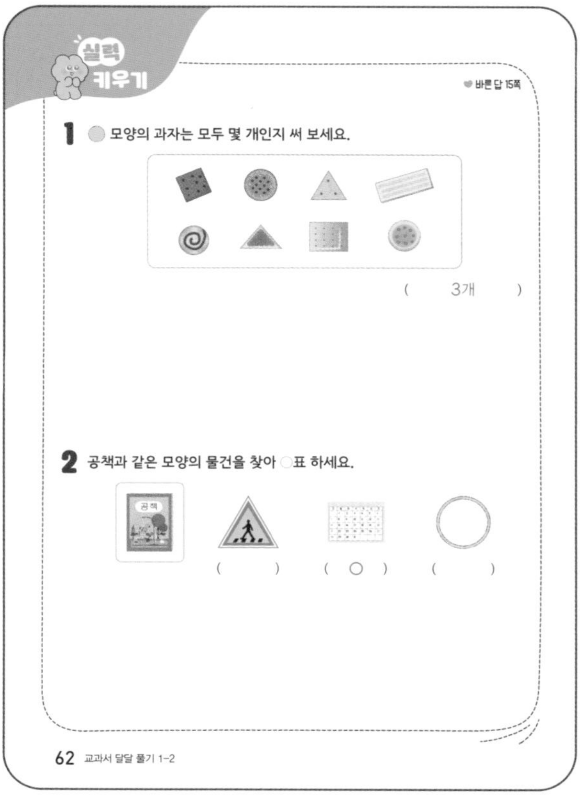

실력 키우기

♥ 바른 답 15쪽

1 ● 모양의 과자는 모두 몇 개인지 써 보세요.

(3개)

2 공책과 같은 모양의 물건을 찾아 ○표 하세요.

공책

( ) (○) ( )

62 교과서 달달 풀기 1-2

실력 키우기

1 ● 모양의 과자: ●, ●, ● ➡ 3개

2 공책은 ■ 모양입니다.
교통 표지판은 ▲ 모양, 달력은 ■ 모양, 훌라후프는 ● 모양입니다.

02 ■, ▲, ● 모양을 알아볼까요

개념 확인하기

63쪽

1 (1) 4, 있습니다에 ○표 (2) 3, 있습니다에 ○표 (3) 0, 없습니다에 ○표

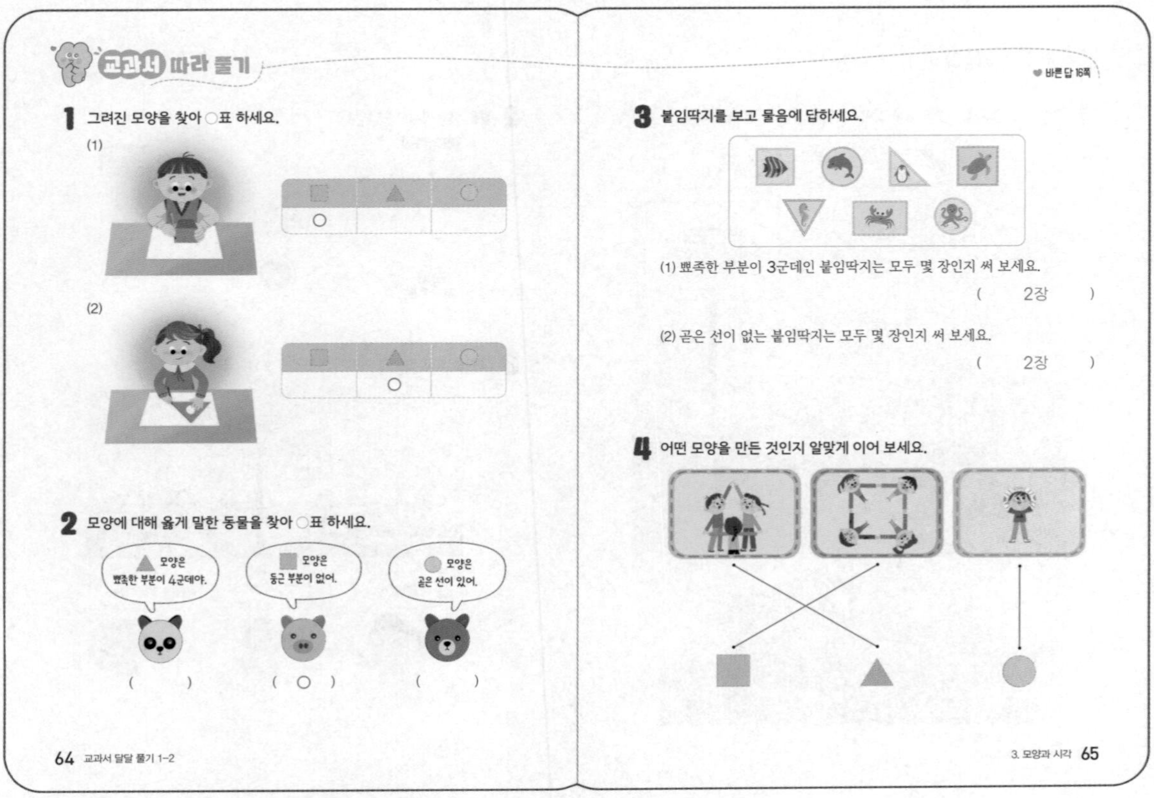

교과서 따라 풀기

1 그려진 모양을 찾아 ○표 하세요.

(1)

■	▲	●
○		

(2)

■	▲	●
	○	

2 모양에 대해 옳게 말한 동물을 찾아 ○표 하세요.

▲ 모양은 뾰족한 부분이 4군데야.
■ 모양은 둥근 부분이 없어.
● 모양은 곧은 선이 있어.

( ) (○) ( )

64 교과서 달달 풀기 1-2

바른 답 16쪽

3 붙임딱지를 보고 물음에 답하세요.

(1) 뾰족한 부분이 3군데인 붙임딱지는 모두 몇 장인지 써 보세요.

(2장)

(2) 곧은 선이 없는 붙임딱지는 모두 몇 장인지 써 보세요.

(2장)

4 어떤 모양을 만든 것인지 알맞게 이어 보세요.

3. 모양과 시각 65

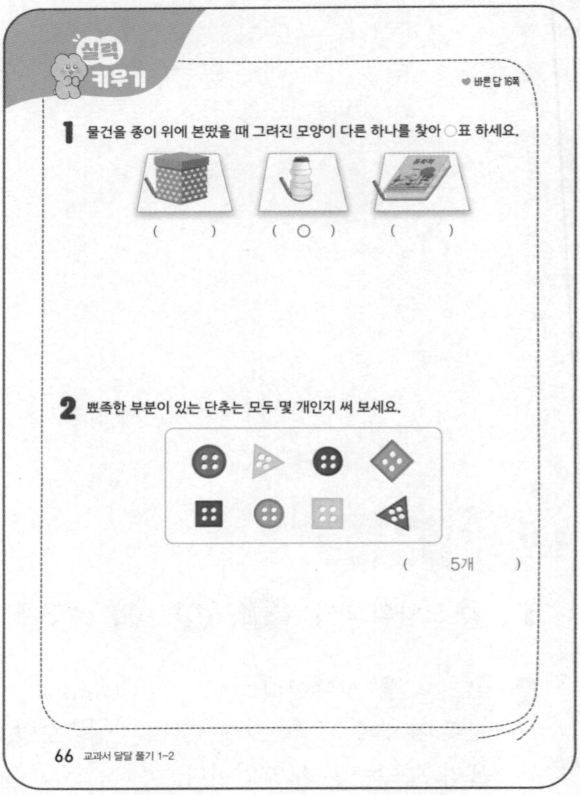

실력 키우기

바른 답 16쪽

1 물건을 종이 위에 본떴을 때 그려진 모양이 다른 하나를 찾아 ○표 하세요.

( ) (○) ( )

2 뾰족한 부분이 있는 단추는 모두 몇 개인지 써 보세요.

(5개)

66 교과서 달달 풀기 1-2

실력 키우기

1 상자와 동화책의 바닥을 본뜨면 ■ 모양이 그려집니다.
요구르트 병의 바닥을 본뜨면 ● 모양이 그려집니다.
따라서 그려진 모양이 다른 하나는 요구르트 병입니다.

2 뾰족한 부분이 있는 모양은 ■ 모양, ▲ 모양입니다.
■ 모양의 단추: ◆, ■, ■ → 3개
▲ 모양의 단추: ▶, ◀ → 2개
따라서 뾰족한 부분이 있는 단추는 모두 5개입니다.

03 여러 가지 모양을 만들어 볼까요

개념 확인하기

67쪽

1 (1) ■, ●에 ○표 (2) ▲, ●에 ○표 (3) ■, ▲, ●에 ○표 (4) ■, ▲, ●에 ○표

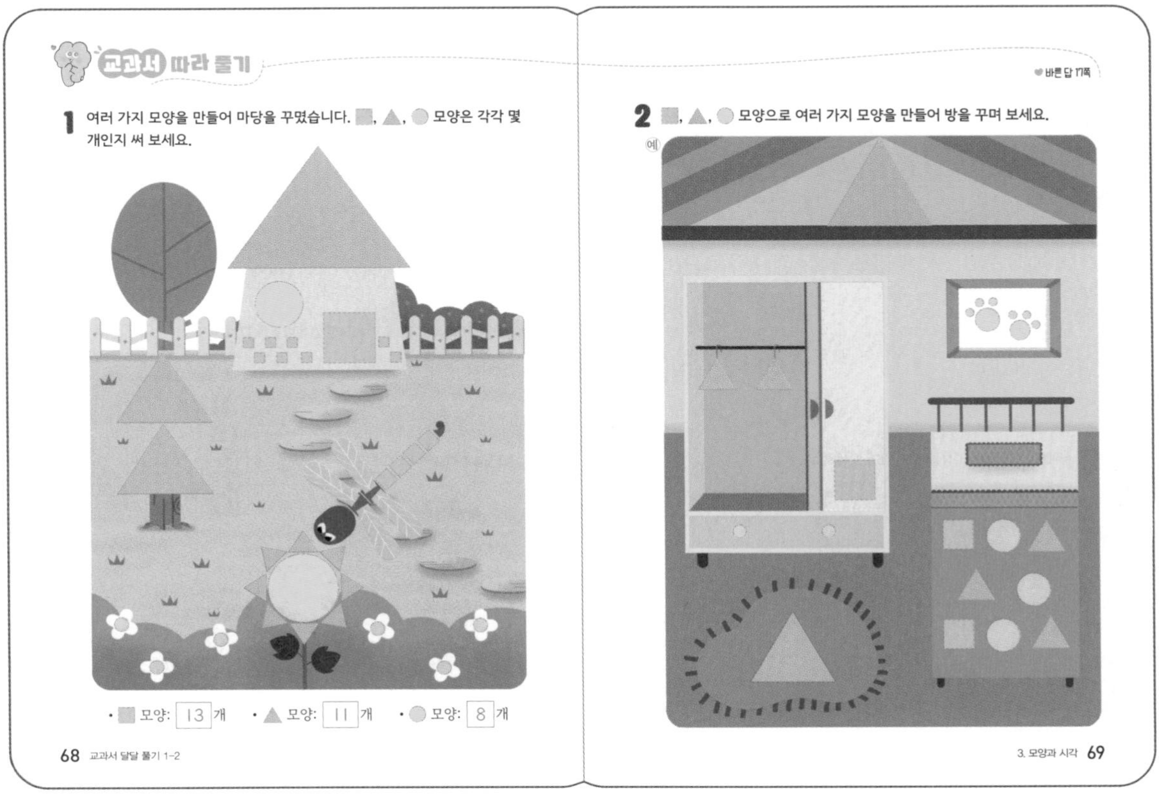

교과서 따라 풀기

바른 답 17쪽

1 여러 가지 모양을 만들어 마당을 꾸몄습니다. ■, ▲, ● 모양은 각각 몇 개인지 써 보세요.

• ■ 모양: 13 개 • ▲ 모양: 11 개 • ● 모양: 8 개

2 ■, ▲, ● 모양으로 여러 가지 모양을 만들어 방을 꾸며 보세요.

예

68 교과서 달달 풀기 1-2

3. 모양과 시각 69

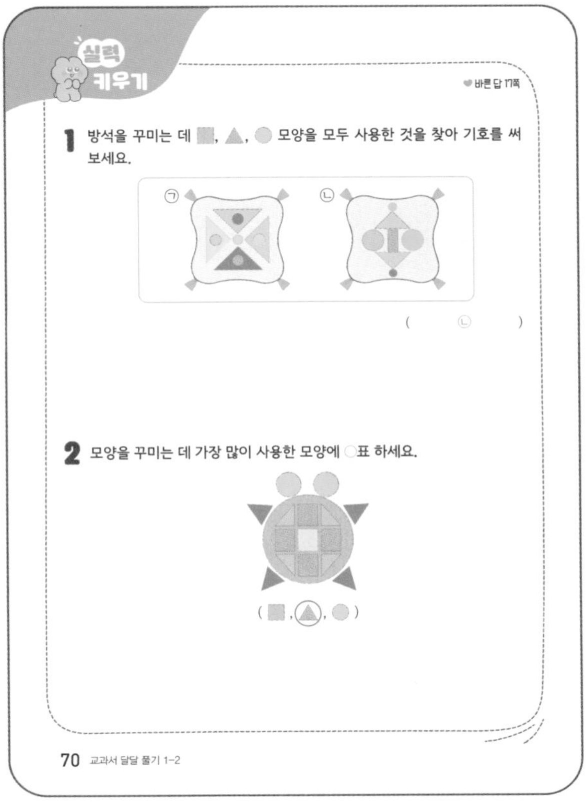

실력 키우기

바른 답 17쪽

1 방석을 꾸미는 데 ■, ▲, ● 모양을 모두 사용한 것을 찾아 기호를 써 보세요.

㉠ ㉡

(㉡)

2 모양을 꾸미는 데 가장 많이 사용한 모양에 ○표 하세요.

(■ , (▲) , ●)

70 교과서 달달 풀기 1-2

실력 키우기

1 ㉠ ▲ 모양과 ● 모양만 사용하여 방석을 꾸몄습니다.
㉡ ■, ▲, ● 모양을 모두 사용하여 방석을 꾸몄습니다.

2 ■ 모양: 5개, ▲ 모양: 8개, ● 모양: 3개
따라서 가장 많이 사용한 모양은 ▲ 모양입니다.

04 몇 시를 알아볼까요

개념 확인하기

71쪽

1 (1) 1, 1 (2) 한에 ○표 **2** 11 / 

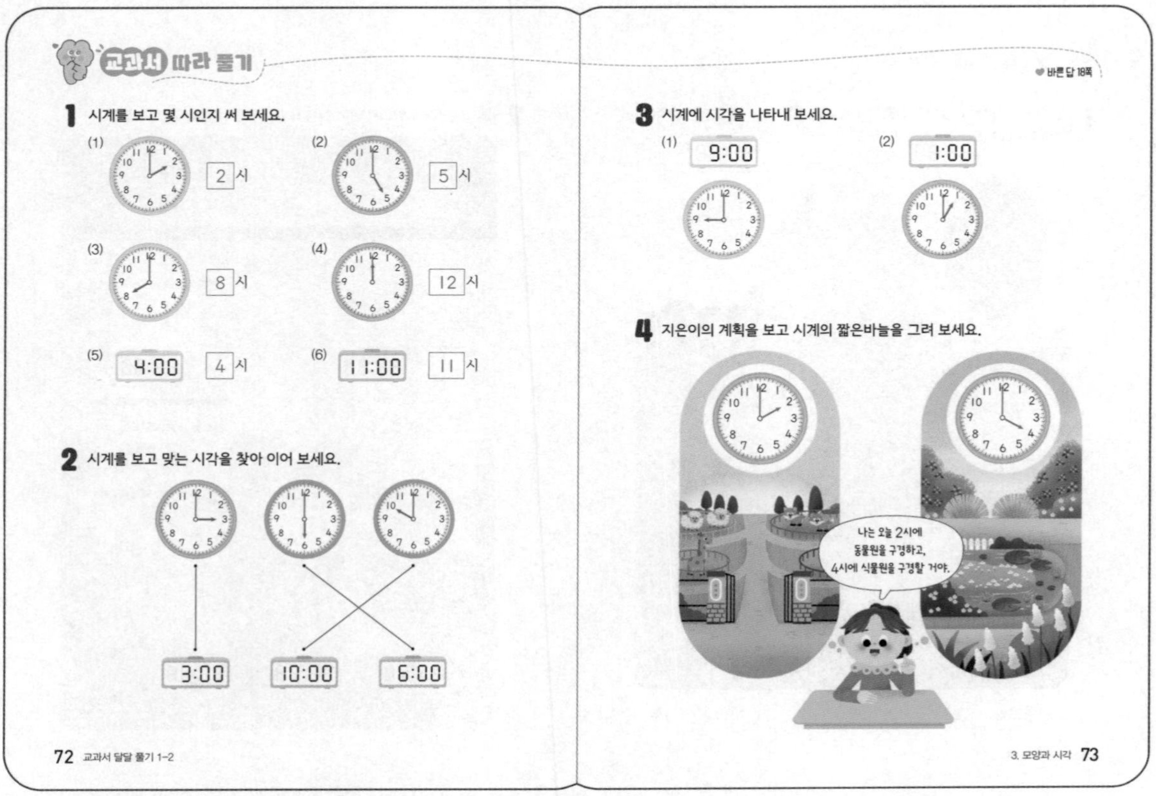

교과서 따라 풀기

바른 답 18쪽

1 시계를 보고 몇 시인지 써 보세요.

(1) 2시 (2) 5시

(3) 8시 (4) 12시

(5) 4:00 4시 (6) 11:00 11시

2 시계를 보고 맞는 시각을 찾아 이어 보세요.

3:00 10:00 6:00

3 시계에 시각을 나타내 보세요.

(1) 9:00 (2) 1:00

4 지은이의 계획을 보고 시계의 짧은바늘을 그려 보세요.

나는 오늘 2시에
동물원을 구경하고,
4시에 식물원을 구경할 거야.

72 교과서 달달 풀기 1-2 3. 모양과 시각 73

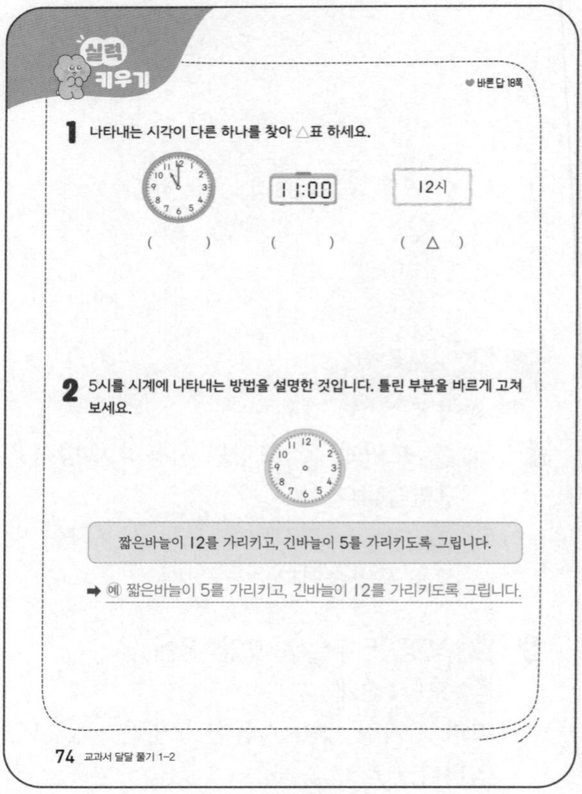

실력 키우기

바른 답 18쪽

1 나타내는 시각이 다른 하나를 찾아 △표 하세요.

11:00 12시

( ) ( ) (△)

2 5시를 시계에 나타내는 방법을 설명한 것입니다. 틀린 부분을 바르게 고쳐 보세요.

짧은바늘이 12를 가리키고, 긴바늘이 5를 가리키도록 그립니다.

➡ 예 짧은바늘이 5를 가리키고, 긴바늘이 12를 가리키도록 그립니다.

74 교과서 달달 풀기 1-2

실력 키우기

1 • 시계의 짧은바늘이 11을 가리키고, 긴바늘이 12를 가리키므로 11시입니다.
• 디지털시계에서 ' : '의 왼쪽이 11, ' : '의 오른쪽이 00이므로 11시입니다.

2 짧은바늘과 긴바늘이 가리키는 숫자를 바꾸어 설명해서 틀렸습니다.

05 몇 시 30분을 알아볼까요

개념 확인하기

75쪽

1 (1) 10, 11, 6, 10, 30 (2) 열에 ○표 **2** 6 / 

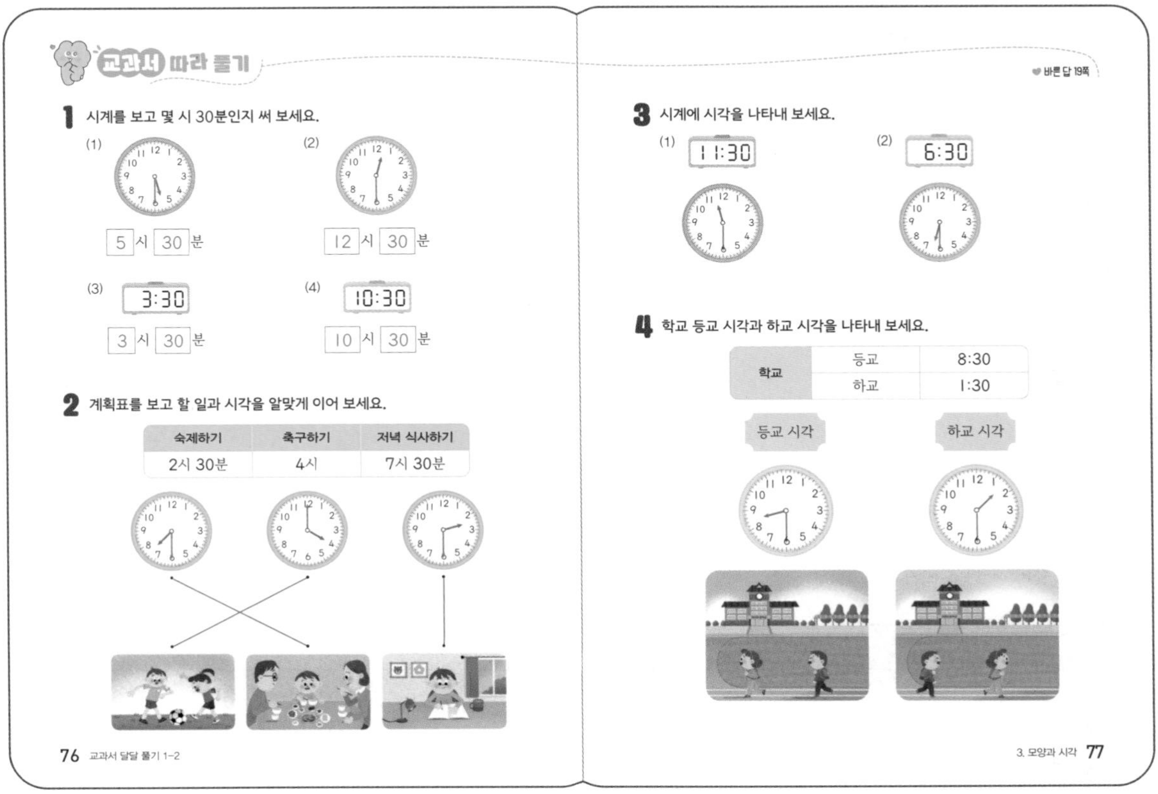
교과서 따라 풀기

바른 답 19쪽

1 시계를 보고 몇 시 30분인지 써 보세요.

(1) 5 시 30 분 (2) 12 시 30 분

(3) 3:30 — 3 시 30 분 (4) 10:30 — 10 시 30 분

2 계획표를 보고 할 일과 시각을 알맞게 이어 보세요.

숙제하기	축구하기	저녁 식사하기
2시 30분	4시	7시 30분

3 시계에 시각을 나타내 보세요.

(1) 11:30 (2) 6:30

4 학교 등교 시각과 하교 시각을 나타내 보세요.

학교	등교	8:30
	하교	1:30

등교 시각 하교 시각

76 교과서 달달 풀기 1-2

3. 모양과 시각 77

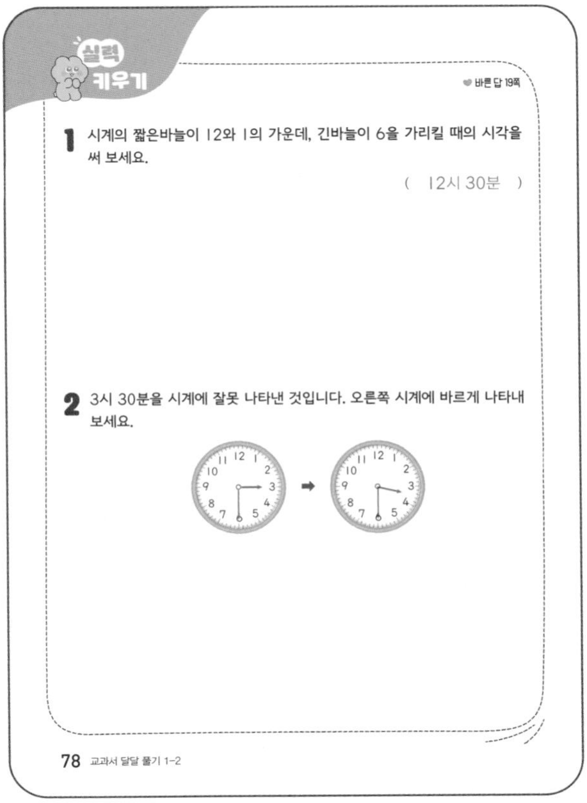
실력 키우기

바른 답 19쪽

1 시계의 짧은바늘이 12와 1의 가운데, 긴바늘이 6을 가리킬 때의 시각을 써 보세요.

(12시 30분)

2 3시 30분을 시계에 잘못 나타낸 것입니다. 오른쪽 시계에 바르게 나타내 보세요.

78 교과서 달달 풀기 1-2

실력 키우기

1 시계의 짧은바늘이 12와 1의 가운데, 긴바늘이 6을 가리키므로 12시 30분입니다.

참고 1과 12 중 더 작은 수가 '시'를 나타낸다고 생각하여 1시 30분이라고 답하지 않도록 주의합니다.
시계에서 12 다음 숫자가 1이므로 12시 30분입니다.

2 3시 30분은 짧은바늘이 3과 4의 가운데, 긴바늘이 6을 가리키도록 나타내야 하는데 짧은바늘이 3을 가리키도록 나타내 틀렸습니다.

단원 마무리하기

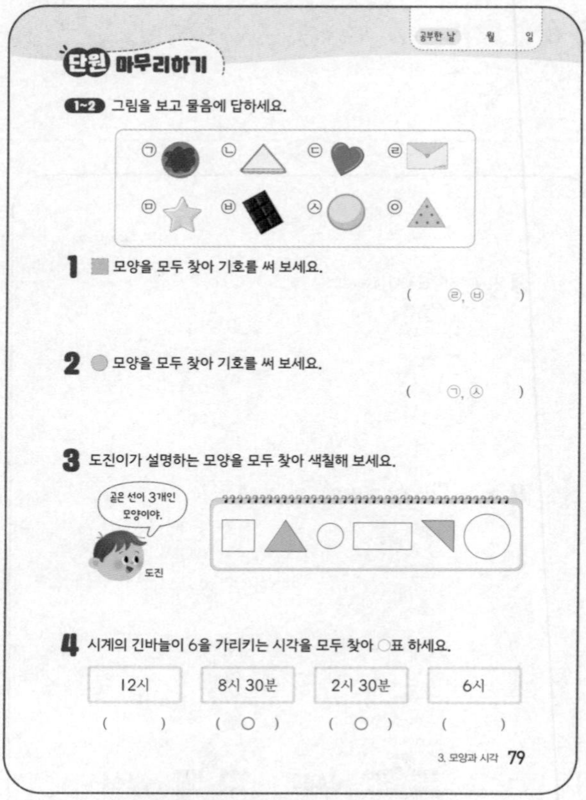
단원 마무리하기

공부한 날 월 일

1~2 그림을 보고 물음에 답하세요.

㉠ ㉡ ㉢ ㉣ ㉤ ㉥ ㉦ ㉧

1 ■ 모양을 모두 찾아 기호를 써 보세요. (㉣, ㉥)

2 ● 모양을 모두 찾아 기호를 써 보세요. (㉠, ㉦)

3 도진이가 설명하는 모양을 모두 찾아 색칠해 보세요.

곧은 선이 3개인 모양이야.

도진

4 시계의 긴바늘이 6을 가리키는 시각을 모두 찾아 ○표 하세요.

12시	8시 30분	2시 30분	6시
( )	(○)	(○)	( )

3. 모양과 시각 79

8 주어진 모양:

■ 모양: 5개, ▲ 모양: 4개, ● 모양: 2개

	■ 모양	▲ 모양	● 모양
왼쪽	5개	4개	2개
오른쪽	6개	3개	2개

따라서 왼쪽에 ○표 합니다.

9 • **준우:** 시계의 짧은바늘이 7과 8의 가운데, 긴바늘이 6을 가리키므로 7시 30분입니다.

• **선미:** 시계의 짧은바늘이 8, 긴바늘이 12를 가리키므로 8시입니다.

따라서 7시 30분이 8시보다 더 빠른 시각이므로 먼저 일어난 친구는 준우입니다.

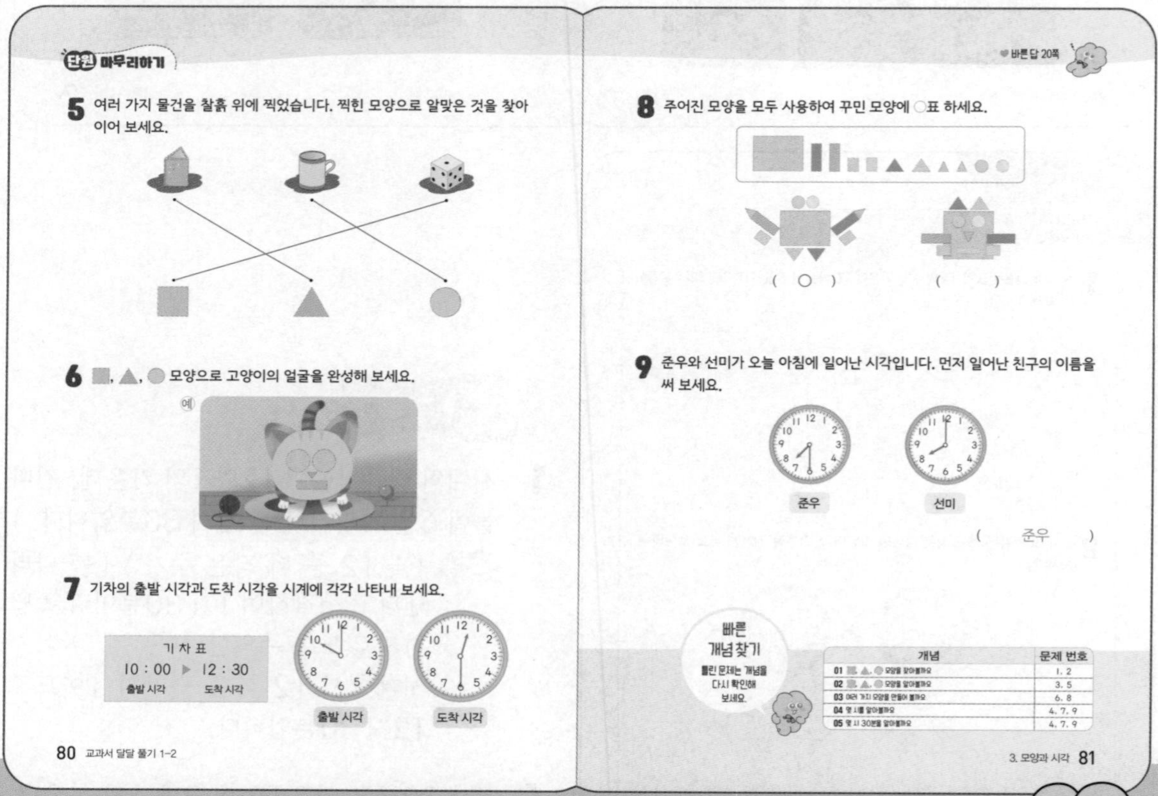
단원 마무리하기

5 여러 가지 물건을 찰흙 위에 찍었습니다. 찍힌 모양으로 알맞은 것을 찾아 이어 보세요.

6 ■, ▲, ● 모양으로 고양이의 얼굴을 완성해 보세요.

예

7 기차의 출발 시각과 도착 시각을 시계에 각각 나타내 보세요.

기 차 표

10 : 00 ▶ 12 : 30

출발 시각 도착 시각

출발 시각 도착 시각

80 교과서 달달 풀기 1-2

빠른 답 20쪽

8 주어진 모양을 모두 사용하여 꾸민 모양에 ○표 하세요.

(○) ( )

9 준우와 선미가 오늘 아침에 일어난 시각입니다. 먼저 일어난 친구의 이름을 써 보세요.

준우 선미

(준우)

빠른 개념 찾기

틀린 문제는 개념을 다시 확인해 보세요.

	개념	문제 번호
01	■, ▲, ● 모양을 알아볼까요	1, 2
02	■, ▲, ● 모양을 알아볼까요	3, 5
03	여러 가지 모양을 만들어 볼까요	6, 8
04	몇 시를 알아볼까요	4, 7, 9
05	몇 시 30분을 알아볼까요	4, 7, 9

3. 모양과 시각 81

07 덧셈을 알아볼까요

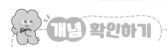

개념 확인하기

83쪽

1 10, 11 / 11, 11

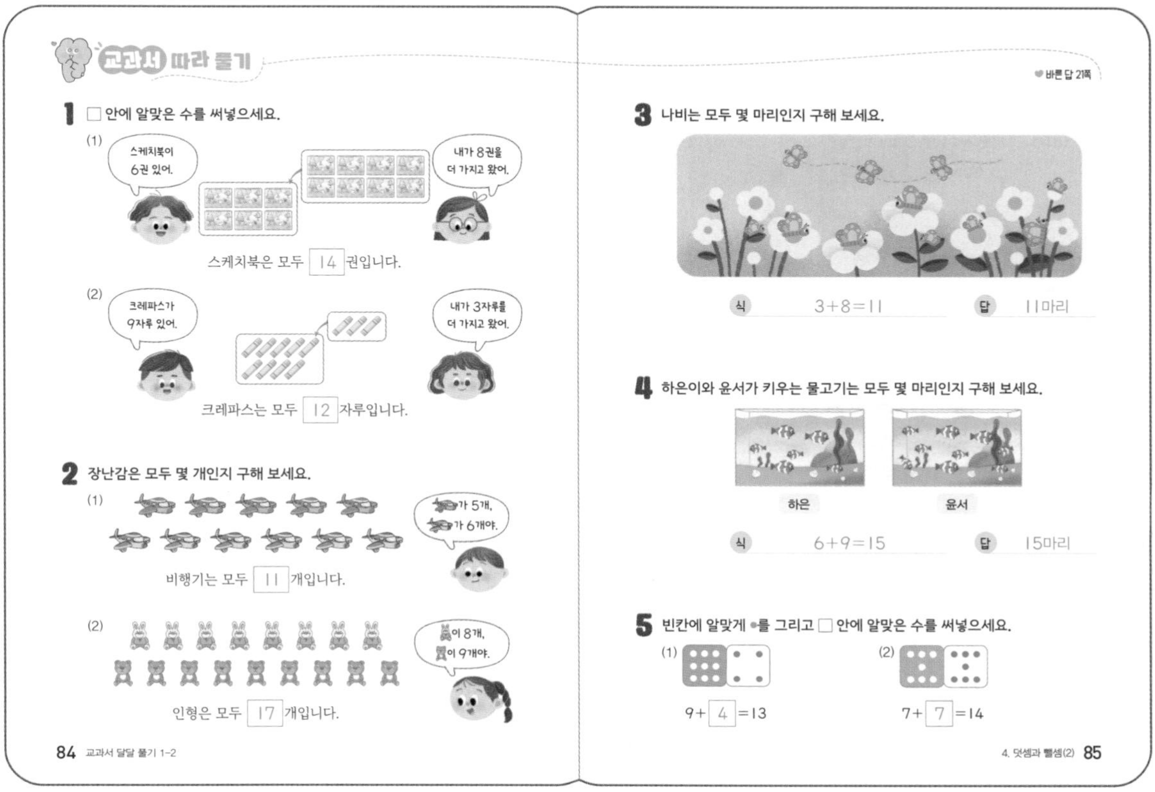

교과서 따라 풀기

♥바른답 21쪽

1 □ 안에 알맞은 수를 써넣으세요.

(1)
스케치북이 6권 있어.
내가 8권을 더 가지고 왔어.
스케치북은 모두 14 권입니다.

(2)
크레파스가 9자루 있어.
내가 3자루를 더 가지고 왔어.
크레파스는 모두 12 자루입니다.

2 장난감은 모두 몇 개인지 구해 보세요.

(1)
가 5개, 가 6개야.
비행기는 모두 11 개입니다.

(2)
이 8개, 이 9개야.
인형은 모두 17 개입니다.

3 나비는 모두 몇 마리인지 구해 보세요.

식 3+8=11   답 11마리

4 하은이와 윤서가 키우는 물고기는 모두 몇 마리인지 구해 보세요.

하은   윤서

식 6+9=15   답 15마리

5 빈칸에 알맞게 ●를 그리고 □ 안에 알맞은 수를 써넣으세요.

(1)
9+ 4 =13

(2)
7+ 7 =14

84 교과서 달달 풀기 1-2

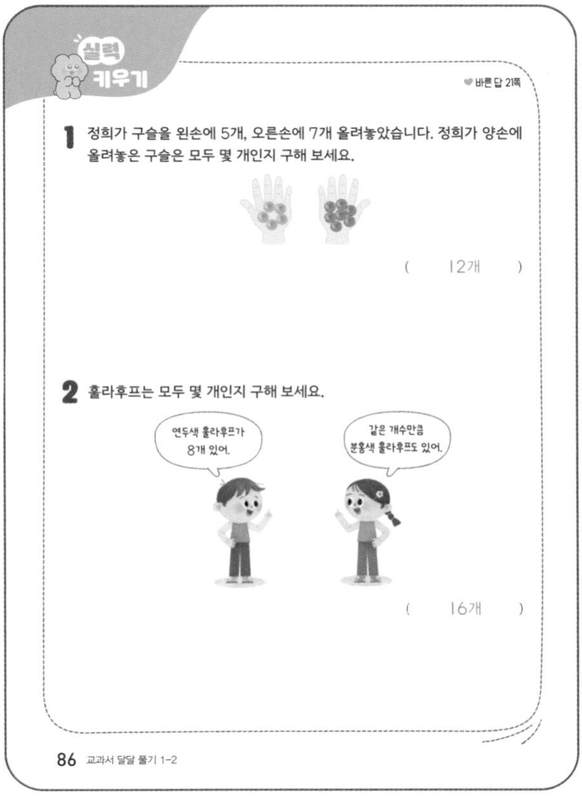

실력 키우기

♥바른답 21쪽

1 정희가 구슬을 왼손에 5개, 오른손에 7개 올려놓았습니다. 정희가 양손에 올려놓은 구슬은 모두 몇 개인지 구해 보세요.

(12개)

2 훌라후프는 모두 몇 개인지 구해 보세요.

연두색 훌라후프가 8개 있어.
같은 개수만큼 분홍색 훌라후프도 있어.

(16개)

86 교과서 달달 풀기 1-2

교과서 따라 풀기

5 (1) ○ 9개와 더해 13개가 되려면 ●를 4개 그려야 합니다.
➡ 9+ 4 =13

(2) ○ 7개와 더해 14개가 되려면 ●를 7개 그려야 합니다.
➡ 7+ 7 =14

실력 키우기

1 (양손에 올려놓은 구슬 수)
= (왼손에 올려놓은 구슬 수)
+ (오른손에 올려놓은 구슬 수)
= 5+7=12(개)

2 (전체 훌라후프 수)
= (연두색 훌라후프 수)
+ (분홍색 훌라후프 수)
= 8+8=16(개)

02 덧셈을 해 볼까요

개념 확인하기

87쪽

1 **방법❶** 13 / 3 **방법❷** 13 / 3

교과서 따라 풀기

바른 답 22쪽

1 6+7을 여러 가지 방법으로 계산해 보세요.

방법❶ 6과 몇을 더해 10을 만들어 계산하기

6+7 → 4, 3

6+7= 13

방법❷ 7과 몇을 더해 10을 만들어 계산하기

6+7 → 3, 3

6+7= 13

2 □ 안에 알맞은 수를 써넣으세요.

(1) 8과 2를 더해 10을 만들어 구해 볼래!

8+4= 12 (2, 2)

(2) 4와 6을 더해 10을 만들어 구해 볼래!

8+4= 12 (2, 6)

3 덧셈을 해 보세요.

(1) 4+9= 13 (2) 5+6= 11

(3) 7+7= 14 (4) 9+8= 17

4 빵을 5개 만들고 나서 9개를 더 만들었습니다. 빵을 모두 몇 개 만들었는지 구해 보세요.

식 5+9=14 답 14개

5 딸기잼 7개와 포도잼 4개가 있습니다. 잼은 모두 몇 개인지 구해 보세요.

식 7+4=11 답 11개

88 교과서 달달 풀기 1-2 4. 덧셈과 뺄셈(2) 89

실력 키우기

바른 답 22쪽

1 두 가지 모양 솜사탕에서 수를 하나씩 골라 덧셈식을 만들고 계산해 보세요.

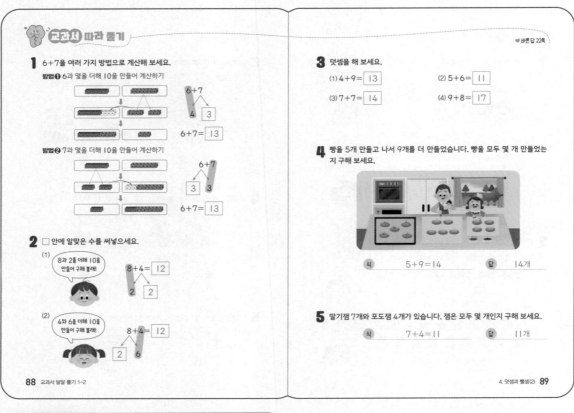

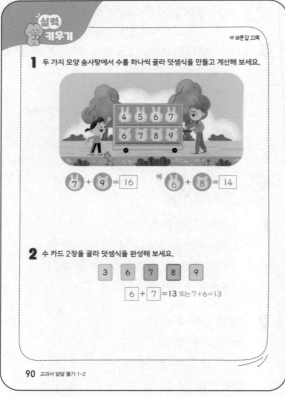

7 + 9 = 16 예 6 + 8 = 14

2 수 카드 2장을 골라 덧셈식을 완성해 보세요.

3 6 7 8 9

6 + 7 =13 또는 7+6=13

90 교과서 달달 풀기 1-2

실력 키우기

1 7+6=13, 6+7=13, 5+8=13 등도 만들 수 있습니다.

2 합이 13이 되는 덧셈식은 6+7=13 또는 7+6=13입니다.

03 여러 가지 덧셈을 해 볼까요

개념 확인하기

91쪽

(1) 17, 18 (2) 14, 13 (3) 12, 12 (4) 13, 13, 13

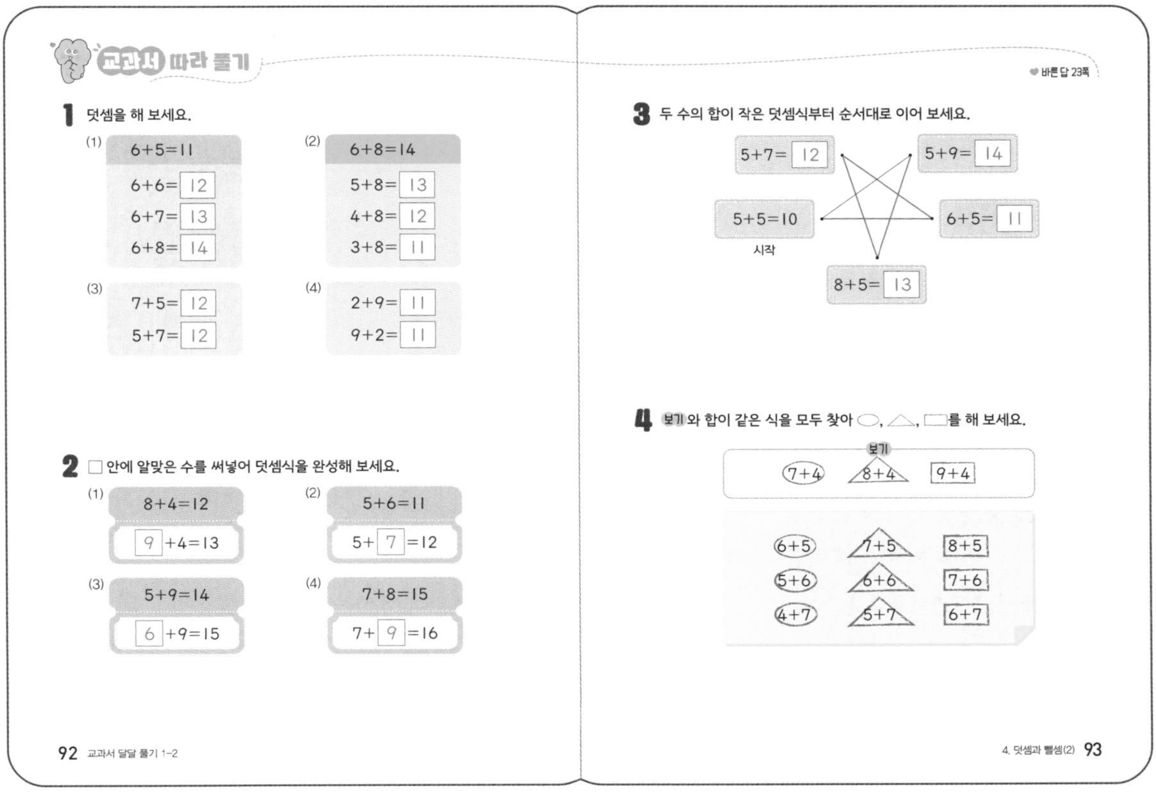

교과서 따라 풀기

바른 답 23쪽

1 덧셈을 해 보세요.

(1) 6+5=11
6+6= 12
6+7= 13
6+8= 14

(2) 6+8=14
5+8= 13
4+8= 12
3+8= 11

(3) 7+5= 12
5+7= 12

(4) 2+9= 11
9+2= 11

2 □ 안에 알맞은 수를 써넣어 덧셈식을 완성해 보세요.

(1) 8+4=12
9 +4=13

(2) 5+6=11
5+ 7 =12

(3) 5+9=14
6 +9=15

(4) 7+8=15
7+ 9 =16

3 두 수의 합이 작은 덧셈식부터 순서대로 이어 보세요.

5+7= 12
5+9= 14
5+5=10
시작
6+5= 11
8+5= 13

4 보기 와 합이 같은 식을 모두 찾아 ◯, △, □를 해 보세요.

보기
7+4 8+4 9+4

6+5 7+5 8+5
5+6 6+6 7+6
4+7 5+7 6+7

92 교과서 달달 풀기 1-2

4. 덧셈과 뺄셈(2) 93

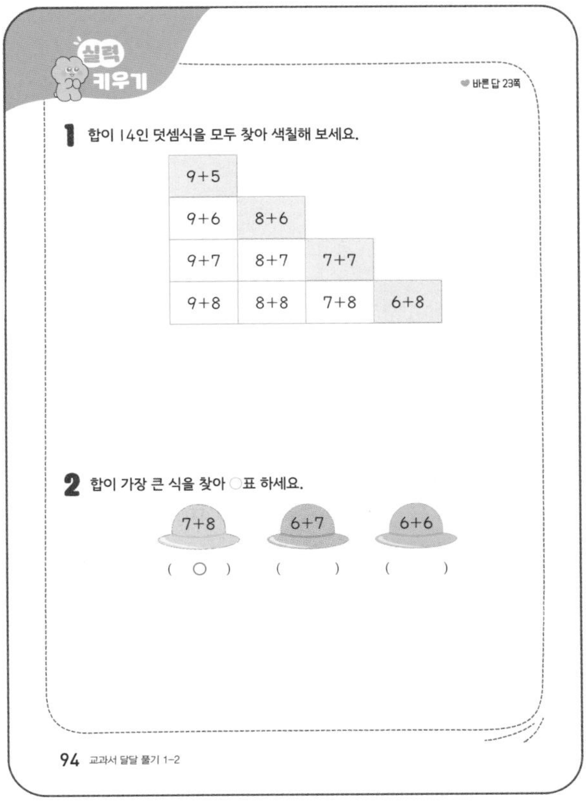

실력 키우기

바른 답 23쪽

1 합이 14인 덧셈식을 모두 찾아 색칠해 보세요.

9+5			
9+6	8+6		
9+7	8+7	7+7	
9+8	8+8	7+8	6+8

2 합이 가장 큰 식을 찾아 ○표 하세요.

7+8 6+7 6+6
(○) ( ) ( )

94 교과서 달달 풀기 1-2

교과서 따라 풀기

4 • 7+4=11이므로 6+5, 5+6, 4+7과 합이 같습니다.
• 8+4=12이므로 7+5, 6+6, 5+7과 합이 같습니다.
• 9+4=13이므로 8+5, 7+6, 6+7과 합이 같습니다.

실력 키우기

1 1씩 작아지는 수에 1씩 커지는 수를 더하면 합은 같습니다.

2 • 7+8=15
• 6+7=13
• 6+6=12
따라서 합이 가장 큰 식은 7+8입니다.

04 뺄셈을 알아볼까요

개념 확인하기

95쪽

1 예 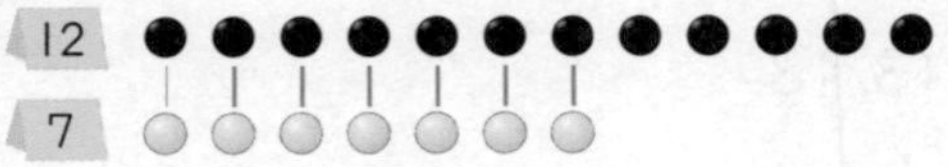

/ 5, 5, 5

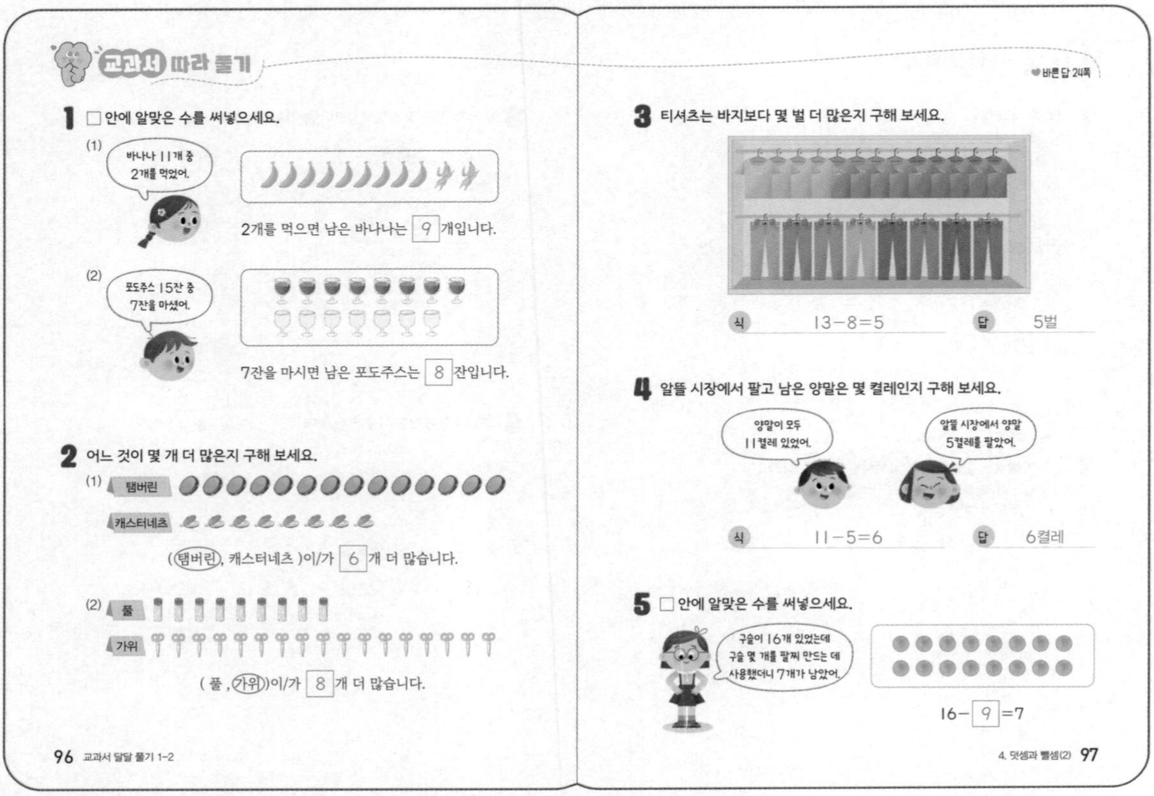
교과서 따라 풀기

바른 답 24쪽

1 □ 안에 알맞은 수를 써넣으세요.

(1) 바나나 11개 중 2개를 먹었어.

2개를 먹으면 남은 바나나는 9 개입니다.

(2) 포도주스 15잔 중 7잔을 마셨어.

7잔을 마시면 남은 포도주스는 8 잔입니다.

2 어느 것이 몇 개 더 많은지 구해 보세요.

(1) 탬버린 / 캐스터네츠

(탬버린, 캐스터네츠)이/가 6 개 더 많습니다.

(2) 풀 / 가위

(풀, 가위)이/가 8 개 더 많습니다.

96 교과서 달달 풀기 1-2

3 티셔츠는 바지보다 몇 벌 더 많은지 구해 보세요.

식 13-8=5 답 5벌

4 알뜰 시장에서 팔고 남은 양말은 몇 켤레인지 구해 보세요.

양말이 모두 11켤레 있었어.

알뜰 시장에서 양말 5켤레를 팔았어.

식 11-5=6 답 6켤레

5 □ 안에 알맞은 수를 써넣으세요.

구슬이 16개 있었는데 구슬 몇 개를 팔찌 만드는 데 사용했더니 7개가 남았어.

16-9=7

4. 덧셈과 뺄셈(2) 97

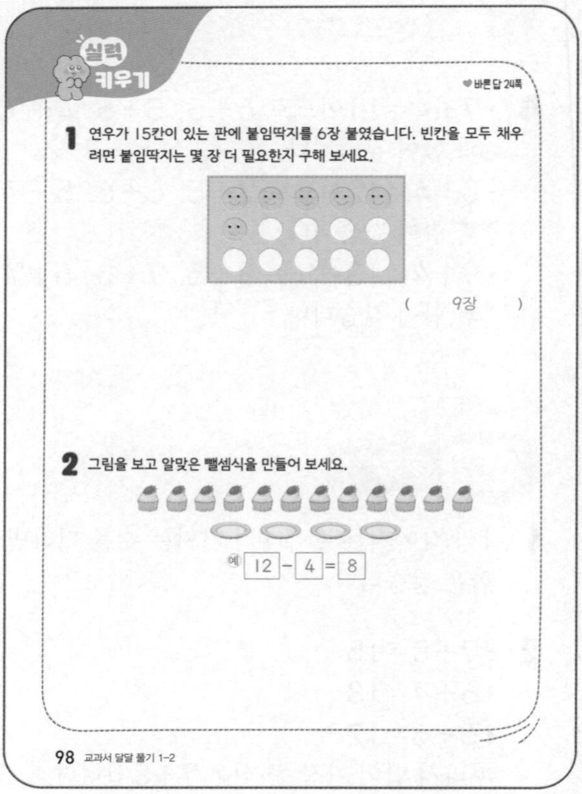
실력 키우기

바른 답 24쪽

1 연우가 15칸이 있는 판에 붙임딱지를 6장 붙였습니다. 빈칸을 모두 채우려면 붙임딱지는 몇 장 더 필요한지 구해 보세요.

(9장)

2 그림을 보고 알맞은 뺄셈식을 만들어 보세요.

예 12 - 4 = 8

98 교과서 달달 풀기 1-2

교과서 따라 풀기

5 구슬 16개에서 9개를 사용하면 7개가 남습니다.
➡ 16−9=7

실력 키우기

1 (더 필요한 붙임딱지 수)
=(전체 칸 수)−(붙인 붙임딱지 수)
=15−6=9(장)

2 예 컵케이크가 12개, 접시가 4개이므로 컵케이크는 접시보다 12−4=8(개) 더 많습니다.
16−4=12 또는 16−12=4 등도 만들 수 있습니다.

05 뺄셈을 해 볼까요

개념 확인하기

99쪽

1 방법❶ 9 / 1 방법❷ 9 / 2

교과서 따라 풀기

바른 답 25쪽

1 그림을 보고 □ 안에 알맞은 수를 써넣으세요.

18－8＝10

10 8

2 13－5를 여러 가지 방법으로 계산해 보세요.

방법❶ 낱개 3개를 먼저 빼서 계산하기

13－5

3 2

13－5＝8

방법❷ 10개씩 묶음에서 5개를 빼서 계산하기

13－5

10 3

13－5＝8

3 □ 안에 알맞은 수를 써넣으세요.

(1) 5를 먼저 빼서 구해 볼래! 15－9＝6 / 5 4

(2) 10에서 9를 빼서 구해 볼래! 15－9＝6 / 10 5

4 계산 결과를 찾아 이어 보세요.

11－3 — 8, 12－6 — 6, 16－9 — 7, 17－8 — 9

5 빌려주고 남는 자전거는 몇 대인지 구해 보세요.

자전거가 15대 있었는데
이 중 7대를 빌려주려고 해요!

식 15－7＝8 답 8대

6 야구공이 14개, 야구 방망이가 8개 있습니다. 야구공은 야구 방망이보다 몇 개 더 많은지 구해 보세요.

식 14－8＝6 답 6개

실력 키우기

바른 답 25쪽

1 두 가지 색 열기구에서 수를 하나씩 골라 뺄셈식을 만들고 계산해 보세요.

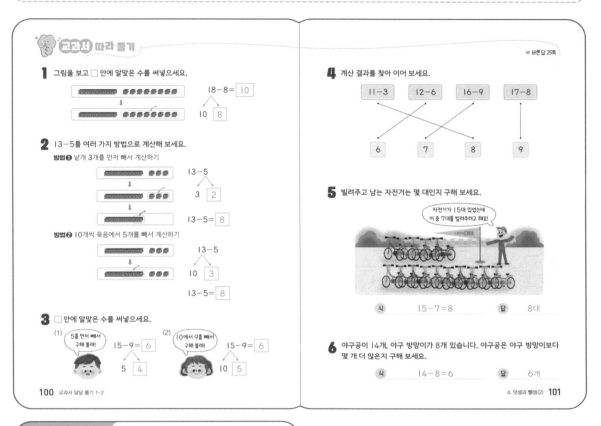

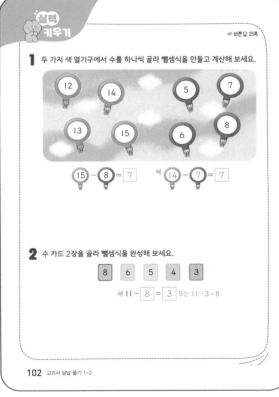

12
14
5
7
13
15
6
8

15－8＝7 예 14－7＝7

2 수 카드 2장을 골라 뺄셈식을 완성해 보세요.

8 6 5 4 3

예 11－8＝3 또는 11－3＝8

실력 키우기

1 12－8＝4, 13－7＝6, 14－6＝8 등도 만들 수 있습니다.

2 11－6＝5 또는 11－5＝6을 만들 수도 있습니다.

06 여러 가지 뺄셈을 해 볼까요

개념 확인하기

103쪽

(1) 5, 4 (2) 7, 8 (3) 8, 8 (4) 9, 9

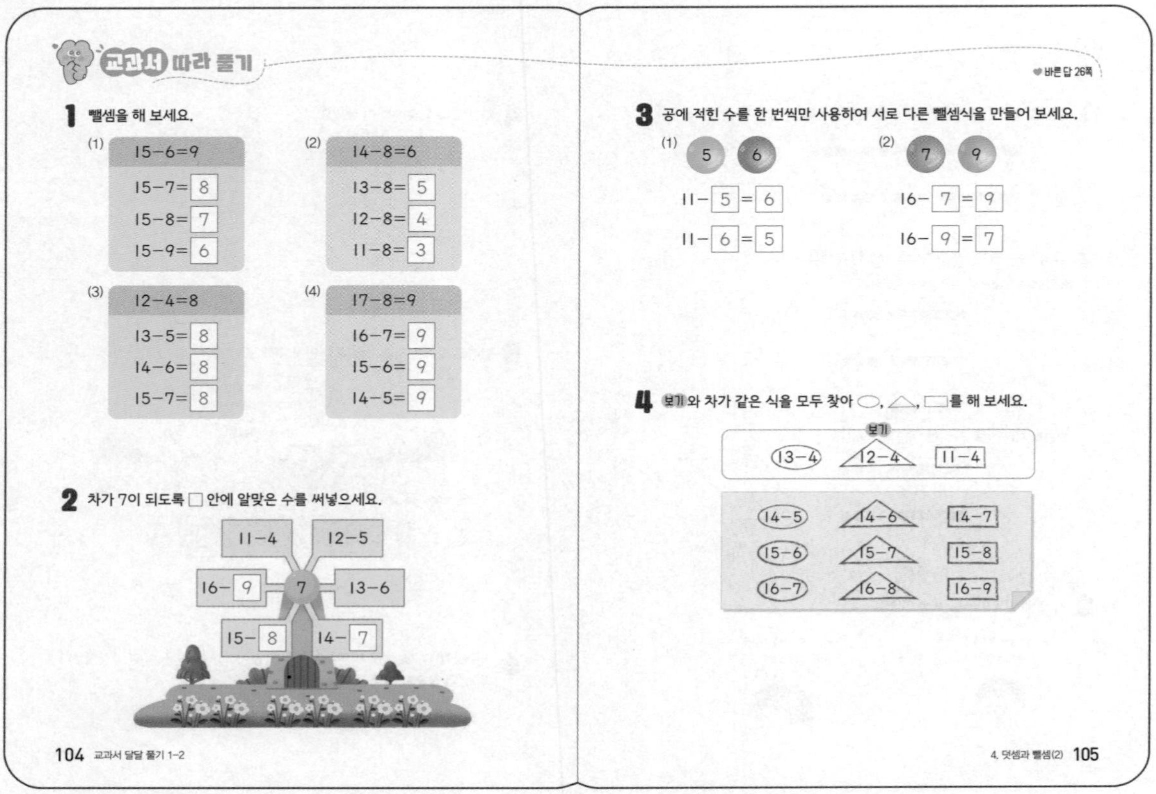

교과서 따라 풀기
바른 답 26쪽
1 뺄셈을 해 보세요.
(1) 15−6=9
15−7= 8
15−8= 7
15−9= 6
(2) 14−8=6
13−8= 5
12−8= 4
11−8= 3
(3) 12−4=8
13−5= 8
14−6= 8
15−7= 8
(4) 17−8=9
16−7= 9
15−6= 9
14−5= 9
2 차가 7이 되도록 □ 안에 알맞은 수를 써넣으세요.
11−4
12−5
16− 9
7
13−6
15− 8
14− 7
3 공에 적힌 수를 한 번씩만 사용하여 서로 다른 뺄셈식을 만들어 보세요.
(1) 5 6
11− 5 = 6
11− 6 = 5
(2) 7 9
16− 7 = 9
16− 9 = 7
4 보기와 차가 같은 식을 모두 찾아 ○, △, □를 해 보세요.
보기
13−4
12−4
11−4
14−5
14−6
14−7
15−6
15−7
15−8
16−7
16−8
16−9
104 교과서 달달 풀기 1-2
4. 덧셈과 뺄셈(2) 105

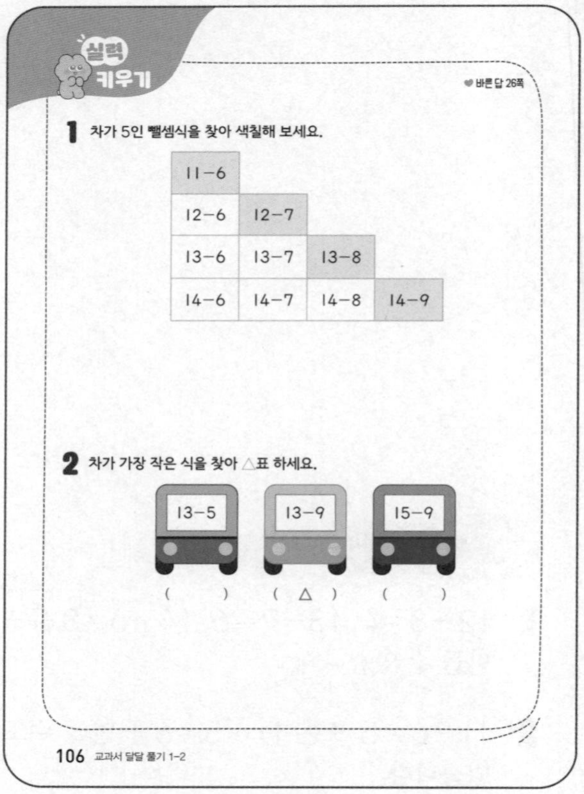

실력 키우기
바른 답 26쪽
1 차가 5인 뺄셈식을 찾아 색칠해 보세요.
11−6
12−6
12−7
13−6
13−7
13−8
14−6
14−7
14−8
14−9
2 차가 가장 작은 식을 찾아 △표 하세요.
13−5
13−9
15−9
( ) (△) ( )
106 교과서 달달 풀기 1-2

교과서 따라 풀기

4 • 13−4=9이므로 14−5, 15−6, 16−7과 차가 같습니다.
• 12−4=8이므로 14−6, 15−7, 16−8과 차가 같습니다.
• 11−4=7이므로 14−7, 15−8, 16−9와 차가 같습니다.

실력 키우기

1 빼어지는 수와 빼는 수가 모두 1씩 커지면 차는 같습니다.

2 • 13−5=8
• 13−9=4
• 15−9=6
따라서 차가 가장 작은 식은 13−9입니다.

단원 마무리하기

8 • $12-4=8$ • $15-8=7$
➡ $8>7$

9 합이 가장 큰 덧셈식은 가장 큰 수와 두 번째로 큰 수를 더합니다.
따라서 뽑은 두 수는 가장 큰 수인 8과 두 번째로 큰 수인 6이므로 $8+6=14$입니다.

10 빼는 수가 1씩 작아지면 차는 1씩 커집니다.

공부한 날 월 일

단원 마무리하기

1 그림을 보고 덧셈을 해 보세요.

$9+4=$ [13]

2 그림을 보고 뺄셈을 해 보세요.

$11-5=$ [6]

3 □ 안에 알맞은 수를 써넣으세요.

(1) $7+8=$ [15] (3, 5)

(2) $12-9=$ [3] (2, 7)

4 □ 안에 알맞은 수를 써넣으세요.

(1) $5+6=$ [11]
$5+7=$ [12]
$5+8=$ [13]
$5+9=$ [14]

(2) $14-5=$ [9]
$15-6=$ [9]
$16-7=$ [9]
$17-8=$ [9]

4. 덧셈과 뺄셈(2) 107

단원 마무리하기

5 합이 같도록 점을 그리고 □ 안에 알맞은 수를 써넣으세요.

$8+4=$ [12] $6+$ [6] $=$ [12]

6 관계있는 것끼리 선으로 이어 보세요.

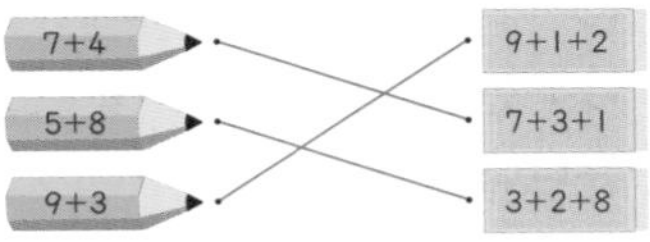

7 편지 봉투 14장에 붙임딱지를 1개씩 모두 붙이려고 합니다. 붙임딱지가 7개 있다면 붙임딱지는 몇 개 더 필요한지 구해 보세요.

(7개)

8 계산 결과를 비교하여 ○ 안에 >, =, <를 알맞게 써넣으세요.

$12-4$ (>) $15-8$

108 교과서 달달 풀기 1-2

바른 답 27쪽

9 4장의 수 카드 중에서 2장을 뽑아 합이 가장 큰 덧셈식을 만들고 합을 구해 보세요.

2 4 6 8

[8] + [6] = [14] 또는 6+8=14

10 화살표를 따라가며 차가 1씩 커지는 식을 써 보세요.

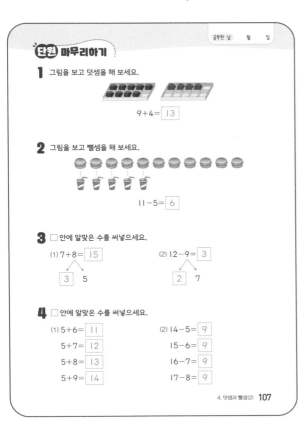

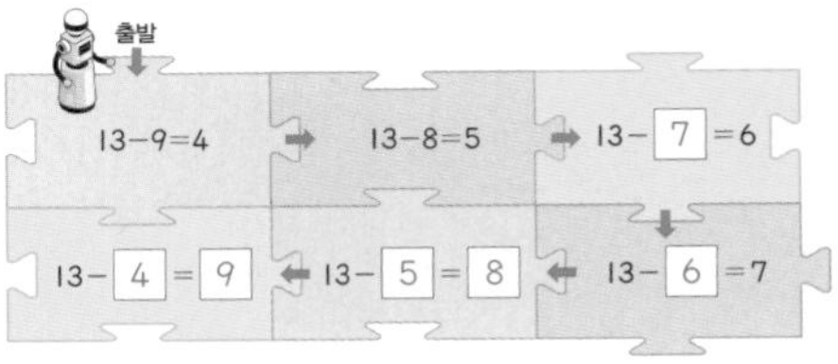

빠른 개념 찾기
틀린 문제는 개념을 다시 확인해 보세요.

개념	문제 번호
01 덧셈을 알아볼까요	1, 5
02 덧셈을 해 볼까요	3, 6, 9
03 여러 가지 덧셈을 해 볼까요	4
04 뺄셈을 알아볼까요	2, 7
05 뺄셈을 해 볼까요	3, 8
06 여러 가지 뺄셈을 해 볼까요	4, 10

4. 덧셈과 뺄셈(2) 109

01 규칙을 찾아볼까요

개념 확인하기

111쪽

1 (　　)
(　○　)

2 (다람쥐)에 ○표

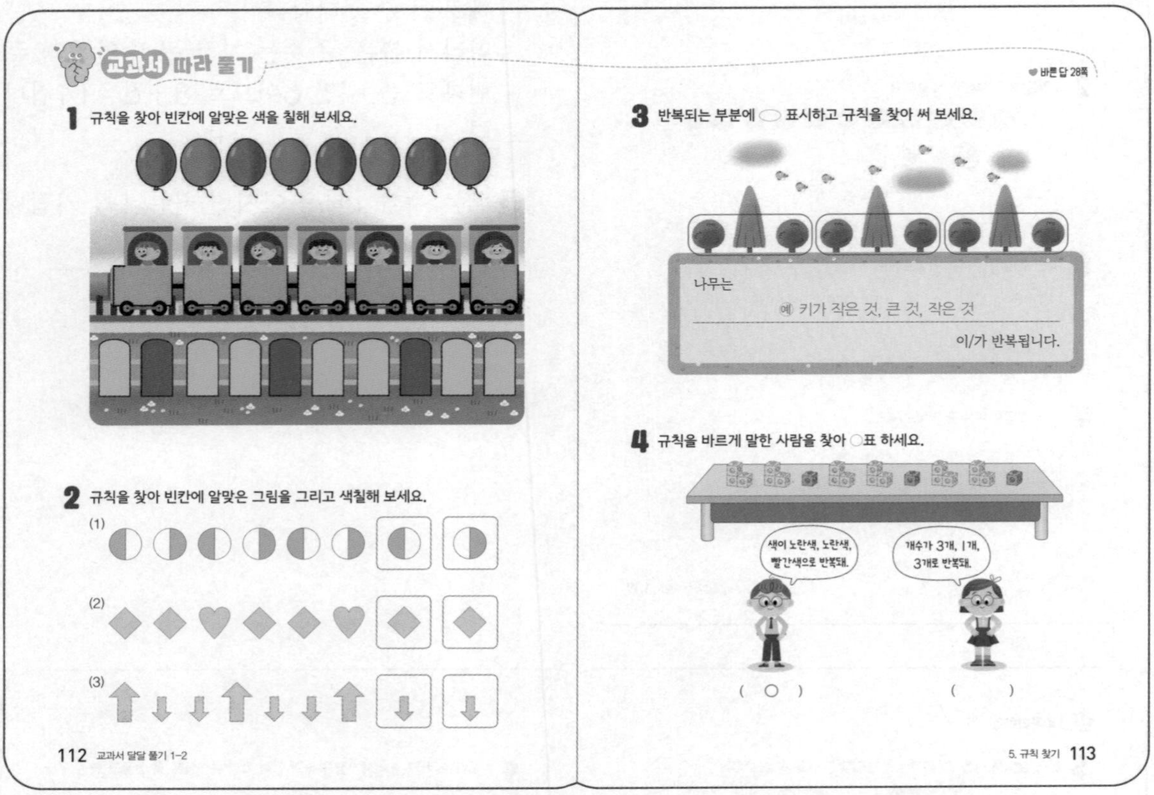

교과서 따라 풀기

1 규칙을 찾아 빈칸에 알맞은 색을 칠해 보세요.

2 규칙을 찾아 빈칸에 알맞은 그림을 그리고 색칠해 보세요.

(1)

(2)

(3)

바른 답 28쪽

3 반복되는 부분에 ⬭ 표시하고 규칙을 찾아 써 보세요.

나무는 예 키가 작은 것, 큰 것, 작은 것 이/가 반복됩니다.

4 규칙을 바르게 말한 사람을 찾아 ○표 하세요.

색이 노란색, 노란색, 빨간색으로 반복돼.
개수가 3개, 1개, 3개로 반복돼.

(　○　)　　(　　)

112 교과서 달달 풀기 1-2　　5. 규칙 찾기 113

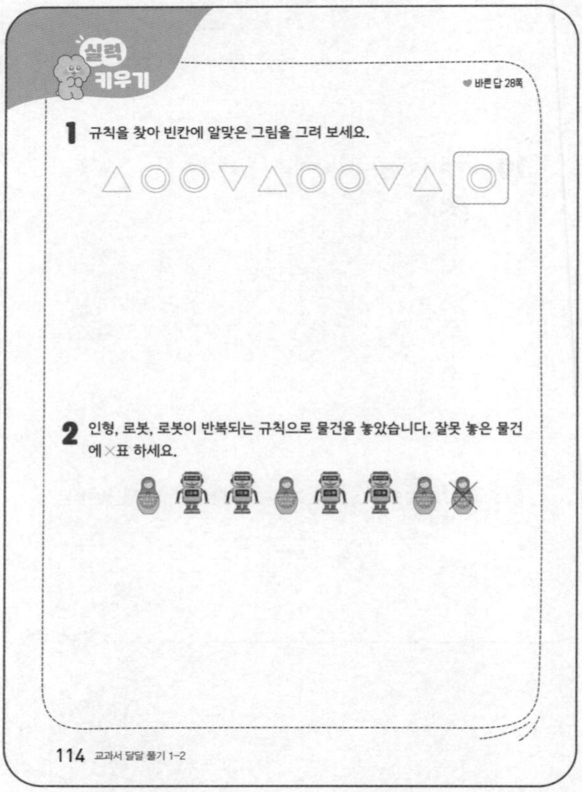

실력 키우기

바른 답 28쪽

1 규칙을 찾아 빈칸에 알맞은 그림을 그려 보세요.

2 인형, 로봇, 로봇이 반복되는 규칙으로 물건을 놓았습니다. 잘못 놓은 물건에 ×표 하세요.

114 교과서 달달 풀기 1-2

교과서 따라 풀기

3 예 나무는 동그라미 모양, 세모 모양, 동그라미 모양이 반복됩니다.
나무는 초록색, 연두색, 초록색이 반복됩니다.

4 연결 모형의 개수가 3개, 3개, 1개로 반복됩니다.

실력 키우기

1 △, ◎, ◎, ▽가 반복됩니다.
따라서 빈칸은 △ 다음이므로 ◎입니다.

2 인형, 로봇, 로봇이 반복됩니다.
따라서 인형 다음에는 로봇을 놓아야 합니다.

02 규칙을 만들어 볼까요 (1)

개념 확인하기

115쪽

1 (○)
( )

2 ( )
(○)

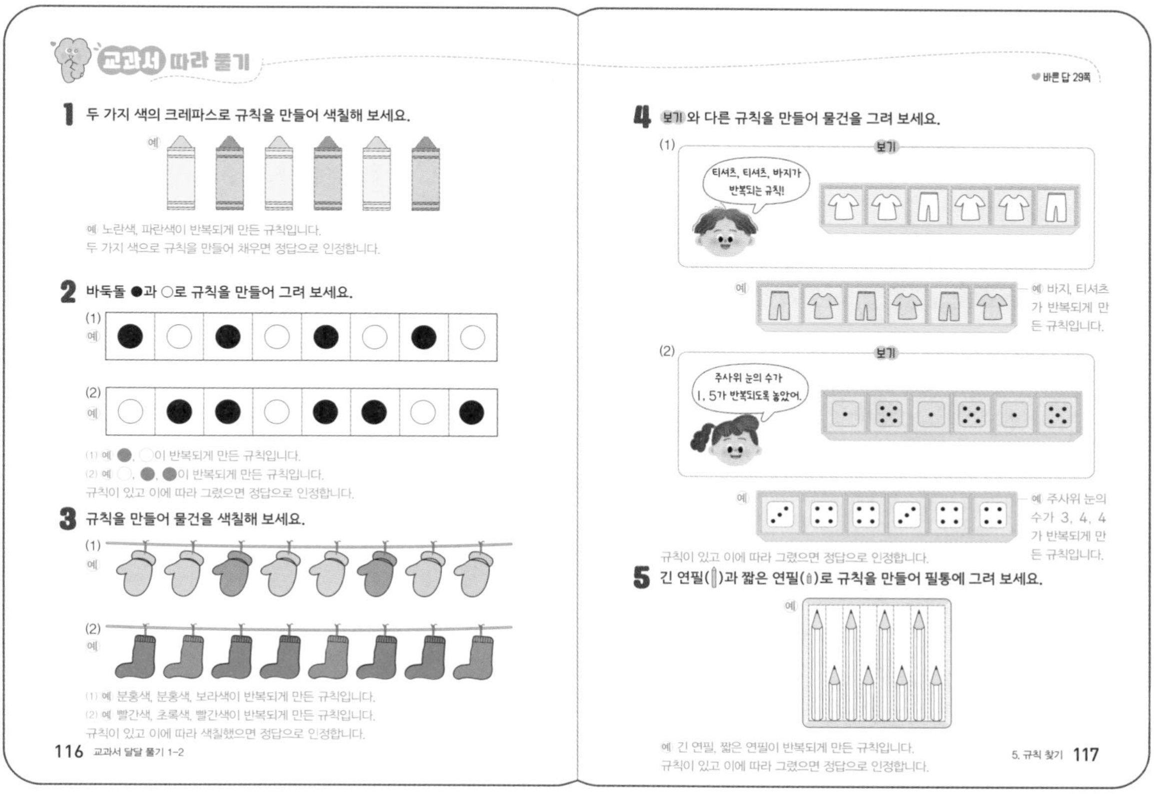

교과서 따라 풀기

1 두 가지 색의 크레파스로 규칙을 만들어 색칠해 보세요.

예 노란색, 파란색이 반복되게 만든 규칙입니다.
두 가지 색으로 규칙을 만들어 채우면 정답으로 인정합니다.

2 바둑돌 ●과 ○로 규칙을 만들어 그려 보세요.

(1) 예 ●, ○이 반복되게 만든 규칙입니다.
(2) 예 ○, ●, ●이 반복되게 만든 규칙입니다.
규칙이 있고 이에 따라 그렸으면 정답으로 인정합니다.

3 규칙을 만들어 물건을 색칠해 보세요.

(1) 예 분홍색, 분홍색, 보라색이 반복되게 만든 규칙입니다.
(2) 예 빨간색, 초록색, 빨간색이 반복되게 만든 규칙입니다.
규칙이 있고 이에 따라 색칠했으면 정답으로 인정합니다.

116 교과서 달달 풀기 1-2

바른 답 29쪽

4 보기 와 다른 규칙을 만들어 물건을 그려 보세요.

(1) 보기

티셔츠, 티셔츠, 바지가 반복되는 규칙!

예 바지, 티셔츠가 반복되게 만든 규칙입니다.

(2) 보기

주사위 눈의 수가 1, 5가 반복되도록 놓았어.

예 주사위 눈의 수가 3, 4, 4가 반복되게 만든 규칙입니다.

규칙이 있고 이에 따라 그렸으면 정답으로 인정합니다.

5 긴 연필( )과 짧은 연필( )로 규칙을 만들어 필통에 그려 보세요.

예 긴 연필, 짧은 연필이 반복되게 만든 규칙입니다.
규칙이 있고 이에 따라 그렸으면 정답으로 인정합니다.

5. 규칙 찾기 117

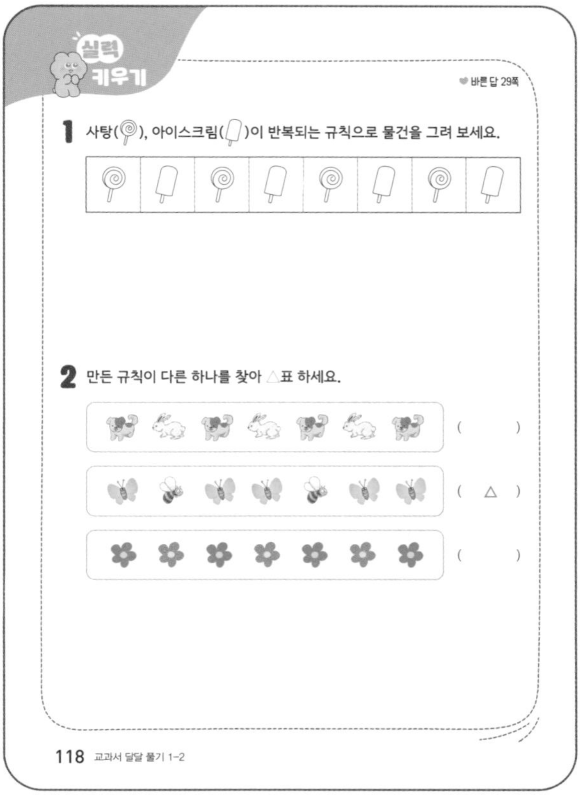

실력 키우기

바른 답 29쪽

1 사탕( ), 아이스크림( )이 반복되는 규칙으로 물건을 그려 보세요.

2 만든 규칙이 다른 하나를 찾아 △표 하세요.

( )
(△)
( )

118 교과서 달달 풀기 1-2

실력 키우기

2 첫째 줄: 강아지, 토끼가 반복되게 만든 규칙입니다.
둘째 줄: 나비, 벌, 나비가 반복되게 만든 규칙입니다.
셋째 줄: 빨간색 꽃, 파란색 꽃이 반복되게 만든 규칙입니다.
따라서 만든 규칙이 다른 하나는 둘째 줄입니다.

03 규칙을 만들어 볼까요 (2)

개념 확인하기

119쪽

1 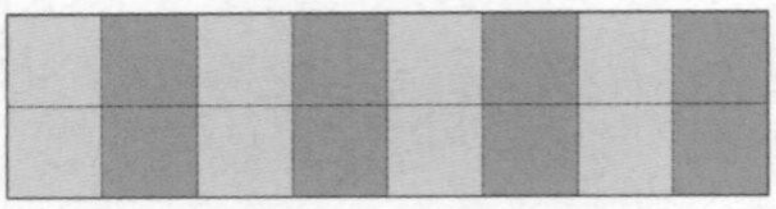

2 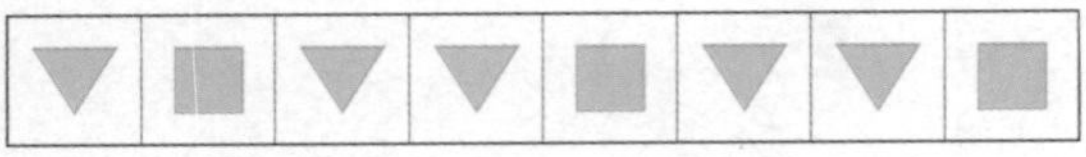

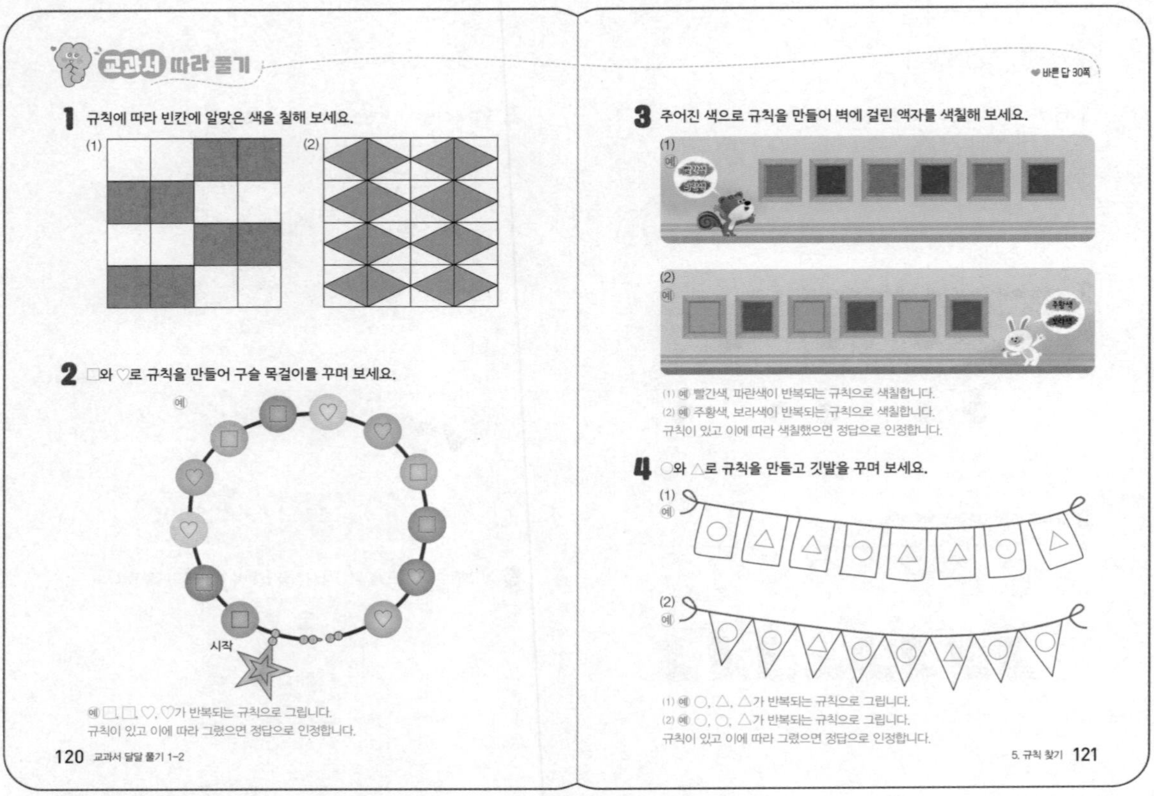

교과서 따라 풀기

♥ 바른 답 30쪽

1 규칙에 따라 빈칸에 알맞은 색을 칠해 보세요.

(1) (2)

2 □와 ♡로 규칙을 만들어 구슬 목걸이를 꾸며 보세요.

예

시작

예 □, □, ♡, ♡가 반복되는 규칙으로 그립니다.
규칙이 있고 이에 따라 그렸으면 정답으로 인정합니다.

120 교과서 달달 풀기 1-2

3 주어진 색으로 규칙을 만들어 벽에 걸린 액자를 색칠해 보세요.

(1) 예

(2) 예

(1) 예 빨간색, 파란색이 반복되는 규칙으로 색칠합니다.
(2) 예 주황색, 보라색이 반복되는 규칙으로 색칠합니다.
규칙이 있고 이에 따라 색칠했으면 정답으로 인정합니다.

4 ○와 △로 규칙을 만들고 깃발을 꾸며 보세요.

(1) 예

(2) 예

(1) 예 ○, △, △가 반복되는 규칙으로 그립니다.
(2) 예 ○, ○, △가 반복되는 규칙으로 그립니다.
규칙이 있고 이에 따라 그렸으면 정답으로 인정합니다.

5. 규칙 찾기 121

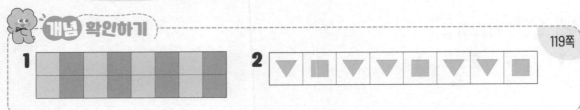

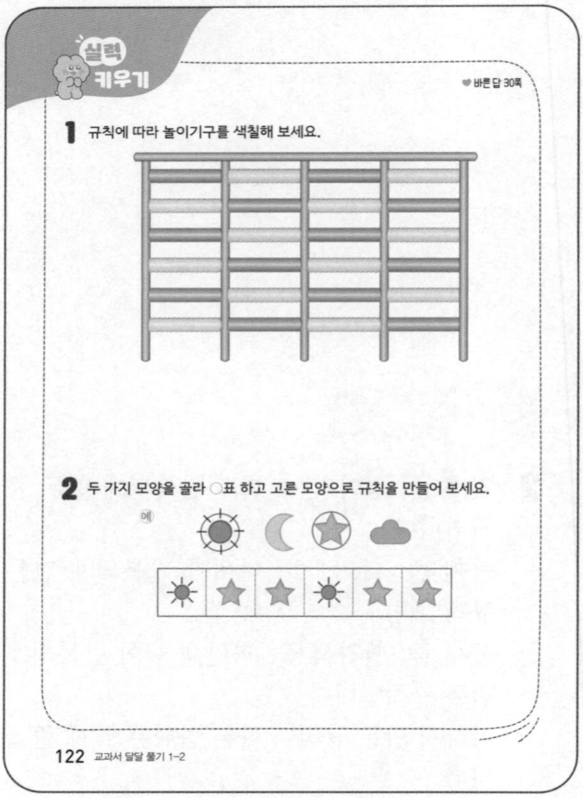

실력 키우기

♥ 바른 답 30쪽

1 규칙에 따라 놀이기구를 색칠해 보세요.

2 두 가지 모양을 골라 ○표 하고 고른 모양으로 규칙을 만들어 보세요.

예

122 교과서 달달 풀기 1-2

실력 키우기

1 왼쪽에서 첫째 줄과 셋째 줄은 아래쪽으로 빨간색, 노란색이 반복됩니다.
왼쪽에서 둘째 줄과 넷째 줄은 아래쪽으로 노란색, 빨간색이 반복됩니다.

2 예 [해], [별], [별]이 반복되는 규칙으로 그립니다.
규칙이 있고 이에 따라 그렸으면 정답으로 인정합니다.

04 수 배열에서 규칙을 찾아볼까요

개념 확인하기

123쪽

1 (1) 3, 6 (2) 2 (3) 5

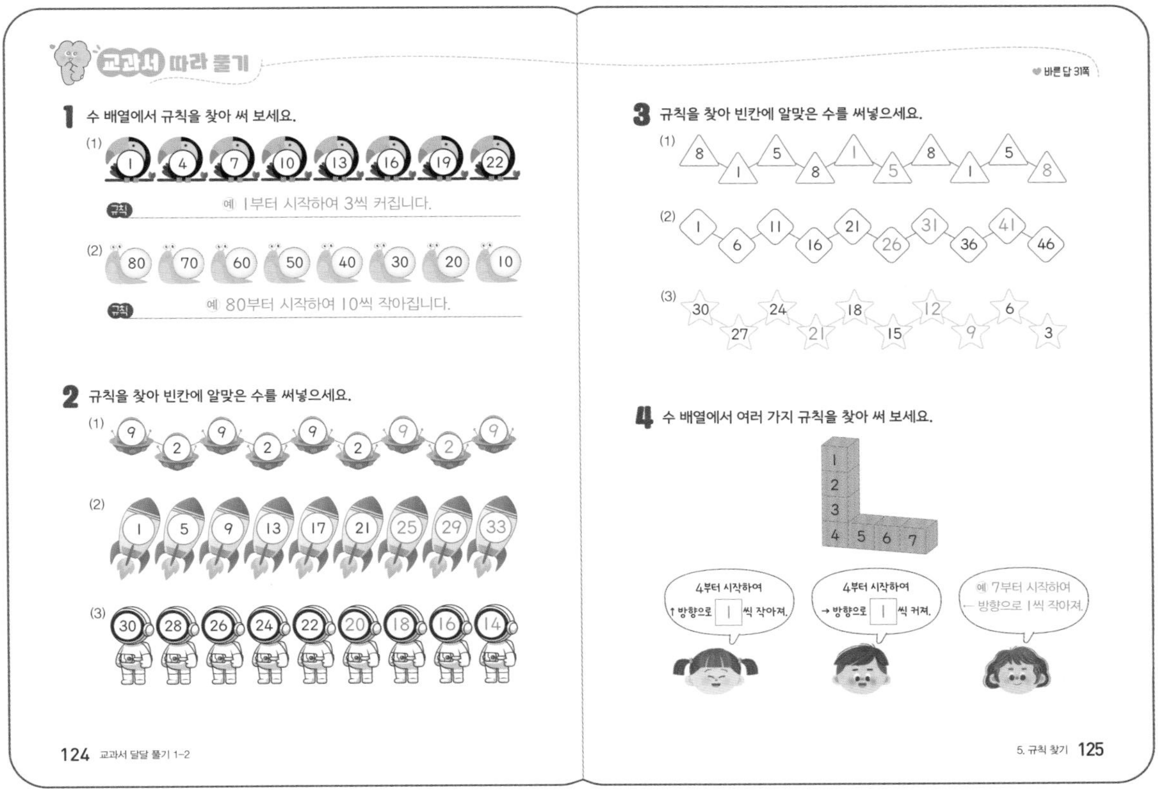

교과서 따라 풀기

바른 답 31쪽

1 수 배열에서 규칙을 찾아 써 보세요.

(1) 1 4 7 10 13 16 19 22

규칙 예 1부터 시작하여 3씩 커집니다.

(2) 80 70 60 50 40 30 20 10

규칙 예 80부터 시작하여 10씩 작아집니다.

2 규칙을 찾아 빈칸에 알맞은 수를 써넣으세요.

(1) 9 2 9 2 9 2 9 2 9

(2) 1 5 9 13 17 21 25 29 33

(3) 30 28 26 24 22 20 18 16 14

3 규칙을 찾아 빈칸에 알맞은 수를 써넣으세요.

(1) 8 1 5 8 1 5 8 1 5 8

(2) 1 6 11 16 21 26 31 36 41 46

(3) 30 27 24 21 18 15 12 9 6 3

4 수 배열에서 여러 가지 규칙을 찾아 써 보세요.

1 2 3 4 5 6 7

4부터 시작하여 ↑ 방향으로 1씩 작아져.

4부터 시작하여 → 방향으로 1씩 커져.

예 7부터 시작하여 ← 방향으로 1씩 작아져.

124 교과서 달달 풀기 1-2

5. 규칙 찾기 125

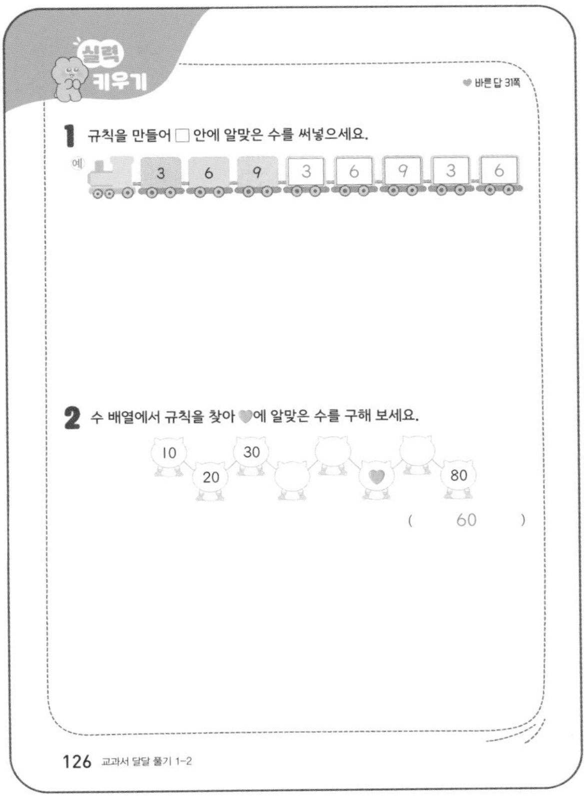

실력 키우기

바른 답 31쪽

1 규칙을 만들어 □ 안에 알맞은 수를 써넣으세요.

예 3 6 9 3 6 9 3 6

2 수 배열에서 규칙을 찾아 ♥에 알맞은 수를 구해 보세요.

10 20 30 ♥ 80

(60)

126 교과서 달달 풀기 1-2

실력 키우기

1 3, 6, 9가 반복되거나 3부터 시작하여 3씩 커지는 규칙을 만들 수 있습니다.

2 10부터 시작하여 10씩 커집니다.

➡ 10 − 20 − 30 − 40 − 50 − 60 − 70 − 80

따라서 ♥에 알맞은 수는 60입니다.

05 수 배열표에서 규칙을 찾아볼까요

개념 확인하기

127쪽

1 커집니다에 ○표 / 10에 ○표

교과서 따라 풀기

바른 답 32쪽

1~3 사물함에 있는 수를 보고 물음에 답하세요.

1	2	3	4	5	6	7	8	9	10
11	12	13	14	15	16	17	18	19	20
21	22	23	24	25	26	27	28	29	30
31	32	33	34	35	36	37	38	39	40
41	42	43	44	45	46	47	48	49	50

1 □에 있는 수에는 어떤 규칙이 있는지 □ 안에 알맞은 수를 써넣으세요.

11 부터 시작하여 → 방향으로 1 씩 커집니다.

2 □에 있는 수에는 어떤 규칙이 있는지 □ 안에 알맞은 수를 써넣으세요.

4 부터 시작하여 ↓ 방향으로 10 씩 커집니다.

3 규칙에 따라 빈칸에 알맞은 수를 써넣으세요.

4 규칙을 찾아 ♥과 ★에 알맞은 수를 각각 구해 보세요.

51	52	53	54	55
56	57		59	
		63	64	
♥				★

♥ (66)
★ (70)

5 규칙에 따라 색칠하고 규칙을 완성해 보세요.

71	72	73	74	75	76	77	78	79	80
81	82	83	84	85	86	87	88	89	90
91	92	93	94	95	96	97	98	99	100

규칙 3 씩 커집니다.

6 엘리베이터에 있는 수를 보고 수의 규칙이 어떻게 다른지 써 보세요.

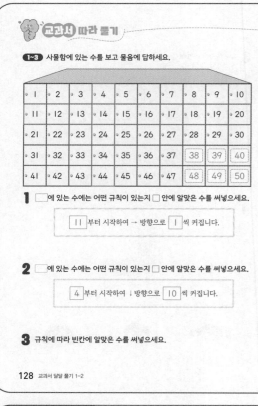

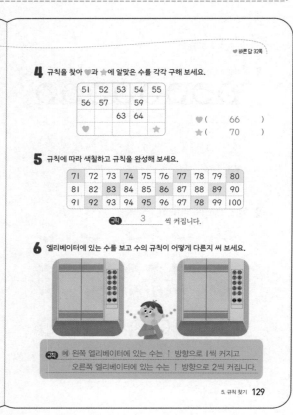

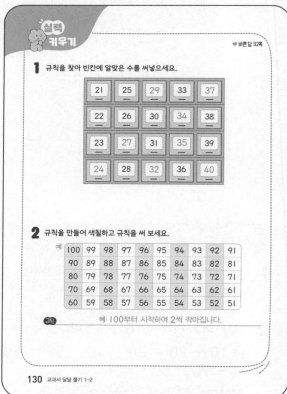

규칙 예 왼쪽 엘리베이터에 있는 수는 ↑ 방향으로 1씩 커지고 오른쪽 엘리베이터에 있는 수는 ↑ 방향으로 2씩 커집니다.

실력 키우기

바른 답 32쪽

1 규칙을 찾아 빈칸에 알맞은 수를 써넣으세요.

21	25	29	33	37
22	26	30	34	38
23	27	31	35	39
24	28	32	36	40

2 규칙을 만들어 색칠하고 규칙을 써 보세요.

예

100	99	98	97	96	95	94	93	92	91
90	89	88	87	86	85	84	83	82	81
80	79	78	77	76	75	74	73	72	71
70	69	68	67	66	65	64	63	62	61
60	59	58	57	56	55	54	53	52	51

규칙 예 100부터 시작하여 2씩 작아집니다.

실력 키우기

1 → 방향으로 4씩 커지고 ↓ 방향으로 1씩 커집니다.

06 규칙을 여러 가지 방법으로 나타내 볼까요

개념 확인하기

131쪽

1 △, ◎ **2** 4, 2

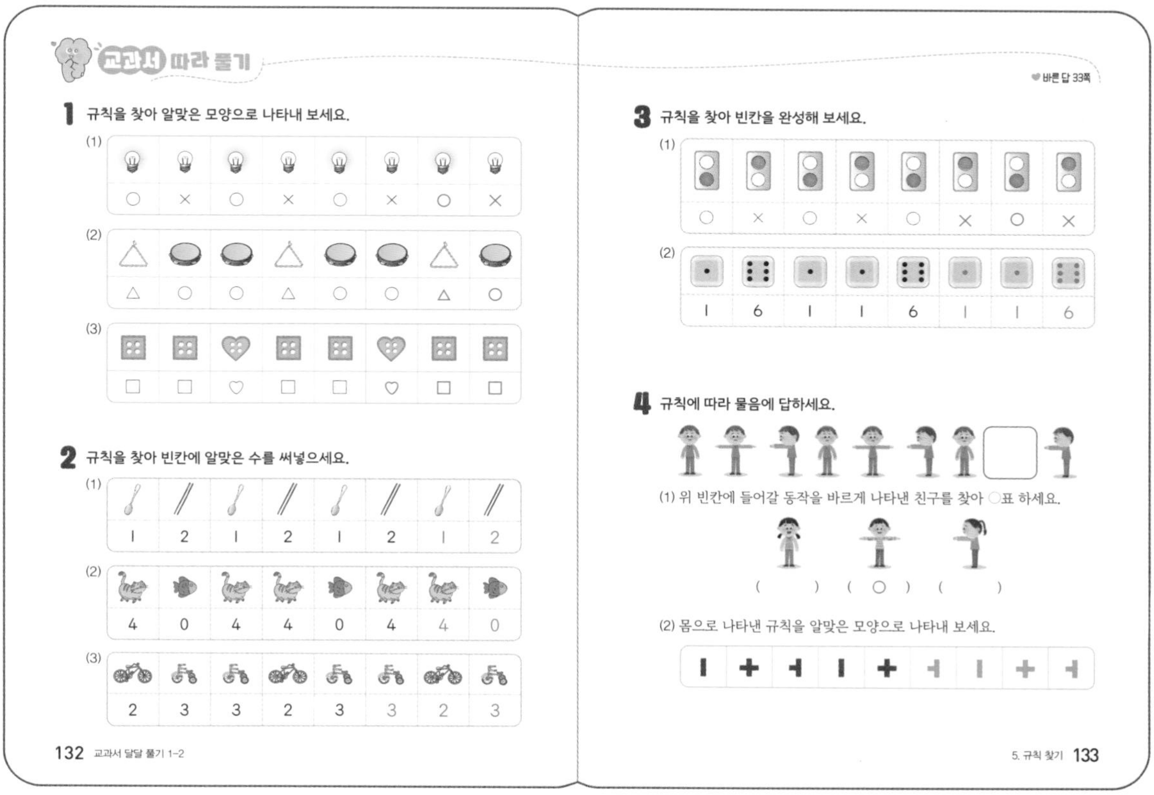
교과서 따라 풀기

1 규칙을 찾아 알맞은 모양으로 나타내 보세요.

(1)

○	×	○	×	○	×	○	×

(2)

△	○	○	△	○	○	△	○

(3)

□	□	♡	□	□	♡	□	□

2 규칙을 찾아 빈칸에 알맞은 수를 써넣으세요.

(1)

1	2	1	2	1	2	1	2

(2)

4	0	4	4	0	4	4	0

(3)

2	3	3	2	3	3	2	3

132 교과서 달달 풀기 1-2

바른 답 33쪽

3 규칙을 찾아 빈칸을 완성해 보세요.

(1)

○	×	○	×	○	×	○	×

(2)

1	6	1	1	6	1	1	6

4 규칙에 따라 물음에 답하세요.

(1) 위 빈칸에 들어갈 동작을 바르게 나타낸 친구를 찾아 ○표 하세요.

( ) (○) ( )

(2) 몸으로 나타낸 규칙을 알맞은 모양으로 나타내 보세요.

ㅣ	✚	ㅓ	ㅣ	✚	ㅓ	ㅣ	✚	ㅓ

5. 규칙 찾기 133

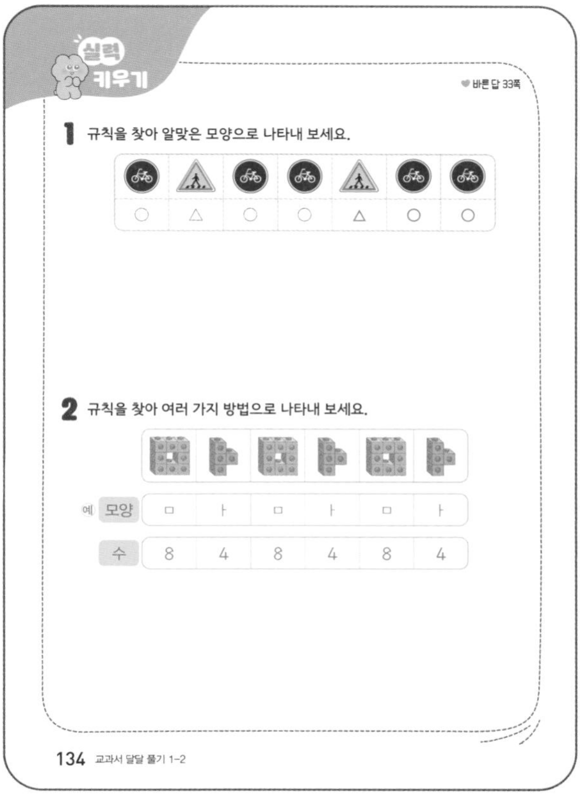
실력 키우기

바른 답 33쪽

1 규칙을 찾아 알맞은 모양으로 나타내 보세요.

○	△	○	○	△	○	○

2 규칙을 찾아 여러 가지 방법으로 나타내 보세요.

예						
모양	ㅁ	ㅏ	ㅁ	ㅏ	ㅁ	ㅏ
수	8	4	8	4	8	4

134 교과서 달달 풀기 1-2

실력 키우기

2 ▦, ▶이 반복됩니다.

- ▦은 ㅁ, ▶은 ㅏ로 바꾸어 나타내면 ㅁ, ㅏ가 반복됩니다.
- ▦은 8, ▶은 4로 바꾸어 나타내면 8, 4가 반복됩니다.

반복되는 규칙을 같게 나타내었으면 정답으로 인정합니다.

단원 마무리하기

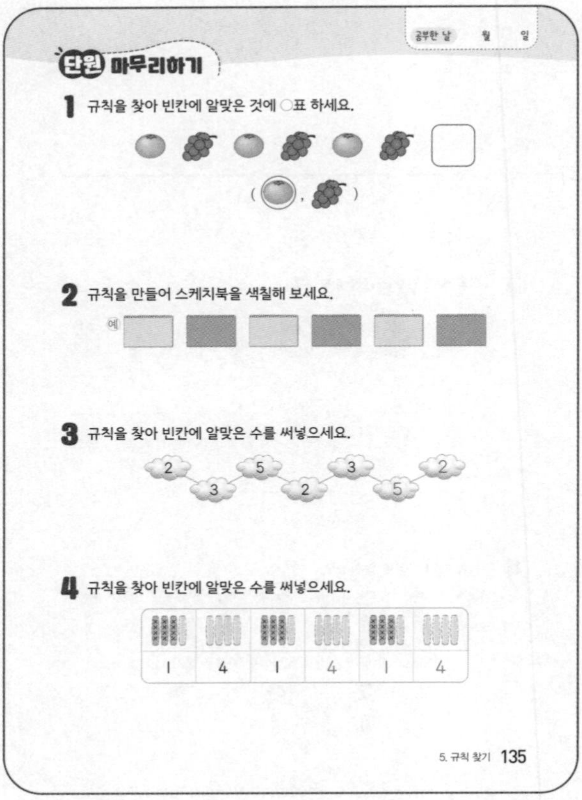

공부한 날 월 일
단원 마무리하기
1 규칙을 찾아 빈칸에 알맞은 것에 ○표 하세요.
2 규칙을 만들어 스케치북을 색칠해 보세요.
예
3 규칙을 찾아 빈칸에 알맞은 수를 써넣으세요.
2 3 5 2 3 5 2
4 규칙을 찾아 빈칸에 알맞은 수를 써넣으세요.
1 4 1 4 1 4
5. 규칙 찾기 135

2 규칙이 있고 이에 따라 색칠했으면 정답으로 인정합니다.

6 ㉠에 알맞은 모양은 ◌, ㉡에 알맞은 모양은 ◌, ㉢에 알맞은 모양은 ●입니다.

7 보기 는 5씩 작아지는 규칙입니다.
따라서 53부터 시작하여 5씩 작아지는 규칙으로 빈칸에 수를 써넣습니다.

8 → 방향으로 1씩 커지고 ↓ 방향으로 9씩 커집니다.
따라서 39 아래 칸의 수는 39보다 9만큼 더 큰 48이므로 ▲에 알맞은 수는
48 - 49 - 50 - 51 - 52에서 52입니다.

9 필통, 연필꽂이, 필통이 반복됩니다.
필통을 ☆, 연필꽂이를 ♡로 하여 규칙을 나타내면 ☆♡☆☆♡☆☆♡입니다.

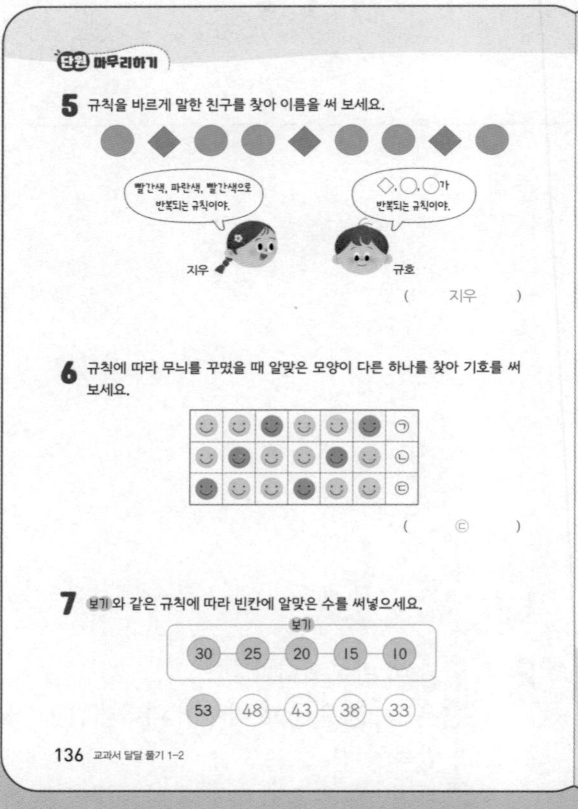

단원 마무리하기
5 규칙을 바르게 말한 친구를 찾아 이름을 써 보세요.
빨간색, 파란색, 빨간색으로 반복되는 규칙이야.
◇, ○, ○가 반복되는 규칙이야.
지우
규호
(지우)
6 규칙에 따라 무늬를 꾸몄을 때 알맞은 모양이 다른 하나를 찾아 기호를 써 보세요.
㉠ ㉡ ㉢
(㉢)
7 보기와 같은 규칙에 따라 빈칸에 알맞은 수를 써넣으세요.
보기
30 25 20 15 10
53 48 43 38 33
136 교과서 달달 풀기 1-2

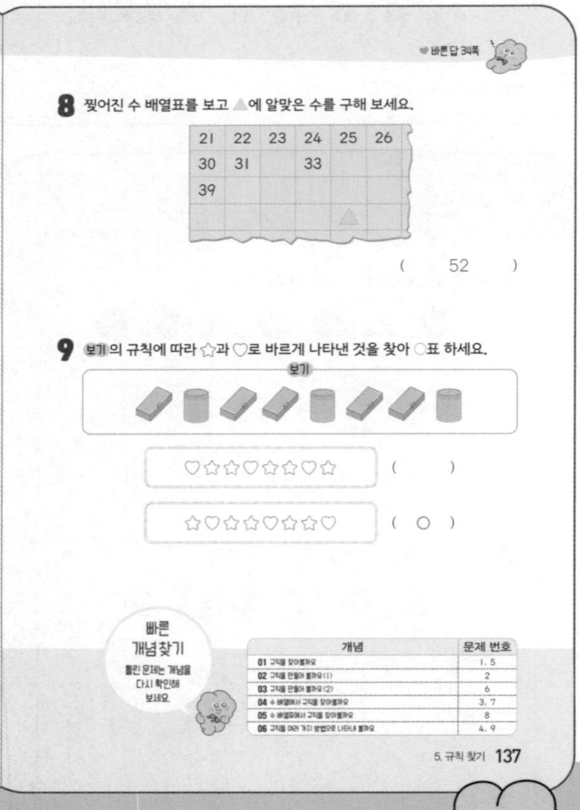

바른 답 34쪽
8 찢어진 수 배열표를 보고 ▲에 알맞은 수를 구해 보세요.
21 22 23 24 25 26
30 31 33
39
(52)
9 보기의 규칙에 따라 ☆과 ♡로 바르게 나타낸 것을 찾아 ○표 하세요.
보기
♡☆☆♡☆☆♡☆ ( )
☆♡☆☆♡☆☆♡ (○)
빠른 개념찾기
틀린 문제는 개념을 다시 확인해 보세요.
개념 문제 번호
5. 규칙 찾기 137

01 덧셈을 알아볼까요

개념 확인하기

139쪽

1 19 **2** 38

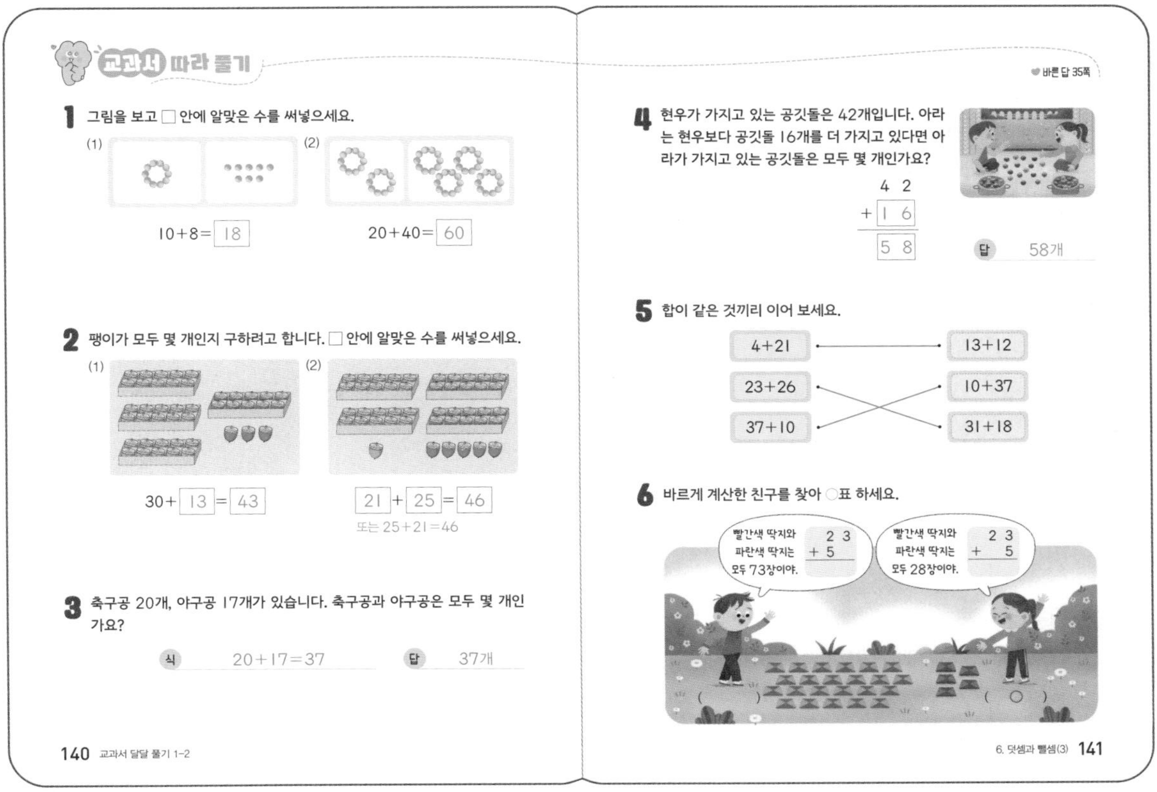

교과서 따라 풀기

1 그림을 보고 □ 안에 알맞은 수를 써넣으세요.

(1) 10+8= 18 (2) 20+40= 60

2 팽이가 모두 몇 개인지 구하려고 합니다. □ 안에 알맞은 수를 써넣으세요.

(1) 30+ 13 = 43 (2) 21 + 25 = 46

또는 25+21=46

3 축구공 20개, 야구공 17개가 있습니다. 축구공과 야구공은 모두 몇 개인가요?

식 20+17=37 답 37개

140 교과서 달달 풀기 1-2

바른 답 35쪽

4 현우가 가지고 있는 공깃돌은 42개입니다. 아라는 현우보다 공깃돌 16개를 더 가지고 있다면 아라가 가지고 있는 공깃돌은 모두 몇 개인가요?

4 2
+ 1 6
5 8

답 58개

5 합이 같은 것끼리 이어 보세요.

4+21 · · 13+12
23+26 · · 10+37
37+10 · · 31+18

6 바르게 계산한 친구를 찾아 ○표 하세요.

빨간색 딱지와 파란색 딱지는 모두 73장이야. 2 3 + 5
빨간색 딱지와 파란색 딱지는 모두 28장이야. 2 3 + 5

( ) (○)

6. 덧셈과 뺄셈(3) 141

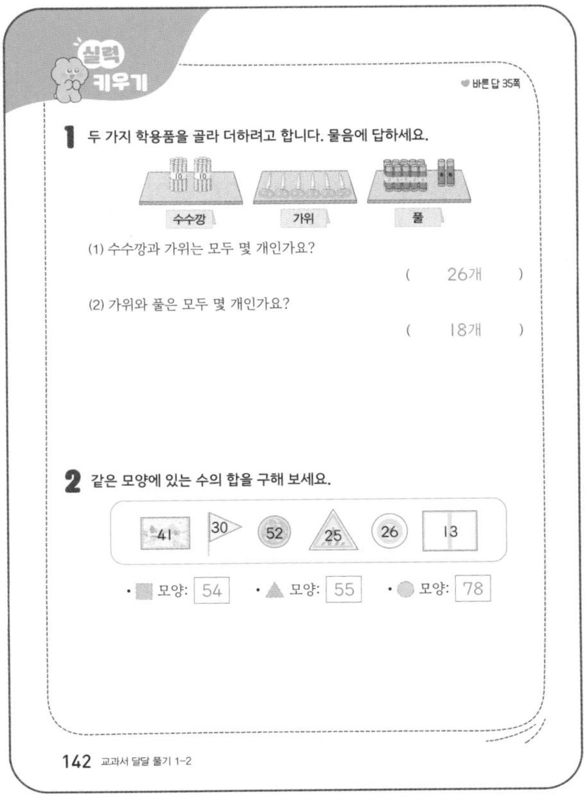

실력 키우기

바른 답 35쪽

1 두 가지 학용품을 골라 더하려고 합니다. 물음에 답하세요.

수수깡
가위
풀

(1) 수수깡과 가위는 모두 몇 개인가요? (26개)

(2) 가위와 풀은 모두 몇 개인가요? (18개)

2 같은 모양에 있는 수의 합을 구해 보세요.

41 30 52 25 26 13

· ■ 모양: 54 · ▲ 모양: 55 · ● 모양: 78

142 교과서 달달 풀기 1-2

교과서 따라 풀기

5 · 4+21=25, 23+26=49, 37+10=47
· 13+12=25, 10+37=47, 31+18=49

실력 키우기

1 (1) (수수깡과 가위의 수)
=(수수깡 수)+(가위 수)
=20+6=26(개)

(2) (가위와 풀의 수)
=(가위 수)+(풀 수)
=6+12=18(개)

2 · ■ 모양: 41+13=54
· ▲ 모양: 30+25=55
· ● 모양: 52+26=78

02 뺄셈을 알아볼까요

개념 확인하기

143쪽

1 12 **2** 16

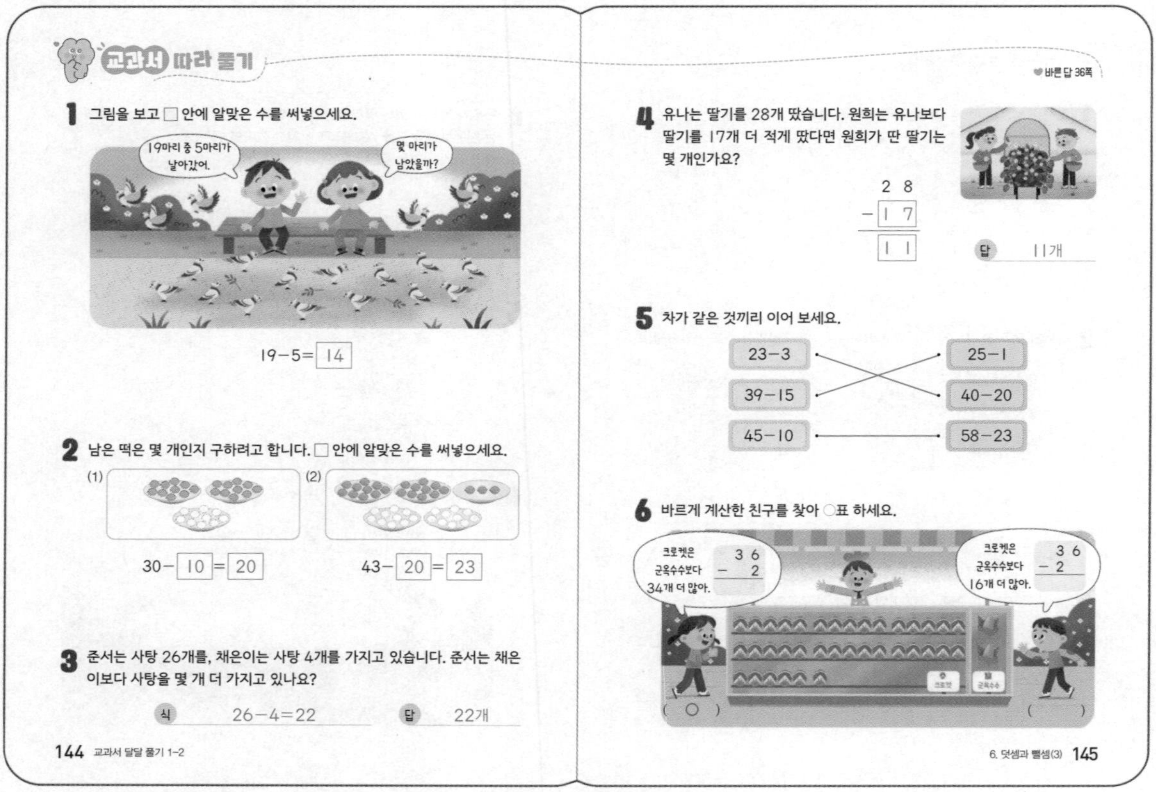

교과서 따라 풀기

1 그림을 보고 □ 안에 알맞은 수를 써넣으세요.

19마리 중 5마리가 날아갔어.
몇 마리가 남았을까?

19−5= 14

2 남은 떡은 몇 개인지 구하려고 합니다. □ 안에 알맞은 수를 써넣으세요.

(1) 30− 10 = 20

(2) 43− 20 = 23

3 준서는 사탕 26개를, 채은이는 사탕 4개를 가지고 있습니다. 준서는 채은이보다 사탕을 몇 개 더 가지고 있나요?

식 26−4=22 답 22개

144 교과서 달달 풀기 1-2

바른 답 36쪽

4 유나는 딸기를 28개 땄습니다. 원희는 유나보다 딸기를 17개 더 적게 땄다면 원희가 딴 딸기는 몇 개인가요?

$$\begin{array}{r} 28 \\ -\ 17 \\ \hline 11 \end{array}$$

답 11개

5 차가 같은 것끼리 이어 보세요.

23−3	25−1
39−15	40−20
45−10	58−23

6 바르게 계산한 친구를 찾아 ○표 하세요.

크로켓은 근옥수수보다 34개 더 많아. 36 − 2
크로켓은 근옥수수보다 16개 더 많아. 36 − 2

(○) ( )

6. 덧셈과 뺄셈(3) 145

교과서 따라 풀기

5 • 23−3=20, 39−15=24, 45−10=35

• 25−1=24, 40−20=20, 58−23=35

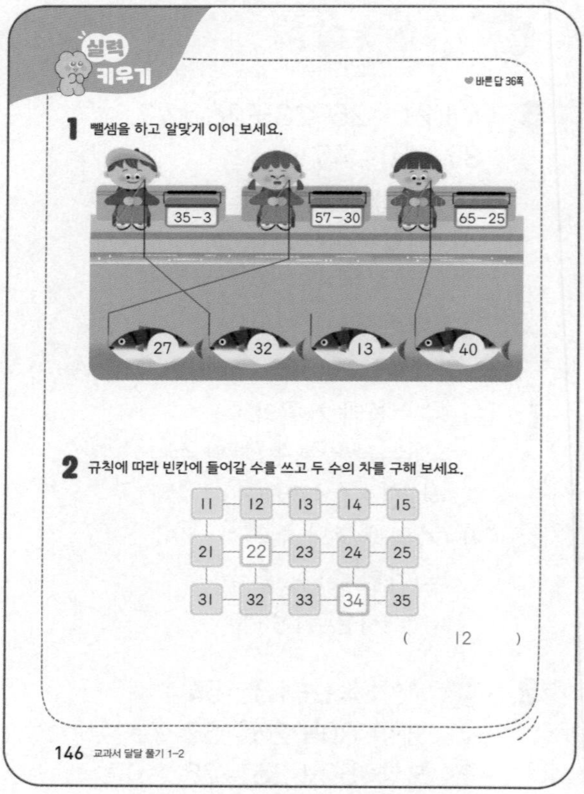

실력 키우기

바른 답 36쪽

1 뺄셈을 하고 알맞게 이어 보세요.

35−3
57−30
65−25
27
32
13
40

2 규칙에 따라 빈칸에 들어갈 수를 쓰고 두 수의 차를 구해 보세요.

11	12	13	14	15
21	22	23	24	25
31	32	33	34	35

(12)

146 교과서 달달 풀기 1-2

실력 키우기

2 → 방향으로 1씩 커지고 ↓ 방향으로 10씩 커지는 규칙이므로 노란색 빈칸에 들어갈 수는 22이고 초록색 빈칸에 들어갈 수는 34입니다.

➡ (두 수의 차)=34−22=12

03 덧셈과 뺄셈을 해 볼까요

개념 확인하기

147쪽

1 (1) 25, 13, 38 (2) 25, 13, 12

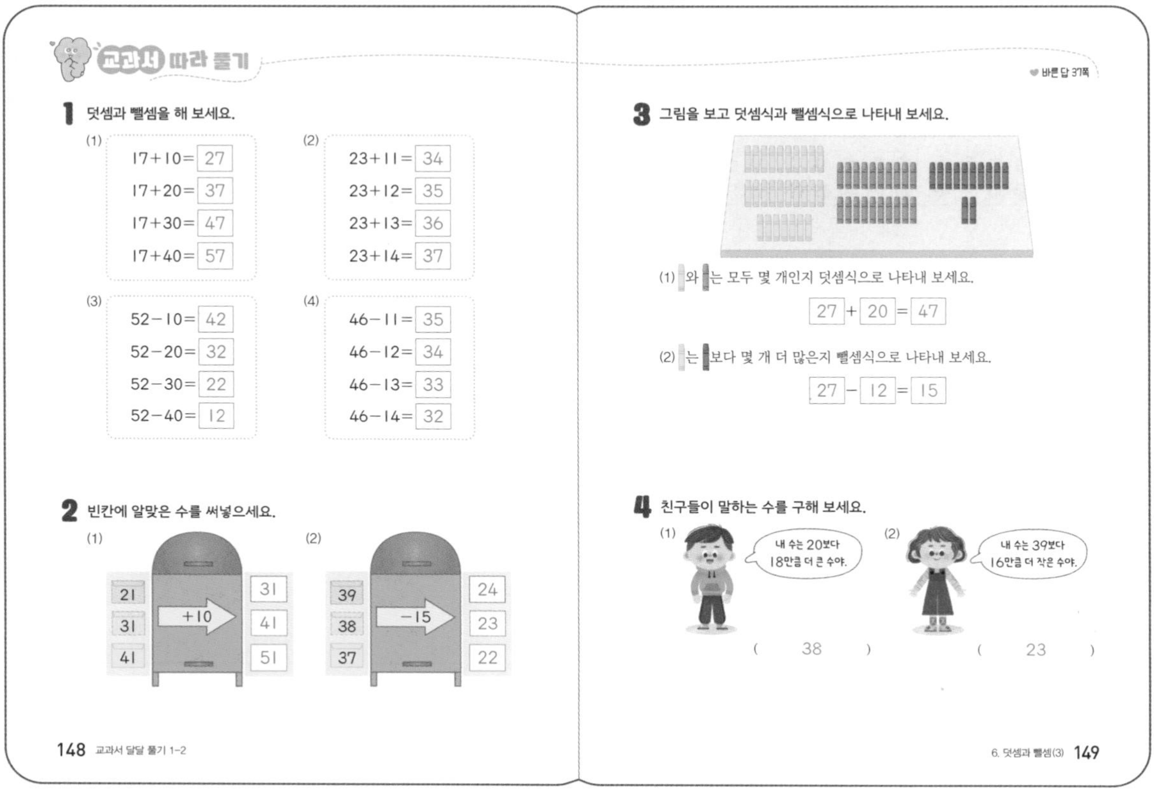

교과서 따라 풀기

바른 답 37쪽

1 덧셈과 뺄셈을 해 보세요.

(1)
17+10= 27
17+20= 37
17+30= 47
17+40= 57

(2)
23+11= 34
23+12= 35
23+13= 36
23+14= 37

(3)
52−10= 42
52−20= 32
52−30= 22
52−40= 12

(4)
46−11= 35
46−12= 34
46−13= 33
46−14= 32

2 빈칸에 알맞은 수를 써넣으세요.

(1) 21, 31, 41 → +10 → 31, 41, 51

(2) 39, 38, 37 → −15 → 24, 23, 22

3 그림을 보고 덧셈식과 뺄셈식으로 나타내 보세요.

(1) 와 는 모두 몇 개인지 덧셈식으로 나타내 보세요.

27 + 20 = 47

(2) 는 보다 몇 개 더 많은지 뺄셈식으로 나타내 보세요.

27 − 12 = 15

4 친구들이 말하는 수를 구해 보세요.

(1) 내 수는 20보다 18만큼 더 큰 수야. (38)

(2) 내 수는 39보다 16만큼 더 작은 수야. (23)

148 교과서 달달 풀기 1-2

6. 덧셈과 뺄셈(3) 149

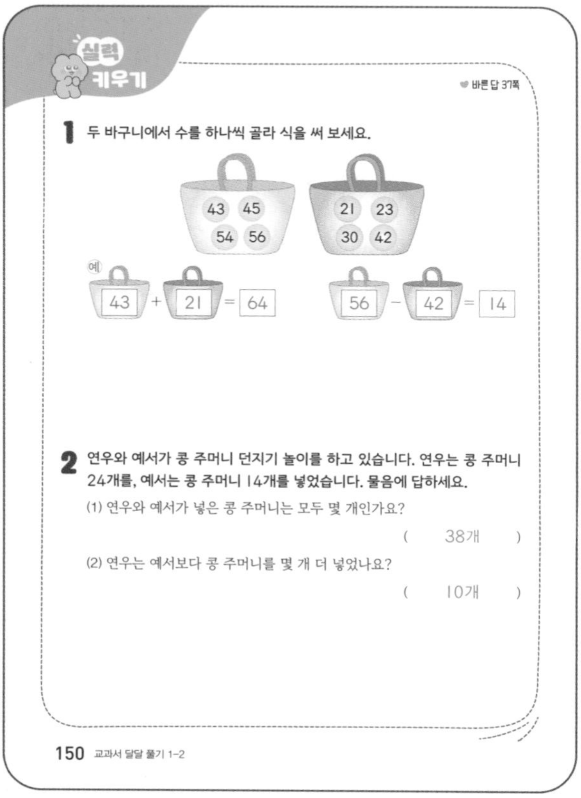

실력 키우기

바른 답 37쪽

1 두 바구니에서 수를 하나씩 골라 식을 써 보세요.

43 45 54 56 / 21 23 30 42

예 43 + 21 = 64 56 − 42 = 14

2 연우와 예서가 콩 주머니 던지기 놀이를 하고 있습니다. 연우는 콩 주머니 24개를, 예서는 콩 주머니 14개를 넣었습니다. 물음에 답하세요.

(1) 연우와 예서가 넣은 콩 주머니는 모두 몇 개인가요? (38개)

(2) 연우는 예서보다 콩 주머니를 몇 개 더 넣었나요? (10개)

150 교과서 달달 풀기 1-2

교과서 따라 풀기

4 (1) 20+18=38 (2) 39−16=23

실력 키우기

1 • 45+23=68, 54+30=84, 56+42=98 등 다양한 덧셈식이 나올 수 있습니다.

• 43−21=22, 45−23=22, 54−30=24 등 다양한 뺄셈식이 나올 수 있습니다.

2 (1) (연우와 예서가 넣은 콩 주머니 수)
=(연우가 넣은 콩 주머니 수)
+(예서가 넣은 콩 주머니 수)
=24+14=38(개)

(2) (연우가 넣은 콩 주머니 수)
−(예서가 넣은 콩 주머니 수)
=24−14=10(개)

단원 마무리하기

단원 마무리하기

공부한 날 월 일

1 그림을 보고 덧셈을 해 보세요.

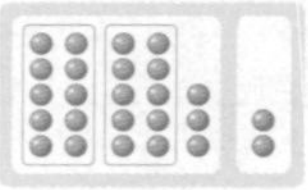

23+2= 25

2 남은 단추가 몇 개인지 뺄셈을 해 보세요.

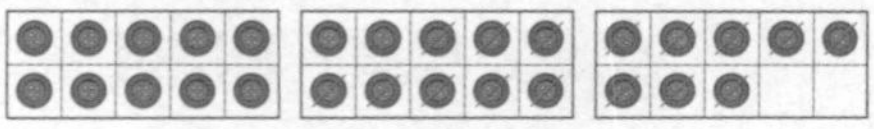

28-16= 12

3 계산해 보세요.

(1) 20+30= 50 (2) 32-10= 22

(3) 25+14= 39 (4) 47-35= 12

4 계산해 보세요.

(1) 12+5= 17 (2) 29-8= 21

12+4= 16 29-7= 22

12+3= 15 29-6= 23

12+2= 14 29-5= 24

6. 덧셈과 뺄셈(3) **151**

---

6 ·80-20=60
·24+23=47
·40+12=52
➡ 60>52>47

7 (1) 줄넘기는 붙임딱지 6장, 물총은 붙임딱지 13장이 필요하므로 붙임딱지는 모두 6+13=19(장) 필요합니다.
(2) 게임기는 붙임딱지 28장이 필요하므로 붙임딱지는 29-28=1(장) 남습니다.

8 ·34+21=55, 21+45=66 등 다양한 덧셈식이 나올 수 있습니다.
·34-20=14, 34-21=13 등 다양한 뺄셈식이 나올 수 있습니다.

단원 마무리하기

5 두 수의 합과 차를 각각 구해 보세요.

31 54

합 (85), 차 (23)

6 계산 결과가 가장 큰 것에 ○표, 가장 작은 것에 △표 하세요.

80-20   24+23   40+12

(○)   (△)   ( )

7 지한이네 반에서 붙임딱지로 물건을 살 수 있는 학급 시장이 열렸습니다. 학급 시장에 나온 물건을 보고 물음에 답하세요.

줄넘기   물총   게임기

붙임딱지 6장   붙임딱지 13장   붙임딱지 28장

(1) 줄넘기와 물총을 한 개씩 사려면 붙임딱지는 모두 몇 장 필요한가요?

(19장)

(2) 지한이는 붙임딱지 29장을 가지고 있습니다. 지한이가 게임기를 한 개 사면 붙임딱지는 몇 장 남을까요?

(1장)

바른답 38쪽

8 수 카드 두 장을 골라 식을 써 보세요.

20 34 21 45

예 **덧셈식** 20 + 34 = 54   **뺄셈식** 45 - 21 = 24

9 그림을 보고 덧셈식과 뺄셈식으로 나타내 보세요.

꽃

장미   백합

튤립   국화

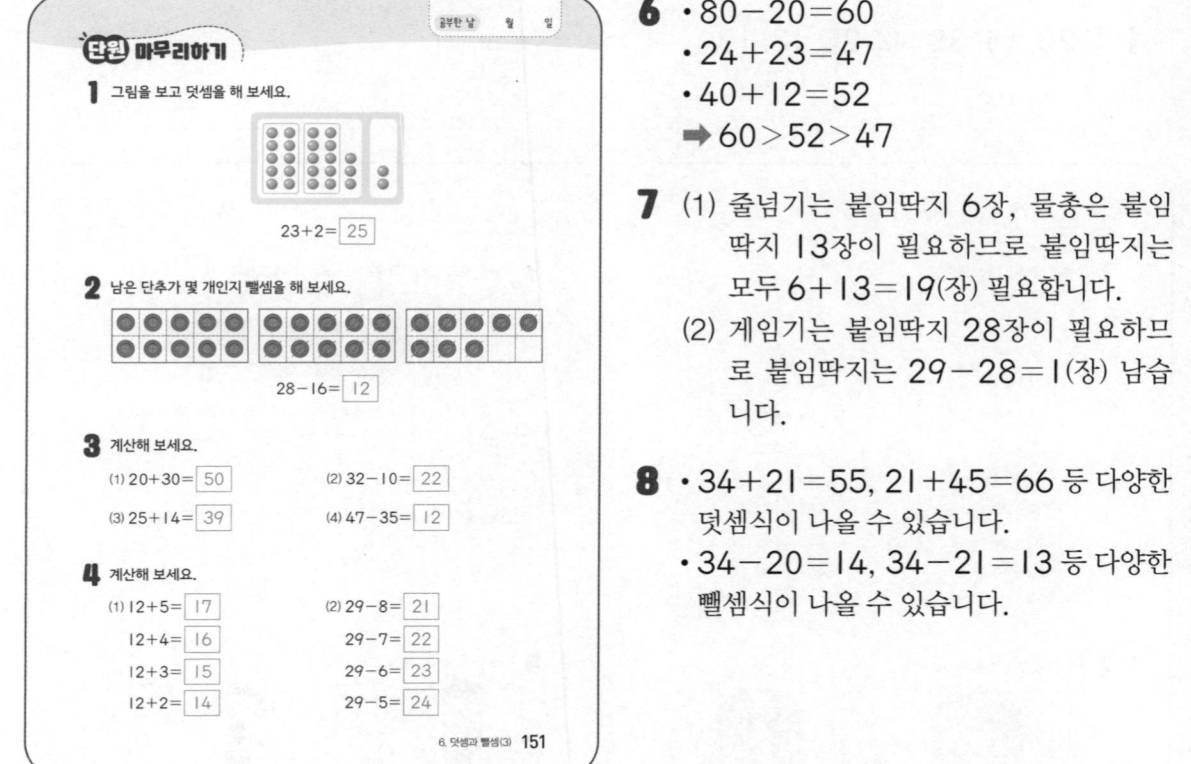

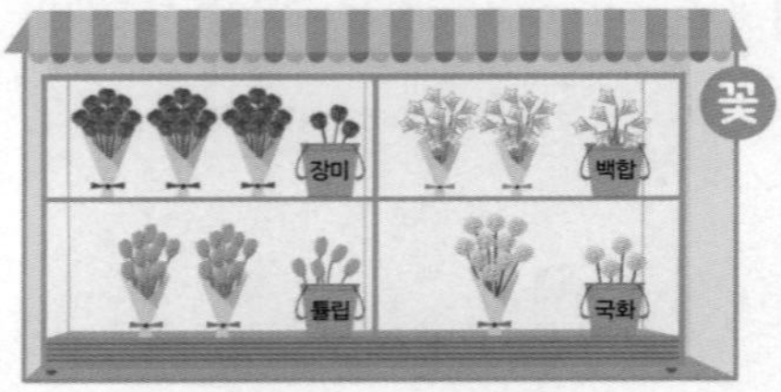

(1) 장미와 튤립은 모두 몇 송이인지 덧셈식으로 나타내 보세요.

33 + 25 = 58 또는 25+33=58

(2) 백합은 국화보다 몇 송이 더 많은지 뺄셈식으로 나타내 보세요.

27 - 14 = 13

빠른 개념 찾기
틀린 문제는 개념을 다시 확인해 보세요.

개념	문제 번호
01 덧셈을 알아봐요	1, 3, 5, 6, 7
02 뺄셈을 알아봐요	2, 3, 5, 6, 7
03 덧셈과 뺄셈을 해 봐요	4, 8, 9

6. 덧셈과 뺄셈(3) **153**

메모

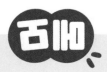

메모

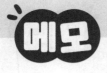

초등학교		
학년	반	번
이름		